動物のペニスから学ぶ人生の教訓

Emily Willingham

Phallacy: Life Lessons from the Animal Penis

エミリー・ウィリンガム
的場知之【訳】

作品社

わたしをつくりあげた親類縁者に友人知人、
過去と現在、近くと遠くのすべての女性たちに捧ぐ

動物のペニスから学ぶ人生の教訓＊目次

第5章　メスによるコントロール　131

第6章　サイズの問題　161

第7章　小さなペニスの大いなる力　181

第8章　ペニスフリーからあいまいな境界へ　207

第9章　男根の盛衰　241

動物のペニスから学ぶ人生の教訓

序章

#MeToo

１９８０年、まだ思春期まっさかりの中学生だったわたしは、初めて本物の成人男性のペニスに遭遇した。季節は夏、場所はテキサス。わたしと幼い妹はプールで酷暑を乗り切ろうと、祖母の家に来ていた。そこには小さいけれど快適なプールがあった。その日は庭師が来てイボタノキを剪定していた。この木は澄みきったプールの水面に、落ち葉や花粉をたっぷりつけた小さな白い花をまき散らすのだ。

対麻痺を患う祖母は車椅子生活をしていたので、イボタノキの手入れに人を雇う必要があった。わたしと妹が泳いでいる間、祖母はプールのそばに座って見守った。万一の時のため、当時は最先端機器だったコードレス電話を車椅子のポケットに入れていた。プールから3メートルほどのところに、プール遊具一式をしまってある小屋があった。妹とわたしは浮き輪をぶつけあって遊ぶのが大好きだったので、わたしは取ってこようと小屋に入った。

ワインレッドのワンピース水着から水を滴らせながら、散らかった小屋にあるしぼんだ黒いドーナツ型の浮き輪を選んでいると、すぐ右隣から「シーッ」という声が聞こえ、わたしはそちらを向いた。すると小屋の窓の外、イボタノキの枝の陰に隠れてほかの誰からも見えないところに、あの庭師が立っていた。

彼の名前をエディとしよう。エディはズボンの前を開けてペニスを出し、今ならマスターベーションだとわかる行為をしていた。それは膨張していた。彼は下卑た脅すようなしぐさで、わたしを近くに来させようとした。わたしは一直線に走ってプールに戻り、頭から飛び込んだ。そしてそのまま水の中に静かに佇み、たった今起こったことをさまざまな視点から見つめ直し、理解しようとした。

現実とは思えなかった。生まれてからこの日までの12年かそこらの間、わたしは大人のペニスを見たことがなかった。ましてやあんな状態で、しかも誰かがあんなふうにいじりながら、わたしに何かさせようと要求するなんて。

だが、まぎれもなく現実だった。エディは祖母の後ろの方に移動し、脅迫行為を続けていた。ペニスを出し、手を動かしながら、祖母の頭越しに軽蔑した目でわたしを見ていた。彼のボディランゲージの意味は明白だった。自分が悪事をはたらいていることも、その行為がわたしを怯えさせるであろうことも、彼は自覚していた。

ペニスのことはさておき、彼は2人の子どもと障害のある高齢者に向けて脅迫行為をおこなった。もしわたしがどうにかしてその行為をやめさせようとすれば、エディは祖母や妹を恐ろしい目に遭わせるに違いないという確信があったし、彼がペニスを使って危害を加える可能性など少しも考えなかった。それでも彼に悪いことをしている自覚があることは理解できた。その自覚は彼にとって、脅しの手段のひとつだった。

父に迎えに来てもらって帰宅すると、わたしはすぐにこのできごとを母に報告した。驚いたことに、そしてエディが祖母や妹やわたしに身体的危害を加えるかもしれないというわたしの恐怖とは裏腹に、みなが話題にしたのは、彼がおこなった露出という逸脱行為だった。

確かにあのペニスはわたしの権利の侵害であり、法を犯していた。言うまでもなく、わたしはあんな形で大人のペニスに初めて遭遇するべきではなかった。けれどもあの瞬間、わたしがプールから動けず、電話に手を伸ばせなかったのは、彼が平然と、悪意を込めて、実体を伴う脅威を与えつづけていたからだ。わたしが恐れたのは彼であり、彼のペニスではなかった。

結局エディは罪を認め、刑務所に送られたと両親に聞いた。わたしは40年も経ってようやく、不安にかられつつ、その後の顚末を調べた。彼は出所したあともこの手の犯罪を繰り返したらしい。

以来、わたしはあのできごとを思い出さずに1週間と過ごせたことがない。クリスティーン・ブラジー・フォードがブレット・カバノー〔合衆国最高裁判事。２０１８年にドナルド・トランプ大統領に指名されたあと、高校・大学時代の性的暴行を複数の女性から告発され調査を受けたが、上院で承認され就任。フォードは告発者のひとり〕について証言したように、「海馬から抹消できない」のだ。イボタノキを見たり、香りをかいだりするたびに思い出す。けれども彼のペニスのことや、あれがわたしにとって初めてのペニスとの遭遇だった事実について、考えるようになったのはつい最近の話だ。そして不思議に思った。エディは大柄で屈強な男性で、彼の威嚇的で脅迫的な行動は彼の生殖器よりもずっと恐ろしかったのに、なぜペニスだけが注目されたのだろう？　誰もがそれだけを話題にして、エディのそれ以外の部分や、エディがやりかねなかったことなんて、どうでもいいと言わんばかりだった。ペニスは重要だったが、それがすべてではなかったのに。

悪い男たちの隠れ蓑にされた科学

21世紀に入り、米国にスマートフォンと性器写真（ディックピック）が氾濫した。ルイ・C・Kやハーヴィー・ワインスティーンはホテルの部屋に入った女性の前で見境なしに自慰にふけり、ジェフリー・エプスティーンは少女たちに「種付け」を目論み、それに言わずもがな、２０１７年にホワイトハウス入りしたあの人物は、男は誰でも「女のあそこをつかんで」突っ込めると思っている。こうしたペニス賛美は広く根深くはびこっていて、我を忘れた男たちが熱くたぎる男性性の象徴として送りつけるポルノは、携帯電話の基地局を経由して、わたしたちの眼球に直接届く。かれらはただ見せつけたいだけでなく、わたしたちがその魅力にひれ伏し、身体的影響を受けて苦しむことを望んでいる。

男根（ファルス）、すなわちペニスを男性性の必須条件として、また女性を同意の有無にかかわらず屈服させる鞭や主人としてもてはやす風潮は、多くの人々の賛同がなければ成立し得なかった。望み通りの崇拝が得られなかった人々は、怒りと復讐心に燃えた若い男性たちからなる、とらえどころのない集団を形成し、時に爆弾並みの殺傷力をもって憤懣を爆発させる。そして男根に十分な敬意を払おうとしない人々が、個人としても集団としても、テロの標的にされる。

２００６年にタラナ・バークが始めたMeToo運動が、２０１７年に全米そして全世界へと拡大した時でさえ、話題の中心になったのは武器や脅しとしてのペニスの乱用だった。ここでもペニスが、攻撃や侮辱の標的にされ、体験を告白した（ほとんどの場合）女性たちから、関心をそらしてしまったのだ。最高裁判事による性的不品行疑惑で、告発者の女性が判事のペニスについて「実物に即した正確な描写」をしないかぎり証言を信じないと述べたある上院議員の発言は、米国の品位が底を打った瞬間だった（と信じたい）。

エプスティーンのケースは特別だ。彼は科学を援軍として利用し、科学の言葉の裏に隠れ、社会に容認されるよう取り繕いながら、裏で悪事をはたらいた大勢の悪人たちのひとりだ。彼が引き入れた科学者たちのなかには、ディナーパーティーに招待されたり、悪名高き自家用機「ロリータ・エクスプレス」に搭乗して小旅行をともにした者もいた。

エプスティーンにとって科学の魅力は、自身の悪行を正当化する口実や虚飾として使えることにあった。

例えば、彼はアリゾナに所有する敷地内に、少女や若い女性を囲って「種付け」する施設をつくろうとしていた。彼にとってこの行為は、本書でこれから見ていく、繁殖をめぐる性的対立として容易に解釈できるものだった。一方、科学者にとってエプスティーンの魅力は、証言を聞くかぎり、金だった。大義のために汚れた資金に手をつけた。だが、本当にそれだけだったのか？　男性ばかりの部屋に入り、周りを見渡して「女性はどこ？」と思った男性科学者は、ひとりもいなかったのだろうか？　エプスティーンが科学的議論の場でいつも言ったとされる、「それ、女のあそこと関係ある？」というせりふに、抵抗を覚えなかったのだろうか？

本書について

これから本書で繰り返し見ていくが、こうしたさまざまな科学者集団に女性がいないことに気づかず、疑いもしない姿勢は、わたしたちのジェンダー、セックス、クリトリス、外陰部、膣、そしてペニスについての理解に多大な影響を与えてきた。また、これも後述するが、学術用語を用いて悪辣な行動を正当化し、妄想を事実だと主張する風潮は、エプスティーンが考案したものではない。ただし、彼がこうしたやり方をきわめて悪質な形で長年続けてきたのは、まぎれもない事実だ。

第1章では、科学的主張を盾にして、自分たちが望むもののために分野の方向性を歪める研究者たちを取り上げる。エプスティーンと取り巻きの（ほとんどを占める）男性たちがそうだったように、かれらは科学界で男性専用クラブを結成する。そこに女性を招き入れるのは、自分たちのニーズを満たすための小道具として役立つ時だけだ。珍しく女性研究者が加わった時でさえ、かれらは研究に参加した女性たちの個性を脇に追いやり、実際のペニスの形をした小道具を前面に押し出した。

第2章では、繁殖の際に配偶相手に配偶子を届ける手段として、動物界にペニスと挿入がどのように台頭してきたかを取り上げる。この章では膣が進化を通じてどのように形成されたかは扱わないが、それはひとえに、この問題が科学研究において巨大なクエスチョンマークのままだからだ。仮定ばかりが氾濫し、確かな証拠はほとんどない。

第3章では、ペニスを構成するさまざまな組織、およびそれらとペニスの機能の関係に注目する。探求に足を踏み入れると、ペニスが必ずしもあなたが思った通りのものではないことに気づくはずだ。

精子を届ける以外のペニスの機能にも探索の手を広げよう。ヒトがペニスを男性性の源泉として称揚する理由のひとつは、生殖能力と人間性がそこから湧き出すとみなされているためだ。けれども、第4章で見ていくように、ただ精液を放出する以外にもペニスはさまざまな機能をもち、なかには別の機能だけをもつものさえある。

第4章までほぼペニスづくしの内容を読み進めれば、科学のおかげで、あるいは科学的プロセスをつい最近まで独占してきた人々のおかげで、ペニスについてはかなりよくわかっている反面、それが膣とどう関係するのかはほとんど研究されていないことがわかるだろう。第5章ではエプスティーンのロッカールームの与太話、つまり「プッシーとどう関係あるのか」を真面目に考察する。この章では膣について、ペニスの形成にどう関わってきたか（これもまたペニス中心な見方だ）だけでなく、膣が生物種の形成、また種に特有の生殖行動や外見の形成に果たした、重要な役割について考えたい。

生殖器のサイズがテーマの第6章でも、膣については情報不足だが、ペニスに関してはありとあらゆる動物の膨大なデータが存在することを思い知らされる。数少ない貴重な例外を除いて、研究者たちが膣をよく見てこなかったせいだ。科学者が膣に注目する時、その観点はたいてい、ペニスが収まるかどうか、どんなふうに収まるかであって、それ以上のものではなかった。

第7章では、ごく小さな動物たちに見られる生殖器の膨大な多様性にスポットを当てる。そこから、ひとつのパターンが浮かび上がってくる。交尾の際に複雑な動作と感覚刺激に満ちたアプローチをとる動物ほど、ペニスの「兵器化」の度合いが低い傾向にあるのだ。この章では、ただ精子を受け渡すためだけに、体の一部や、時には命すら投げ出す動物も取り上げる。第8章では、そもそもなぜペニスが存在するのかという第2章の問いに立ち返り、別の視点から検討する。ペニスを完全に失った種に注目するのだ。

最終章は再びヒトの話題だ。わたしたちはペニスに強く執着し、多くを学んできたが、そのなかでどうやら忘れてしまったらしい。確かにペニスは男性性と関わりをもつが、けっして男性性のすべてを司る、拍動するオベリスクなどではないことを。この章では、わたしたちがいかにしてペニスと男らしさを盲目的に同一視するようになったかを振り返り、ペニスとその持ち主が等価であるかのような思考から逃れられなくなっている現状に目を向ける。ひとりの人間を単なる体のパーツのひとつに矮小化する考えから抜け出せないまま、わたしたちはペニス中心主義に染まり、もっと重要なほかの器官、例えば脳について熟考することを放棄してきた。

その行き着く先が、ある昼下がりに成人男性が12歳の少女への性的虐待と精神的迫害を目論んだというのに、誰も彼もペニスのことばかり気にするような風潮というわけだ。ペニスが何かをしたわけではない。やったのはあの男だ。話題の中心に据えるべきは、体の一部分ではなく、人物とその行動だ。それが小児性愛でも、頼みもしない性器写真の送信でも、あるいは「女のあそこをつかむ」行為でも。

自然主義の誤謬

誤謬とは、あやふやな根拠に基づく誤った信念のことだ。ここではペニスに関する、そして自然界のパターンがわたしたちにとって何を意味するかにまつわる、いくつかの誤謬を正そう。自然のありさまに基づく主張の落とし穴は、「ロブスター・トラップ」とも呼ばれる。

カナダの心理学者ジョーダン・ピーターソンは、西洋的な「男らしさ」を喧伝する人物のひとりだ。人生においていくつかの簡単なルールを実践するだけで、完全無欠の支配的な男らしさが手に入ると説く彼の主張は、若い男性たちに人気を博している。彼は持論の出発点として、著書『生き抜くための12のルール――人生というカオスのための解毒剤』の第1章で、肩をいからせて歩くオスのロブスターを引き合いに出した。彼いわく、優位のオスはなわばりを闊歩する時、男らしくふんぞり返って肩を（もちろん、解剖学的にみてロブスターに肩はないのだが）いからせたポーズをとり、貧相な侵入者たちを蹴散らす。若い男性たちもこれを真似すれば、人生で成功をつかめるという（ちなみにメスのロブスターも同じ行動をする）。

たった1種の動物から何かを学ぼうとすればたいていそうなるのだが、これは自然のありさまから成功の秘訣を学ぶのにぴったりの事例とは言えない。メタファーから抜け落ちているのは、ロブスターが肩をいからせて歩き回る際、お互いの頭から尿をかけあっていることだ。ロブスターの地位をめぐる小競り合いと交尾の場面では、相手に向けて頭から放尿することが重要な意味をもつ。ロブスターは尿で相手を知るからだ。

どの生物種を選ぼうが、それ単独でヒトの行動パターンを説明したり、都合のいい言い訳を提供したりしてはくれない。ロブスター・トラップを回避しよう。ある行動傾向やバイアスを正当化したいという欲求にとらわれて、視野が狭く不適切な事例を自然界から持ち出してはいけない。ご都合主義で選んだ事例に頼り、さらに自分好みの側面にだけ注目すれば、自然主義の誤謬にはまるのは目に見えている。こうした浅薄な考えはいつだって、ほんの少し突っ込んで検討しただけで破綻する。なにしろ、ピーターソンはロブスターの尿をかけあう習性から目を逸らそうと苦慮したのか、この行動を遠回しに「液体スプレー」

と表現したのだ。

本書では、ヒトのペニスから一歩離れて、動物界のさまざまなペニスをご覧に入れよう。多様な装飾様式や、おどろおどろしさの度合い（きゅうりほども怖くないヒトのものから、配偶相手の胸を文字通り突き刺すトコジラミのものまで）から、学ぶべきことは多い。わたしたちとロブスター、あるいはチンパンジーとの間には、多少の共通点はあるにしても、どれかひとつの種の動物を持ち出して「これこそ母なる自然が形づくったわれわれのモデルだ」などと言うのは誤りだ。だが、動物界に広く見られ、ヒトにも備わっている体のパーツの形態と機能が、進化を通じてどう形成されてきたかを、俯瞰して眺めることならできる。

ペニスとその機能に関する驚きの事実の数々（あらかじめ言っておくと、ディックピックもたびたび登場する。たいていヒト以外のだが）に触れるうちに、ひとつのパターンに気づくはずだ。それはヒトのペニスをあるコンテクストに位置づけ、わたしたちが抱きがちな的外れな期待に対する解毒剤になるだろう。こうして広い視野をもち、ヒトの陰茎がおもちゃから凶器までのグラデーションのどこに位置するかを理解すれば、ヒトのペニスは戦争ではなく愛の道具であり、脅すためではなく親密さを高めるために用いるものだとわかるだろう。

用語について

本書では、できるかぎり配偶子（精子または卵）の運搬という、生殖器の機能に注目した。というのも、厳密な意味ですべてがペニスであるとは限らず（多くの研究者は定義に該当しないものもペニスと呼ぶが、それを批判する研究者もいる）、またすべてが男根（勃起したペニス、またはそれを象徴するもの）でもないからだ。精子または卵の運搬のために挿入される器官は、動物界を見渡せばどちらの性にも見られる。そのため、挿入し配偶子を（送り込むか受け取るかして）運搬するという幅広い機能をカバーする包括的な用語を定めておくのは重要だと考えた。わたしが選んだ用語は「挿入器（intromitum）」であり、これはどちらの性にも適用できる中立的な単語だ。読み進めていけばわかるように、この包括的な名称はとても便利だ。

また、動物の行動を「ヒトの視点で」眺めることも極力避けるようにしたが、ヒトの一員であるかぎり、こうした視点を完全に排除することはできない。それでも、ある動物の例を出す時は、例えばコオロギのように考え、コオロギの視点を理解するよう努めた。わたしたちが調査し、解剖し、交尾行動を動画で記録し、ほかにもさまざまな形で執着する対象である、ヒト以外の動物たちは、わたしたちとは異なる感覚系、生活史、生存と繁殖の戦略をもっている。かれらをヒトの行動を正当化する材料として使えない理由のひとつがここにある。しかし、自分たちを世界の中心と考えがちなヒトとして、かれらについて書く、あるいは読む時、わたしたちの最初の反応は、どうしてもヒトの感情の枠に収まるものになる。それでもかまわない。2番目か3番目にこう思ってもらえれば十分だ。「でも、もし自分がこの動物だったら、こんなヒト的な反応はしないよな」

本書のためのリサーチの最中、何人もの研究者から、これから紹介するヒト以外の動物の行動を「お願いだから擬人化しないでくれ」と頼まれた。やりすぎないよう意識したが、人間のやることに完璧はないし、それに何らかの形で擬人化できるものに共感し、関心をもつことは、もっともヒトらしい性質のひとつでもある。そんなわけで、取り上げる動物にヒト的な要素をまとわせないように気をつけはしたけれど、多少の擬人化は紛れ込んでいると思う。

本書で（あるいは現実でも）わたしは、ペニスをもつ人がすべて男性だとか、すべての男性にはペニスがあるとか、ジェンダーや生殖器は二分法的だといった前提に立ってはいない。科学的にも、社会文化的にも、こうした見解は誤りだ。わたしたちひとりひとりのなかで、ジェンダー（例えば女性、ノンバイナリー、トランス男性であるという状態）は「男性性」と「女性性」の流動的なモザイクとして存在し、加えてこの男性性／女性性は社会と文化によって定義される。「性（セックス）」という言葉はおそらく、オスかメスという、2つしかない選択肢のどちらかに明確に定まる生物学的な事実を表現していると誤解され、広く誤用されている。人々は、「性」と「ジェンダー」を混同し、両者の一致（男性が男性的であり、女性が女性的であること）を期待したり、性は「中立的」かつ「生物学的」で、ジェンダーは純粋に社会文化的な概念であるとみなす傾向にある。実際には、本書で指摘する通り、生物学者の研究はおおいに社会文化的な影響を受けており、そのなかでカテゴリーをつくりだし、さまざまな生物や特徴をこうしたカテゴリーにあてはめる。こうした用語やそこから想起される二分法は手っ取り早くて便利だが、文化的影響を排し、純粋に自然界にある境界を表現したものなどではない。

　とはいえ、本書のテーマが生殖や配偶子の運搬に深く関わっている以上、生殖上の結果につながる性、つまり性の異なる2個体間の交尾を前提とした用語を多用することになる。そのため、こうした欠点があることは認めつつ、本書では「オス／男性」「メス／女性」「性」といった用語を、おおまかで厳密ではないが簡便な表記として、とくにヒト以外の動物についての記述に用いた。本書では、「オス」は精子をつくる動物、「メス」は卵をつくる動物をさす。

　最後に、本書は悪意に基づく犯罪や暴力や迫害に対抗することや、ヒトが絶えず互いに向け合っている、制度に組み込まれたサディスティックで合意に基づかない野蛮な行為を止めることを意図したものではない。だが、社会に蔓延する問題の一側面にフォーカスすることで、わたしが提示したいのは、視点を切り替え、わたしたちの態度や行動や思い込みを、新たな理解に基づいて別の場所から眺めるやり方だ。これがうまいくように、読者のみなさんには今の立ち位置から踏み出すための、心の準備をしておいてほしい。

第1章　ペニス中心主義——悪い男たちと進化心理学のダメ研究

ヒトのセクシャリティに関する科学研究には、男性たちが答えるべき問いを定め、男性たちが望み通りの答えを出すという偏向が見られる。そのせいで、進化心理学と呼ばれる分野ではしばしば、セクシャリティに関する問いの答えが、分野の多数派を占める人々（つまり男性）が求めるものにゆがめられてきた。問題点は多々あるが、ひとつは男性中心主義のナンセンスな説明によって、他者に対する非道や怒り、攻撃や侮辱が、進化を通じて獲得されたものであるかのような、あいまいな「お墨付き」を与えていることだ。この章でこれから見ていくように、ヒトのセクシャリティに関して文化よりも進化の影響を重視する進化心理学分野の研究は、こうしたパターンにあてはまる。そして以後の章で取り上げるが、性に基づく特徴の分析を掲げるあらゆる研究分野に、こうした風潮が蔓延している。ヒト以外の動物を対象とした研究でさえ、オス中心バイアス、そしてペニス中心主義の、広範な影響下にあるのだ。

「適者生存」。映画『プリンセス・ブライド・ストーリー』のイニゴ・モントヤ[*1]のように、人々はこの言葉を繰り返す。だが、その本当の意味を知っている人は少ない。[*2]自然界の死の罠をかいくぐって生き残れるのは強者だけだ、という響きがあるが、じつは「適者」には強さも、死を避けることも関係ない（英語ではSurvival of the fittestだが、fitは身体的な健康や運動能力の高さを意味する語でもあるので、日本語以上にこうしたイメージにつながりやすい）。進化生物学における適応度（fitness）は繁殖にどれだけ成功したかの指標であり、生存とＤＮＡの次世代への継承を促進する形質によってもたらされる。独裁者のエゴのように、どんなに貧弱そうな特徴でも、それがみずからを支えて現在の環境のなかで生き延び、繁殖の成功をもたらすことはありうる。「もっとも状況に合ったものが生き残る」と表現した方が、この言い回しの本質はより正確に伝わるだろう。

適応的な特徴は個体群や場所によって大きく異なり、また不安定な環境においては、ある時点と別の時点で真逆にさえなる。有利な特徴には、行動的なもの（例えば肩をいからせるロブスターの姿勢）、化学的なもの（ロブスターの尿の成分）、感覚に関するもの（尿の成分の検出）、物理的なもの（大柄であること）などが含まれ、すべての強みと弱みを総合して、「成功」の有無が決まる。

適応的形質はふつう、それを備える個体に生存と繁殖における優位をもたらすので、こうした特徴をもつ個体はそれに関連するＤＮＡを集団内に広めるだろう。形質と結びついたＤＮＡをもつ個体の割合が集団内で増加した場合、その集団は進化したと言える。集団のなかで遺伝子頻度が時とともに変化すること、これこそが（あまりロマンティックではないが）科学界における進化の定義だ。

どうしてここで適者生存や、その誤解がいかに蔓延しているかの話をするのか。それは、「適者」とは「もっとも力をもつ者」や「もっとも強い者」のことであるという考えが、進化研究の一部に雑草のように根を張って、「適応」よりも「勝利」を強調する風潮をつくりだしているからだ。進化心理学と呼ばれる研究分野は、十人十色できわめて多様なヒトの脳から生まれる思考や行動に進化的な説明を織り交ぜては、しばしば有害な言説を広めており、わたしたちは社会全体として、その高い代償を支払わされている。『ニューヨーカー』誌に寄稿する人文学者のルイ・メナンドは２００２年、このように「勝利」を進化的な適応と同義に解釈してきた結果、進化心理学は「勝者の哲学」となり「あらゆる結果を正当化するのに使われ」ていると論じた。そのうえ、なぜか結果はいつも「勝者」が求めるものや信じたがるものを追認する。

勝者たちが信じたがっているものは、特定人種の優越から、一方の性による他方の性の支配まで多岐にわたる。進化心理学は、進化の本質は「勝利」であるという誤った見解と融合した時、こうした邪な目標をもつ者たちにぴったりの隠れ蓑となり、またかれらが「勝者」の地位を永続させるための完璧な手段となる。性、ジェンダー、生殖器の進化的研究において、「勝者」が誰かは言うまでもないだろう。[*3]

排卵はどこへ？

多くの霊長類のメスは、視覚的・嗅覚的手がかりを発して、自身が妊娠可能だというシグナルを伝える。性器の膨張や変色に代表されるこうした手がかりは、ある霊長類学者の無味乾燥な言葉を借りれば、「メスの性的モチベーションの高まり」を示すものだ。提示期間はゴリラのように数日のこともあれば、チンパンジーのように数週間にわたることもある。性皮腫脹がないかぎり、交尾はご法度だ。要するに、排卵のシグナルはペニスに対する「青信号」なのだ。

＊1　『プリンセス・ブライド・ストーリー』より――「俺の名はイニゴ・モントヤ。よくも父を殺したな。覚悟しろ」。
＊2　読者のみなさんはきっとご存知だろう。
＊3　そう、男性だ。

一方、ヒトはこのような明白な視覚的シグナルをもたない。[*4] したがって、「科学的に」考えれば、排卵する側が何かを隠している。そして排卵するのは女性なので、排卵隠蔽には何かよからぬ理由があるはずだ。何十種もの霊長類や、数えきれないほどの霊長類以外の動物も（体内受精をする種の話であることをお忘れなく）同じことをしているにもかかわらず、卵管に卵を送り込む行為が「隠蔽的」とされるのは、「レディ」のすることだからだ。[*5]

この秘密主義のおかげで、配偶相手の候補者たちは混乱しつつも憶測をはたらかせ、卵巣から解き放たれた卵を自分の精子で受精させようと必死になる。こうして候補者たちは、みずからの利益のために繁殖サイクルを通じて女性につきまとう。ボーイフレンドがドアの前、あるいは洞窟の開口部か何かの前で待ち構えるなか、排卵する女性のもとには、たくさんの「つがい外」パートナーが、まるで浮気相手のベルトコンベアのように入れ替わり立ち替わり訪れる。結論は明らかだ。排卵はハニートラップであり、卵が放出されているかいないかはシュレディンガーの猫のように知りようがなく、だからこそ常にパートナー候補の憶測と関心を惹きつける。

だが、「隠蔽」だけでは、排卵する側がパートナーを裏切っているのではと疑う根拠としては薄弱だし、他人がいつでもどこでもセックスを期待するまっとうな理由にもならない。実際、研究によれば「つがい外」の関係から生まれる子の比率は平均1パーセント程度でしかなく、またこの比率は遺伝的要因ではなく社会的要因と結びついていた。[*6] 都市部に住んでいることや、社会経済的地位が低いことと、「つがい外」父性の比率の高さに関連が見られたのだ。このことは、「進化的」と考えられているヒトの行動、例えばヒトの典型とされる一夫一妻制に対して、社会文化的影響が強く作用しうることを意味する。

ストリッパー研究

実世界でのこうした知見があるにもかかわらず、ある研究グループは「隠された排卵」の問題を取り上げ、のちに「ストリッパー研究」として知られる論文を発表した。この研究で、かれらはストリップクラブで働く女性たちの協力を得て（排卵の研究をするなら、誰ひとり受精のことなど考えていない場所でやるのが最適だと思ったのだろうか?）、女性の排卵状態が獲得するチップの金額にどう影響するかを調べた。

研究チームは、ラップダンスをした女性が得る報酬額は排卵サイクルに応じて変動すると結論づけた。研究に参加したのはわずか18人の匿名女性で、獲得金額、労働時間、気分およびその他の項目をオンラインで自己申告した。論文の著者たちはこの結果をもとに、経済的な理由から、女性の排卵時期がいつごろかを誰もが知っておくべきだと主張した。その根拠は？　女性は排卵中、もっとお金を稼げるからだ。といっても、それはラップダンスをするならの話。排卵中に予審判事の仕事をしたり、排卵中にディナーを調理することが、どう経済的利益につながるのかについて、かれらは何も述べていない。

この研究の発端となったのは、偶然得られた興味をそそられるひとつの観察事例だった。あるストリップクラブの女性たちは、チップの集計係の男性スタッフからタンポンをもらっていたのだが、タンポンを受け取った女性は平均してチップの額が少ないことに、このスタッフ（論文の著者のひとりで、他2人の共著者と同じく男性）が気づいたのだ（そう、ヒトは自分自身は排卵しなくても、間接的な手がかりからリズムを察知でき

＊4　例えばヒトにチンパンジーのような性皮腫脹があったら、特別な下着が必要だろう。
＊5　一方、生殖腺の研究に長年携わってきたわたしでも、精巣から精管への精子の移動については、メスでいう排卵に相当し、誰にも見えないところで起こるにもかかわらず、「隠蔽的」と形容されるのを見たことがない。
＊6　この研究には、500年以上の年月をカバーするヨーロッパの遺伝的系譜が用いられた。

る）。

研究チームは女性の体験について、当然尋ねるべきと思える質問をしなかった。周期の最中にどんな痛みや膨張感を覚えたか、あるいはタンポンのひもが見えないか心配だったか、といった質問だ。かれらが知りたがったのは、妊娠可能性が高い（排卵中）と思われる期間に、それ以外の期間と比べて女性たちがより多くチップを獲得したかどうかだけだった。そして、かれらがこの疑問に関心を抱いたのは、ラップダンスをする女性たちのためではなかった。

結果はというと、避妊用ピルを服用していなかった11人の女性の場合、生理中にチップの獲得額がもっとも低くなり[*7]、排卵を誘発するエストロゲン濃度の急増と金額のピークが重なり、また（精子には状況を変えようがない）排卵後の数日間に再び獲得額の上昇が見られた。ただし、調査はすべてオンラインでおこなわれたため、女性たちが本当にこのようなホルモンの増減パターンを経験したかどうかは知り得ない。研究協力者のホルモン動態は誰も測定しなかった。

避妊用ピルを服用していた7人の女性たちも、同様の獲得額のピークを経験したが、差額はより小さかった。ピル服用女性の報酬は、著者たちが誤って「生理期[*8]」と呼んだ時期にも低下した。ホルモン避妊薬の作用メカニズムは、ホルモン分泌のピークを平坦化し、卵母細胞の成熟と排卵を抑制するというものだ。もし獲得金額がホルモン濃度の変動や、それに付随する身体的・行動的影響と関連しているなら、リズムが平坦化されれば収入の増減もなくなるはずなのだが。

ホルモンのサイクルだけを考慮するなら、こんな結果はまったく無意味だ。そのうえ、繰り返すがこの研究は自己申告で、協力者はたった18人、しかもそのうち7人はさまざまな用量のホルモン避妊薬を服用していた可能性が高いのだ。

意外ではないが、著者たちはチップ獲得額の増減について、女性の内的状態がダンスのパフォーマンスに影響した結果とは考えなかった。女性は排卵サイクルのどの段階にいるかによってダンスのパフォーマンスを変えないとする2つの研究が引用されてはいたが、この研究で女性たちに同様の質問をした形跡はない。研究チームは、チップを渡した男性たちが「発情」、すなわち性的に受け入れ可能な状態の微細なサインを見抜いたと主張し、女性の輪郭が丸みを帯びる（著者たちは協力者に直接会ってもいないのだが）など、「妊娠可能」のシグナルとされる特徴を男性客が利用した可能性に言及した。こうしたかすかなシグナルを検出した男性は、無意識にチップをはずむよう動機づけられた、というのだ。

痛々しいほどの認知的不協和だ。タバコの煙や酒臭さが充満するストリップクラブの視覚的・聴覚的・嗅覚的空間のなかで、アルコールに脳活動を阻害されていたであろう男性たちには、なぜか超人的な発見能力が備わっていたらしい。しかも、女性はこうした手がかりを隠蔽するのに長けているとされているにもかかわらず、セクシーな下着から手がかりを「漏らして」いると、著者たちは主張する。女性は排卵の秘密を隠そうとしているはずなのに、じつに妙な話だ。

そして「漏洩」があるにもかかわらず、すべては女性が寝る相手を取っかえ引っかえするために秘密を隠しているせいだと、著者たちは結論づけた。「女性の発情のシグナルは、説得力のある否認可能性と戦術的柔軟性を備え、排卵の直前に質の高いつがい外パートナーを誘引しつつ、主要パートナーの配偶者防

＊7　このことは、タンポンを装着しなくてはならないことや、タンポンそのものと関連してしばしば起こる、不快感や自意識とは一切まったく関係ないと言うつもりらしい。下腹部の膨張感や疝痛を抱え、出血していて、下半身を客の顔のそばに近づけた時に膣からタンポンのひもが見えるかもしれないとなれば、ストリップのパフォーマンスがその女性に可能な最高水準に達していなくても不思議はないと思うのだが。ちなみに、研究では匿名の協力者たちが気分についての情報も提供していたが、著者たちはこれを分析に含めなかった。

＊8　避妊用ピルを服用している人の場合、出血はホルモンの低下に伴うものだ。

衛と性的嫉妬を最小化するように、重層的な進化をとげたのかもしれない」。ややこしい言い回しを抜きにすれば、要するに女性は普段の相手が目をそらしている隙にかすかな手がかりを「漏らし」、ほかの男性たちに空室サインを示していると言いたいのだ。しかも女性はこの秘密についてとても口が重いため、ステディな相手に感づかれたとしても、もっともらしく否定できるのだという。さて、読者のみなさんはどう思われるだろうか。わたしとしては、自分の生殖プロセスとジェンダーを、裏でマフィアを牛耳る悪徳政治家のように扱われるのは不愉快だ。

著者たちいわく、この研究の目的はヒトに一種の発情があると捉えることだという。それには異論はないが、二兎を追うもの一兎も得ず。トップシークレットの排卵隠蔽と、ストリップクラブの感覚刺激の大洪水のなかでもわかるくらいの発情のサインは両立し得ない。こんな場所では、メスのチンパンジーの性皮腫脹でさえ見分けられるか怪しいくらいだ。

「つがい外パートナー」という説明は、ヒトのペニスにこうした脅威に対処するためのユニークな特徴（例えばライバルの精子をかき出せる構造）が見られると主張したがる研究者の間でも人気がある。ヒトのペニスにはこうした目的に適したプランジャー〔トイレの詰まりを直す吸引具、いわゆるスッポン〕形をしていると、かれらは言う。[*9]「漏れ」だの「詰まり」だの、女性をトイレ扱いするまであと一歩という危うさだ。

こうした研究を批判しているのはわたしだけではない。

霊長類のセックスと繁殖に関して広く深い知見をもつ世界的権威であるアラン・ディクソンによれば、ヒトの祖先[*10]もおそらく排卵の視覚的兆候をもたず、ボノボとチンパンジーに見られる性皮腫脹は、かれらとわたしたちが数百万年前に共通祖先から袂を分かったあとに出現したものである可能性が高い。[*11]つまり、排卵するその他のたくさんの動物たちと同じく、わたしたちは霊長類の親戚たちに見られるような、配偶相手候補にアプローチを許可する視覚的手がかりを一度としてもったことがないようなのだ。それに、繰り返すがわたしたちはチンパンジーではない。相手がセックスしたがっているかどうかを知りたいなら、単純に言葉を使い、適切な社会的関係を築いて、時が来たと思ったら、質問すればいいのだ。[*12]

屹立する男、揺れ動く女

この見出しは同タイトルの本にならったものだ〔原題は Erect Men, Undulating Women、未訳〕。著者のメラニー・ワイバーは、「狩猟採集」社会に暮らす人々を描いた進化に関係する多くの想像図において、男性は威圧的な直立姿勢で、たいてい何らかのまっすぐな武器を手にしており、一方で女性は男性の周囲に身をかがめ、植物採集や子の世話といった「女性的な」仕事をしていると指摘した。こうしたイメージには、現代の西洋的な人間観がいくつも反映されている。男性がテクノロジーと権力を保持し、女性は地べたのあれこれの管理を担う。[*13] こうした想像図は偶然の産物ではない。その根底にあるのは、武器を操って動物を狩る、「生まれつきの発明の才」を備えた男性たちが、すべての人類の進歩を生み出してきたという価値観だ。女性たちは脇役と

＊9　そんな形はしていないし、かれらはそもそもプランジャーを見たことがあるのかも疑わしい。
＊10　それ以外の体内受精をおこなう多数の脊椎動物にも同じことが言える。
＊11　「排卵隠蔽」は霊長類において少なくとも8回、おそらく複数の異なる進化的圧力を受けて進化したと考える研究者もいる。この形質に関して、「全部まとめて片付けるたったひとつの説明」はないのかもしれない。
＊12　そしてその時には、「ノーの意味はいつでもノー」であり、「どうしようかな、はイエスではない」ことをいつも肝に銘じておくべきだ。
＊13　皮肉なことに、このような押し付けられた役割から女性を解放し、従来は身体的支配力をもつ者が有利だった領域をより公平にしたのは、テクノロジーだった。

して家庭を守りつつ、時には揺れ動き、排卵の手がかりを漏らして、さらにもっともらしく否定する能力を維持してきたというのだ。

進化に対する解釈が、伝統的な男性の価値観に支配されてきたのは驚くにあたらない。歴史は強者によって語られるものであり、ステレオタイプな「男らしい」体格をもつ男性たちが、平均的により大きな身体的支配力をもっていることは疑いようのない事実だ。ワイバーはなかでもシャーウッド・ウォッシュバーンを名指しした。ヒト男性がもつ（身体的ではない）特性が、人類が徐々に自然界の支配を進めることに貢献したと論じた人物だ。[*14] 興味深いことに、さまざまな研究分野が従来の見解において、ヒト男性の支配性を進歩とみなしてきたが、不道徳な振る舞いを正当化する時だけは、ヒト以外の動物を進化的モデルとして持ち出す傾向にある。

ウォッシュバーンはその両方をやってのけた。彼はヒト以外の霊長類を例に、社会経済的な交換には男性の力と女性の依存が不可欠だと論じた。多くの男性の例に漏れず、彼も男性／オスを形容する際に（対象がヒヒの時でさえ）軍事用語を用い、女性／メスを受動的な存在とみなした。ピーターソンのロブスターと同じように、ウォッシュバーンはヒヒにおける個体間・異性間の力学（ダイナミクス）の（不正確な）解釈をもとに、これこそ霊長類においてオスは進歩を先導し、メスはそれに遅れてついていきながら、時に先史時代のラップダンスで揺れ動く存在である証拠だと述べた。ヒトも同様のパターンに従うに違いない。これはきわめて悪質なロブスター・トラップだ。

ここでウォッシュバーンの説を取り上げたのは、単に科学界にはびこる家父長制に文句をつけるためではない。「男性＝先進的で前向きな発明家、女性＝従属的で弱々しくどっちつかず」というのは古臭いばかげた偏見だが、これにつながる言葉や予測は、生殖器の研究やそれにまつわる疑問に紛れ込んでいて、それが分野の進展の方向性を定めてきた。昆虫学者のウィリアム・エバーハードは１９８５年、自著まるまる1冊を使って、[15]メスがいかに生殖器の進化に強い影響を及ぼしてきたかを論じたが、わたしたちはいまだにメスの生殖器の構造、機能、共進化に関する十分な証拠を集められていない。わたしも避ける努力はするが、本書でこうした無意識のバイアスのかかった言葉を使うかもしれない。なにしろ建前としては、本書はまるごと1冊ペニスに関する本なのだから（ただし、あちこちで脱線はあるだろう）。[16]

こうした考えは、女性／メスに注目しているはずの研究にも、明確に意識的に影響を与えている。ストリッパーと排卵隠蔽の研究は、こうした疑問に対する男性たちの見解や前提が、しばしば女性たちのアプローチとはまったく異なることを示している。男性中心の研究チームが立てた問いとその答えの例をいくつか見てみよう。テーマはヒト女性による選択とペニスの関係だ。

ウォッシュバーン効果

排卵が腹立たしいくらい発見しづらいとしたら、女性のオーガズムがなぜあるのかという謎に至っては、女性が「つがい外」の相手を獲得して連続でセックスできるように、あるいはペニスが女性に快楽を与えられるようにつくられたと考えないかぎり、理解不能に思える。第1に、女性のオーガズムの検証は、ペニスを使って達成するものという視点でおこなう必要がある。ウォッシュバーン効果の延長のひとつに、

＊14　この解釈は、「進歩」を男性との関連の深い活動や発明に起因するありとあらゆる現象と位置づけ、女性による発明がそれに貢献した可能性を排除する前提に基づいている。
＊15　タイトルは『性淘汰と動物の生殖器（*Sexual Selection and Animal Genitalia*）』。この本は以降の章でもたびたび取り上げる。
＊16　トロイの木馬にご注意。

女性のすることはすべて、何らかの形で男性に関係しているという考えがある（そして男性の行為は全人類を利するものらしい）。女性のオーガズムも例外ではない。女性はラップダンスと膣を駆使して勃起したペニスを誘惑し、ペニスは女性にオーガズムを感じさせることで、みずからの力量を証明しなくてはならない。

膣をお持ちの方は、ご自身が「膣オーガズム」を体験したことがあるかどうかを語れることだろう。この種のオーガズムは「クリトリス」オーガズムとは異なる、と言われている。ただし、ヒトのクリトリスの全体構造は今なお完全には解明されていないので、この区別には慎重を期すべきだ。[*17] 異なる種類の性的快感は、同じ器官に由来するが、人によって感じる場所が異なるのかもしれない。

膣オーガズムについてわかっている事実は、それが独立のカテゴリーに属するかどうかはさておき、比較的まれであることだ。経験があると答える女性は全体の10パーセントに満たない。もうひとつ、女性がどれだけセックスを楽しんだかは、膣挿入とほぼ無関係であることも判明している。それどころか、男性とのセックスでオーガズムを感じる女性の割合（65パーセント）は、男性または女性とのセックスで経験する男性（前者の88パーセント、後者の95パーセント）、レズビアン（86パーセント）、バイセクシャル女性（66パーセント）を下回る。この研究結果を発表したデイヴィッド・フレデリックらは、ペニスの挿入を伴うセックスに加え、口や手で性器を刺激された女性は、よりオーガズムを感じやすいことも示している。[*18]

膣とクリトリスをもち、性的経験のある人々にとって、この結果は驚くにあたらない。なかには性的満足のために何が欲しいのか、必要なのか、パートナーに伝えたり要求したりする方法を会得した人もいるだろう。したがって、既存のこうした知見に基づくなら、膣をもつ人が同じ立場の人たちのオーガズムについて何か知りたいと思った時、最初に尋ねるべき問いは何だろう？　ルイ・ミゲル・コスタらの研究チームによれば、その疑問とは「ペニスによる膣の深部刺激を好む女性が、より膣オーガズムを経験しやすいか、またより長いペニスを好むか」どうかだ。お気づきの通り、この2つはどちらも「オーガズムを経験する女性にとっての重要事項」リストの上位に入ってはいない。

このトートロジーな質問（「パンケーキが好きな人は、パンケーキを食べることを好むのか？」と聞くようなもの）の結果、研究チームがたどりついた2つの問いへの衝撃的な答えは、どちらもイエス！　イエス!!　イエス!!!だった。膣をもつ人にとってより重要な発見、といっても意外でもなんでもないのだが、ペニスの長さはほかのタイプの性行為よりも、ペニスを膣に挿入する性行為において重要だった。ヒトの性行動を「ペニスを膣に入れる」ことに限定するのはあまりに視野が狭いので、こうしたテーマで研究する人たちには今すぐに考えを改めてほしい。女性とセックスに関する「科学的な」見方の多くがそうであるように、この知見も実世界で満足を得ている女性たちが実際にしていることとは何の関係もない。

研究に協力した女性たち（全員が女性としての自己認識をもっていた）のなかで、ペニスが1ドル札（実際に研究で使われた比較対象。約15・6センチメートルで、平均より約2・5センチメートル長い）よりも長い場合にペニス・膣性交でオーガズムを得やすくなると答えたのは、わずか17パーセントにすぎなかった。30パーセントは長さは関係ないと答え、29パーセントの女性はこの方法ではオーガズムを得られず、また20パーセントは比較できるほど多くの男性とペニス・膣性交を経験していなかった。つまり、ペニス・膣性交でオーガズムを感じると答えた女性たちに限ってみても、3人に2人はペニスの長さを重視していなかったのだ。

著者たちは、この方向で研究を進めた理屈として、メス（女性）がオスの生殖器（ペニス）の何らかの特徴を選びだす要因を検討するためとしている。オスの生殖器は「メスの神経系を刺激し、精子の貯蔵、反復交尾、排卵、受精の可能性を最大化する」ような淘汰の対象になりうると、男性ばかりの著者3人は人

*17　クリトリスの解剖学的構造とその範囲を考えると、おそらくすべてクリトリス由来だろう。
*18　研究チームは女性2人と男性2人の構成で、女性シニアオーサーはこの分野の第一人者だ。

類のもう半分について述べたが、かれらは2つの事実を無視している。第1に、女性は局所的に膣にだけ発達した神経系でペニスを「淘汰」する、ただの肉の塊ではない。第2に、性行為の際には人体のたくさんの部位の神経系を刺激するのが普通だ。とくに「反復交尾」の場合、ペニスを膣に挿入しないことも珍しくない。

それに加えて、かれらはこうした研究で定番の、最大の過ちを犯している。ヒト女性のオーガズムと繁殖成功を混同しているのだ。性的満足度を調べた研究によれば、あるいは地球上の70億人あまりの誰に聞いてもそう答えるだろうが、女性にとって両者の歩調は揃っていない。妊娠せずにオーガズムを感じる女性、オーガズムを感じずに妊娠する女性はいくらでもいる。事象（オーガズム）に生殖とのつながり（すなわち受精であり、必要なのはペニスからの射精だけ）が存在しない以上、事象を生起させる特徴には、正の淘汰も負の淘汰もかかりようがない。女性のオーガズムの存続には適応的意義があるかもしれないが、ペニスがそれを引き起こすからではないのだ。

そして駄目押しに、著者たちは「本来の生殖頻度を維持する狩猟採集社会」において、思春期の少女たちはどうにかしてペニスのサイズから「交尾能力」を推定し[*19]、それに基づいて行動する、との主張を展開する。ただし、少女たちには性的経験がない[*20]ので、「交尾能力」が何を意味するか知りもしないまま、生得的に決定を下すしかない。にもかかわらず、その決定は妊娠に、そして選んだ形質に関連する遺伝子（そんなものがあるとすればだが）の継承につながるのだという。性的経験のない10代の少女による、たったひとつの選択の結果としてはずいぶん重い。わたし自身の経験から言って、その年齢では対象が何であれ、見たものをそのまま認識したり、その影響を考慮することなどできはしない。

この珍妙な研究の背景は特筆に値する。著者は全員男性だ。そのひとりで、一般に「シニアオーサー」あるいは「主幹研究者」とされる人物がニューメキシコ大学のジェフリー・ミラーであり、彼は「ストリッパー研究」のシニアオーサーでもある。ミラーは2013年6月、自身の大学の博士課程への進学希望者に対する評価とおぼしき次のようなツイートで、世間の怒りを買った。「肥満の博士課程進学希望者のみなさまへ。炭水化物を断つだけの意志の力もないなら、博士論文は書き上げられません　#真実」

批判の殺到を受け、大学はミラーをけん責した。だが、ミラーと共同研究者たちに関して指摘すべきことはまだある。わが身を振り返ろうとしないかれらの厚顔無恥ぶりには、もはやあきれ返るしかない。ミラーとの共著書のあるタッカー・マックスは彼のお仲間だ。最悪なことに、マックスには「べろべろに酔ってブタ狩りする（goin' hoggin'）」癖があり（「ブタ狩り（hogging）」とは彼いわく「デブ女とファックする」こと）、その女性とのセックスを友人に盗撮させたと自著で公言し、女性を「一般品種のブタ」[*21]などと、動物にたとえて評定までしている。そんなタッカー・マックスとジェフリー・ミラーの共著書のタイトルは『メイ

＊19　例えば「膣オーガズム」とされるものを引き起こす能力。

＊20　ここでは一切の経験がないという意味。

＊21　マックスの著書『地獄でビールでも注いでろ（*I Hope They Serve Beer in Hell*）』にあるエピソードを引用しよう。彼は出会い系サイトで彼に興味をもった女性の写真を見て、近所のバーで彼女と会った。彼はこの女性を「デブ女（FatGirl）」と呼び、彼女とセックスする企みを「豚ダイビング（pork diving）」と名づけた。2人は彼の家に行き、実際にセックスをした。その後、彼の友人たちが彼の家に来て、「出てこい、デブ女」と茶化した。彼女は何が起こっているのかわからないまま、友人たちと顔を合わせるために服を着ようとした。だが彼いわく、「デブ女に情けをかけたら、その日で引退だ」。そこで彼は、彼女の服を窓の外に放り投げ、彼女に裸で外に取りに行かせた。この楽しい逸話を、彼はこう締めくくっている。「いちばん笑えるのは、この話をすると、女の子たちが「またそういうことしたいって思う？」と聞いてくることだ。もちろんやらないよ。もうデブ女と1回ファックしちゃったのに、なんでまたやるんだよ？」」ミラーはこんな人物と一緒に、「女性が求めるもの」についての本を書いたのだ。

ト――女に求められる男になる（*Mate: Become the Man Women Want*）』〔mateは「仲間」や「相棒」といった意味とも、「交尾する」という意味の動詞の命令形ともとれる〕。2人ともわたしが知るかぎり女性ではないし、かれらが誰にも求められないことを願うばかりだ。

　科学っぽい言葉でどれだけ取り繕っても、この「分野」で疑問を追求する人々は、隠れ蓑の下にある本当の目的を隠しきれていない。例えば、生物学における「メスによる配偶者選択」は本書のテーマでもあり、おおまかに言えば、メスが繁殖を最終目標として、特定のパートナーとの交尾に同意する際に考慮するさまざまな要因をさす。だがマックスとミラーの著書『メイト』は、ヒトの女性による配偶者選択の複雑さを解き明かすと謳いながら、次のような偏った記述で幕を開ける。「女性の選択基準はあまりに高く、あまりに深く、あまりに広い。乗り越えることも、かいくぐることも、避けて通ることも不可能だ」

　かれらはセックスへの誘いを拒否された恨みを、生物学用語に包んで飾り立てようとしたらしい。だが、謎めいた越えられない壁を築いてかれらの成功を阻む気まぐれな女性という固定観念にあてはめずにはいられなかったようだ。かれらは同書を「よりよい男」になるための指南書と位置づけつつ、同時に「交尾ライフ（mating life）」を「修正し、立て直す」ための5段階を提唱する。わたしは、すてきな男性と親密な性的関係を築くことを「交尾ライフ」と考えた経験はただの一度もないが、読者のみなさんはいかがだろうか。

「女性による選択」や「交尾ライフ」といった言葉を好き勝手に使いつつ、かれらが書いたのは結局、ナンパ師になりたい男性向けのハウツーだ。ため息をつきたくなるような引用をひとつ。「誘惑や支配や搾取から自分の身を守るため、女性たちはあなたにはとうてい理解できないほど複雑に進化した」。これは進化心理学の「なぜなぜ話」のひとつで、「あなたたちは例外なく支配的で搾取的で、どうしようもなく単純で、複雑な女性のことなど理解できない」と形容しているのだから、男性にとって不当な言いがかりだ。そして女性に対しては、男性をあしらい苛立たせるばかりの「ミステリアスで不可解で秘密主義な」

存在という、お決まりの見方をなぞっている。[*22]

同書が「交尾ライフ」についての怒りや歪曲に満ちているのは奇妙だ。著者のひとりはやろうと思えば「べろべろに酔ってブタ狩り」ができているわけだし、彼の行為が性的暴行でないとすれば、それは女性による（不運にも誤った）選択の結果なのだから。「女性による選択」の意味をゆがめ、女性をゴミのように扱う言い訳として乱用するのは、かれらのような「思想家」が浸る汚染された泉から湧き出す毒の、ほんのひとすくいにすぎない。#真実

ブルー・ディルド研究

ジェフリー・ミラーはまた別の研究でもチームを率いていて、こちらでもペニスにご執心だ。この研究チームはミラー以外は女性3人[*23]で、リサーチクエスチョンは一見したところ女性の視点に立っている。「女性が好むペニスのサイズは？」この論文で「触覚刺激器具（ハプティクス）」と呼ばれているのはいわゆる「ディルド」で、かれらはこれを使ってペニスの長さと太さに対する「女性による選択」を測定した。75人が参加した調査の結果、女性は一度きりの相手にはより長く太いペニスを求め、長期的な恋愛関係の相手の場合はさほどサイズにこだわらないと、かれらは結論づけた。

＊22　また、これは進化のしくみの説明としても不適切だ。動物が意図や目的をもって「何かになるために進化する」ことはない。優位性をもたらし、遺伝性のある形質は、それが生存と繁殖成功につながるのであれば、自然淘汰を通じて選択される。したがって、もし本当に、女性が男性には理解できないほど「複雑になるように進化」したのなら（まったくナンセンスだが）、それは「より複雑な」女性が生存と繁殖に関して何らかの優位性をもっていたからであるはずだ。

さて、この研究の問題点を見ていこう。第1に、研究に参加した女性たちの性的指向と経験の内訳は以下の通りだった——異性愛36人、バイセクシャル10人、レズビアン8人、アセクシャル6人、クイア3人、上記以外または無回答11人。そう、合計が75人にならないのだ。75人目の性的指向については何も書かれていない。

お気づきだろうが、一部の参加者はおそらくペニスが介在するワンナイト・スタンドや長期的関係にあまり関心がなかったはずだ。でも、女性の好み云々は見せかけで、この研究の本当のテーマはペニスなのだから、そんなことはどうでもいいらしい。著者たちはこの問題を回避するため、すべての参加者が「男性に魅力を感じると申告した」と述べている。言うまでもないが、すべての男性にペニスがあるわけではないし、男性に魅力を感じる人がみなペニスに釘付けなわけでもない。それに、研究に参加すれば20ドルがもらえたのだ。大学時代のわたしなんて、30分で20ドルくれると言われたら、大嫌いなナスにだって魅力を感じると答えただろう。加えて、参加者のうち15人（20パーセント）は性交の経験が一度もなく、34人（45パーセント）はワンナイト・スタンドの経験がなかった。

すでに述べた通り、研究チームは「触覚刺激器具」（ディルドとも言う。ペニスよりむしろ派手な青色の穀物サイロに似た、笑ってしまうような代物だ）を用意した。勃起した状態を再現したのは、ペニスの大きさへの好みを評定するほとんどの研究で、萎えた状態が採用されていたからだと著者たちは言う。だがそれは、ヒトはふつう村や町や都会をうろつく時、ド派手な青いペニスを勃起させてはいないからかもしれない。つまり、女性が自然な状況で性的パートナーの候補者をどう見ているかを知りたいなら、萎えた（そして青くない）状態の方がおそらく適切だ。[*24] ちなみに、この研究が発表される前年、コンドームの装着感を調べるという名目で、1661人の男性の勃起時のペニスの大きさを測定した研究が発表されている。

結局、かれらの目的は「自然な」状況を反映することではなかったのだ。「自然」にこだわるつもりなら、勃起した青い「ペニス」の3Dモデルを33個もつくって、[*25] 参加者（なかにはペニスが介在するセックスの経験がない女性もいた）にペニスの品定めをさせ、好みを答えさせたりはしない。研究の本当の目的は、論文の最後のパラグラフに明確に示されている。

これらのデータから、長期的な女性のパートナーに関心を抱く男性に向けたいくつかの示唆が得られる。より大きなペニスをもつ男性は短期的な女性パートナーの獲得に有利かもしれない。また、本研究により、ペニスサイズに対する女性の判断の正確性に関する初のデータが得られた。さらに、女性は間隔をあけて思い出す際、ペニスモデルの長さをやや過小評価する傾向にあった。女性は特定のパートナーのペニスの特徴を、実際よりも小さいものとして誤って記憶する可能性がある。これにより、男性が自身のペニスの大きさに対して抱く不安は増幅されるおそれがある。男性が抱く自身のペニスのサイズに対する不満は、ふつう外科手術によるサイズ増大よりも、カウンセリングによって解消さ

＊23　女性のうち2人はリサーチアシスタントとして参加したUCLAの学部生で、その後は別の道に進んだ。正直言って、わたしも学部生だったら、こんなプロジェクトに参加したいと思っただろう。筆頭著者のニコール・プローズは今もミラーと共同でプロジェクトを続けていて、ミラーとタッカー・〝豚狩り〟・マックスのポッドキャストにもゲスト参加している。プローズはリサーチの時点ではUCLAに所属していたが、その後まもなく大学を離れ、調査会社リベロスを立ち上げた。UCLAの倫理委員会ではヒトのオーガズムの研究が認められなかったと、彼女は述べている。

＊24　ある研究グループ（Mautz et al. 2013）は、実際に萎えたペニスを使った研究をおこない、肩と腰の幅の比率が、ペニスサイズや身長といったほかの特徴以上に女性を惹きつけることを明らかにした。

＊25　嬉しいことに、この3Dモデルの設計図はオンラインで公開されているので、わたしたちも自分でつくれる！　自家製ディルド万歳！

れる。外科的介入を望む男性のほとんどが、小さいというかれら自身の思い込みに反して、通常の範囲に収まるペニスの持ち主である理由は、ここにあるのかもしれない。

このような粗悪な研究が、自身のペニスのサイズに対して男性が抱く不安の要因になる可能性はないだろうか？　あるいは女性がサイズを過小評価する傾向にあると言及することで、女性側に問題があるようにほのめかし、女性に対する敵意を煽る可能性は？　女は卑劣で、計算が苦手と言いたいのだろうか？　女は何ひとつまともにできないと？

女性が本当に望むもの

では、よく考えられた、ペニス中心ではない、女性の好みに関する研究とはどんなものだろう？　これから紹介する研究は、ペニスのある人にとって、あるいはペニスと関わる人にとってリアルで有益な情報を提供するものだが、まったく注目されていない。一方、「エキゾチックダンサー」や「触覚刺激器具」の研究は数十のメディアに取り上げられた。無理もないことだ。「ラップダンスの科学」や「女性はワンナイト・スタンドの相手にどんなペニスを期待する？」なんてタイトルを見たら、誰だってクリックせずにはいられない。

うまくやるにはどうすればいいかを示したその研究の対象は、カリフォルニアの女子大生ではなく、中東に暮らす女性たちで、これも見過ごされてきた理由のひとつだろう。著者たちは、女性を自認する344人を対象にオンライン調査を実施した。タイトルは「グローバル・オンライン・セクシャリティ調査——アラブ女性」。かれらの目的は女性の性的機能不全に関連する要因を探ることで、そのためペニスをもつパートナーに焦点を当てた研究とは別の角度から、ペニスについて質問した。

著者たちが述べる通り、対象地域の趨勢を占める文化の影響のおかげで、こうした要因は「テーマのデリケートな性質と保守的な風土を考えればきわめて調査が困難」であり、そのためかれらはオンライン調査の手法をとった。こうして得られた率直な回答は、対面インタビューではけっして引き出せなかっただろう。

驚きではないが、パートナーが勃起不全を抱えていたり、パートナーの前戯が「不十分」な女性たちは、性生活に問題があると答えた。ペニスの特徴について好みを尋ねる質問では、40パーセントがもっとも重要なのは太さだと答え、同じく40パーセントが太さと長さは同じくらい重要だと回答し、20パーセントは長さを最優先した。[*26] この知見はほかの調査結果とも一致していて、一般に太さは長さと同じくらい、あるいはそれ以上に重要であることが示唆される。

だが、そのどちらよりも重要なのは、37・4パーセントの女性が自分が望むよりも低頻度でしかセックスをしておらず、また54・9パーセントがパートナーの「ある程度の」早漏に不満をもっていたことだ。こうした事実は、女性自身のニーズが満たされず、十分な快感を得られていないことを意味する。回答者の84・5パーセントはパートナーのペニスのサイズに不満はないと答えており、サイズへの満足度は性交の頻度や持続時間への満足度を上回った。[*27]

女性にフォーカスした著者たちは、パートナーが勃起不全の問題を抱えている場合、女性が性的機能不

＊26　クロアチアでの調査でも同様の結果が得られていて、長さと太さが同程度に重視された。

＊27　付記――この研究に協力した女性の36・8パーセントが過去に女性器切除を受けていたが、研究ではこの処置と女性の性的不能の関連は見出せなかった。

全に陥りやすいことを示した。研究チームは男性たちを対象に別の調査も実施していて、これにより男性たちも勃起不全と早漏に悩んでいることが明らかになった。そして案の定と言うべきか、パートナーのペニスサイズに不満のある女性はわずか15パーセントだったにもかかわらず、男性の30パーセントは自分のサイズが問題だと思っていた（実際にはたいてい平均的な大きさだった）。

男性と女性は、質と量それぞれの重要性に関して意見が分かれた。男性は、パートナーを満足させるには質より量がより重要だと答える傾向にあった。頻度、コミュニケーションの質、前戯のすべてが絶妙にぴったり符合して、パートナーどうしが質にも量にも満足できる領域が、どこかにあるのかもしれない。

この研究は女性に関する知見を示すものだが、男性にも得るものがある。それも、女性を絶対に満足しないペニス評論家呼ばわりして、親密な関係を台無しにするような助言ではない。この調査で明らかになった問題の多くは、早漏、勃起不全、前戯の問題に対処すれば解決できると、著者たちは主張する。というのも、女性の「性的満足を大きく左右する」のは、男性パートナー側のこうした要因だからだ。ペニス自体の問題ではない。男性の心理と、２人の肉体的および精神的なつながりの密度が、決定的な要素なのだ。

この教訓を裏づけるような、米国の大学で学ぶ1万３４８４人の女子学生たち[*28]を対象としたひとつの研究がある。[*29]この論文の著者たちは、セックスを楽しみオーガズムに達するために重要な要因として、ジェンダー平等、パートナーの個性を知ること、コミットメント、そしてわたしのお気に入りである「高度な性器刺激技術」をあげた。かれらはまた、気軽なセックスと恋人とのセックスそれぞれに期待するものに、男女とも「ダブルスタンダード」があると示した。男性はどちらの場合でも快感を得られるが、女性は一夜限りの関係からは快感を得られないようだ。女性たちはこうした一過性の性的経験について、男性パートナーが女性の快感を「完全に無視」しがちだと述べた。[*30]

性的か、それとも情動的か

人は時に性的要素のない勃起に襲われる。退屈な授業を受けていた10代の少年が、急に敏感になったペニスをバインダーで隠さなくてはいけなくなる災難は、声変わりやにきびと同じくらい思春期の風物詩だ。少年たちはたいてい、その時はセックスのことなんて考えていなかった、理由もなく勃起したと言う。十分にありうることだ。

性的衝動は強烈な情動と感覚を伴う。そして、両者を引き起こす状況は、血流のルート変更と気分の高揚につながることがあるのだ。おそらく、勃起の本当の原因である社会的刺激を脳が拡大解釈し、誤ってセックスと関連づけてしまうのだろう。勃起は内的状態を表し、強烈な情動があることを示す正直な信号だが、それはセックスがらみとは限らない。情動の強さに反応して、血流が特定部位に集中した結果ということもあるのだ。[*31]

＊28　この研究は男女間のセックスに注目しているため、著者らは性的指向をレズビアン、バイセクシャル、不明と回答した女性、男性とカジュアルなセックスをした、あるいは6カ月以上にわたって交際した経験がある人も、分析から除外している。

＊29　論文著者は女性3人。

＊30　理由は2つある。快感の追求と安全の希求だ。「寮のパーティーでバカな男に会って、彼の部屋に行って、フェラしてあげた。わたしはその気だったのに、あいつ寝てやがんの。ふざけんなって思って、そのまま帰った。ほんと屈辱」。あるいは別の女性は、ボーイフレンドについて次のように語っている。「彼といると安心する。何をしてほしいか、何はしないでほしいかを言えるし、やめてほしい時にもそう言えるから」

＊31　霊長類においては、例えば悲しみの表現として、性的表現と同じものが使われることがある。

胎児がセックスのことを考えるはずはないが、超音波画像診断では胎児の勃起が確認されている。じつは、妊娠中期（16週以降）まで胎児の外性器から性別を確実に判定できない理由のひとつがこれなのだ。早期の超音波画像診断に関するある研究によると、妊娠11〜12週で男児と判断された11のケースで、5人が出生時に女児とわかった。

研究チームによれば、発達の初期段階では、男女を問わず発達途上の生殖器が「勃起」を示し、これはおそらく当該部位への血流の変化によるものだ。このような胎児の段階では、血流変化は意識的な情動状態を裏づけるものではない。それでも、これは性的な動機とは無関係に身体的反応が起こりうるひとつの証拠だ。

配偶と結婚

性淘汰や霊長類のペニスの詳細な比較をテーマにすぐれた教科書を著しているアラン・ディクソンは、ヒトについても堅いデータをもっている。厳密な比較の結果、ヒトのペニスの長さは霊長類トップに位置するものの、同率首位がほかに16種もいる。またヒトを唯一の代表とするヒト属 *Homo* は、ペニスの複雑さでは21位で、下から数えた方が早い。[*32] 本書でこれから取り上げるように、複雑さを欠いた陰茎はふつう、セックスの際の非攻撃的なアプローチや、パートナー間の明確な同意と関わりが深い。

ディクソンによれば、シンプルな形態は一夫多妻または一夫一妻の配偶システムと結びついている。つまり精子競争と呼ばれる、異なるオスの精子が受け取る側の生殖器官の内部で繰り広げる顕微鏡レベルの争いは起こらず、したがって競争の際の武器になるようなペニスは必要ない。精子競争がヒトのペニスの形態の形成要因である「可能性はきわめて低い」と、ディクソンは結論づけている。

加えて、結婚という文化的な営みと、配偶という生物学的な営みが混同されることで、さらに話がややこしくなる。ヒトは結婚の際、儀式を執りおこない、あらかじめ決められた証人をたてる傾向にあるが、これは社会文化的行動だ。こうした社会慣習がどんな形をとるにしても（婚姻関係を結ぶのが2人、3人、あるいは一夫多妻や一妻多夫であっても）、それは配偶システムと同一ではない。

ヒトの配偶行動は、個人単位でみれば両極端の間のどこにあってもおかしくないとはいえ、平均的には複雄複雌の集団内における長期的ペアボンド（つがいの間の絆）というのが、もっとも妥当な説明だ。言い換えれば、わたしたちは血縁、結婚、近接を通じた縁戚関係のネットワークからなる集落のなかで、配偶関係の絆を形成する。こうした絆を文化的に正式な形で認め、ほかと区別するのが結婚であり、これは配偶とは別物だ。

孤独な霊長類

「人類」には複数の種が含まれるが、たった1種であるわたしたちを除いてすべて絶滅した。かなり離れた親戚の霊長類に、チンパンジーとボノボがいる。年月と進化の観点からみて、かれらは遠い存在だ。それでもその行動は、ヒト、チンパンジー、ボノボが共通祖先から分かれて以降、今日までにわたしたちが

＊32　ヒトの性行動に関しては、比較的大きい精巣のサイズに依拠する別の考え方もある。ジェフリー・ミラーなどの研究者は、女性が複数のパートナーと連続してセックスするためにこのようなサイズに進化したと解釈するが、別の説明もあり、こちらは「排卵隠蔽」のシナリオを前提としている。つまり、単にヒトは霊長類平均に比べて、ひとりのパートナーと多数回のセックスをするからかもしれない。理屈の上では、わたしたちはいつでもできるのだから。

経験してきた変化を推しはかるためのヒントになる。明らかに、わたしたちの行動（性的なものもそれ以外も）や、行動の基盤となる生理的特性、行動に用いる身体構造は、変化を経験してきた。ヒトは孤独な種だ。共通点と相違点から多くの知見が得られるような、ごく近縁の親戚はいない。

ヒトの性行動を進化的に説明したいという欲求は、現生の近縁種がいないために、確実な証拠よりも個人的なバイアスに基づいてギャップを埋める結果につながりやすい。わたしたちは、こうした人間くさい誤謬を最大限に避ける努力をするべきだ。ヒトに「いとこ」はおらず、ほかのヒト属の種を参考にすることはできない。ほかの霊長類の種に類似点や共通点を見出す時には、以下の事実を忘れてはいけない。進化・遺伝・行動に関して、わたしたちはもっとも近い親戚と袂を分かって以来、少なくとも600万年にわたって独自の道を歩んできた。この間に、ヒトにより近い親戚にあたる種がいくつも進化し（そのうち少なくとも1種は200万年にわたり存続した）、そして絶滅した。近縁の現生種の事例は得られず、遠い親戚の事例をあてはめても、欠けた枝を再現することはできない。わたしたちは文字通り、唯一無二の霊長類なのだ。

わたしたちと同じルールでプレイしている種はいない。ヒトはほかの霊長類にはない特徴、そう、巨大で複雑な大脳皮質をもち、それをフル活用して新しいルールをつくりだしながら、これまでどうにかやってきた。農業やその他の文化の台頭とともに、わたしたちはルールを制定しはじめ、大げさな信仰や畏怖の対象としての意味をペニスに付与するようになった。これらは親密な関係を築くための器官という本質とはかけ離れている。ペニスについて、こうした文脈に即して理解を正していかなければ、露骨な偏見をもち、科学よりも私利私欲で動いている人々が喧伝する言説は、これからも影響力をもちつづけるだろう。

脱中心化の旅は、進化の歴史をさらに遠い昔までさかのぼり、そもそもなぜこんな器官が誕生したのかを考察するところから始まる。これから見ていくように、陸上生活に有利な適応形質から始まって、のちにさまざまな用途が追加された結果、ペニスは配偶のためのたくさんのツールのひとつになった。

第2章　ペニスはなぜあるのか？

ペニス、あるいはそれによく似た器官には、数億年の長い歴史がある。だが本格的に主流化したのは、動物が陸上に進出し、そこにとどまる覚悟を決めてからのことだ。配偶相手の体内に精子を注入する管は、陸生動物の受精方法の定番になった。現代人が誕生し、この管をまるで神話の主人公のように崇め奉るようになるのは、ずっとあとになってからのことだ。

それはどこから来たのか？

読者のみなさんにはおそらく、ヒトのペニスを見て「これは一体どこから来たのだろう？」と考えた経験はないだろう（残念ながら、スマートフォンをもっている少女たちや女性たちは、時にそんな機会に出くわす）。だが、これはたくさんの生物学者たちが繰り返し問うてきた疑問でもある。ヒトやほとんどの哺乳類に関しては、答えは明らかで、正直言ってあまり面白いものではない。でも、動物界のほかのグループを見渡してみたら、圧倒されること請け合いだ。本書を読み終える頃には、きっとご自身がおもちの、あるいは受け入れているようなペニスでよかったと納得しているはずだ。なにしろ、頭から放尿するロブスターと同じくらい「お手本」に向かない生き物が、いくらでもいるのだから。

スパイダーマン

65歳のヨルグ・ヴンダーリッヒは、重大な転機となった2005年のその日、ドイツのヒルシュベルクにある自身のオフィスでいつもの作業をしていた。ミャンマー、ロシア、ヨルダン、ドミニカ共和国で発掘された、岩のように硬い琥珀のサンプルに穴をあけていたのだ。彼を取り囲む部屋の壁は、論文であふれかえるミニラック、クモの化石でいっぱいの標本キャビネット、クモ形類に関するありとあらゆる事項が微に入り細を穿って記された数々の書物で埋め尽くされている。標本を眺め、解剖顕微鏡で観察したヴンダーリッヒは、あるものに気づき、自身いわく「目をまん丸く」した。はるか昔に光を失った眼で彼を見つめ返したのは、クモに似たクモ形類（分類群としてのクモ形綱には、クモのほかサソリ、ダニ、カニムシなども含まれる）だった。生きたまま樹液の塊に取り込まれたこの動物は、現在、世界最古の勃起の記録として知られる。

9900万年前、クモに似たこの動物（クモ形綱のなかのザトウムシと呼ばれるグループの一員で、英語では「daddy longleg（あしながおじさん）」の別名で知られる）[*1]は、現在のミャンマーのフーカウン渓谷[*2]にあたる地域の熱帯林をうろついていた時、どうやら魅力的な配偶相手の候補者に遭遇したらしい。似たような見た目の動物と異なり、オスのザトウムシ[*3]には挿入器があり、たいていの人はこれをペニスと呼ぶ。樹液の洪水に全身を飲み込まれた瞬間、この個体のペニスは体液流入によって膨張していて、こうして彼は勃起したまま永遠に眠りつづけることになった。この琥珀標本には、彼の大きな眼にとまったセクシーな美女の痕跡は残されていない。

問題のペニスは、「尖筆状」の勃起を報告する学術論文で詳細に描写されている。細く、(持ち主の大きさのわりには)長く、わずかにカーブしていて、ハート形の先端は鋤のようにやや扁平になっている。全体の長さは1・5ミリメートルに満たないが、それは琥珀の奥深くで輝く小さなライトセーバーのように、ヴンダーリッヒを釘付けにした。彼は標本をベルリン自然史博物館のジェイソン・ダンロップに託し、ダンロップは共同研究者とともに、ハリテルセス・グリマルディ *Halitherses grimaldii* と命名されたこの動物のハイテク分析をおこなった。

博物館のダンロップのオフィスに座って、標本について彼と話したり、高倍率に拡大した極小サイズの勃起の細密画を見せてもらったりしながら、わたしは部屋の中を見渡した。ヴンダーリッヒの研究室に似て、クモに関する本(例えば、わたしがのちに大いに参照することになる『花の上の捕食者(*Predator upon a Flower*)』は、カニグモの生活史と適応に関する392ページの大著だ。かれらは本物のスパイダーマンなのだ)がぎっしり詰ま

＊1　ザトウムシは本当はクモではなく、分類体系によってはむしろダニに近縁とされる。ただし見た目はクモそっくりだ。しかもややこしいことに、口語的に「daddy longleg」と呼ばれるクモ風の生き物は、2つの異なるグループからなる。片方はクモではないザトウムシ、もう片方は正真正銘のクモであるユウレイグモで、後者は地下室などの暗い場所に棲んでいる。

＊2　これらの地域で採掘される琥珀が、コレクターや愛好家や研究者のために採掘をおこなう現地の人々に重大なコストをもたらしていることを、科学ジャーナリストのキャサリン・ガモンは2019年8月の『アトランティック』誌の記事「琥珀の人的コスト(The Human Cost of Amber)」で指摘した。一部の研究者はこうした要因を憂慮し、自身が目的に沿って採掘したものだけを研究すると誓約している。ヴンダーリッヒは多くの標本をみずから採集したと語りつつ、一部はディーラーを介して入手したことを明かしている。

＊3　オスのザトウムシ(harvestman)は重複表現なので、ザトウムシの英名を「harvestperson」や「harvester」に改称する運動を進めたいところだ。

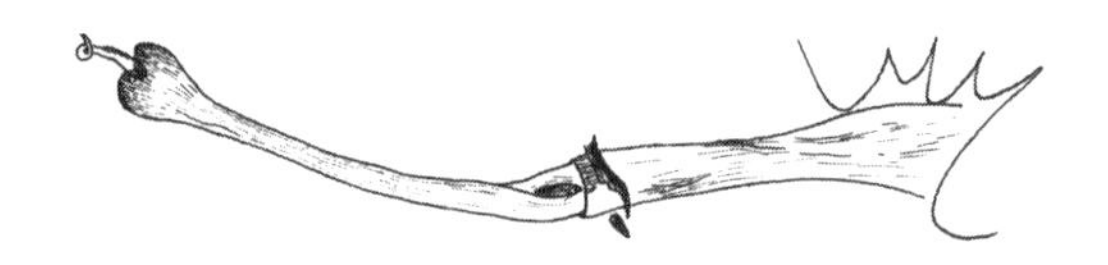

図 2-1 最古の勃起。実物の長さは約 1.5 ミリメートル。
Dunlop et al. 2016 に基づく W. G. Kunze によるスケッチ。

った棚でいっぱいだ。スパイダーマンのコミックのドイツ語版まであって、表紙にはバラク・オバマが描かれている（マニア向けの第583巻、タイトルはドイツ語で『スパイディー、バラク・オバマに会う！』とある）。

ダンロップと同じくヴンダーリッヒもクモ学者であり、地球上に生息する膨大な数のクモたちのこんがらがった脚、頭胸部、眼、そしてさまざまな挿入器を詳細に観察することをライフワークにしている。ヴンダーリッヒはカナリア諸島の「数百種」のクモをたったひとりで記載した。自身が「私設クモ学研究所」と呼ぶ彼の自室には、まだ博物館に提供されていない数千の標本が収蔵されている。クモ形類の何もかもに魅了され精通した彼は、数百ページに及ぶモノグラフや記載論文を執筆してきた。そのなかには琥珀に閉じ込められた標本についての文献も多い。

それでも、この太古のザトウムシの勃起ほど、彼を虜にしたものはなかった。ちなみに、この種は新たな絶滅したザトウムシの科[*4]に分類されたのだが、その事実すら及ばない。実際、ダンロップが共著者と執筆した論文は標本のペニスだけにフォーカスしたものではなく、本物のクモ好きなら巨大で装飾的な眼の存在により注目してもいいはずだった[*5]。またしても、生物個体全体やほかの重要器官をさしおいて、小さなペニスが不釣り合いに脚光を浴びたのだ。雄性生殖器（ディック）についての記事ほどクリックを集めるものはない。たとえ長さが1・5ミリメートルだろうと、1億年近く昔のものだろうと。

だが、標本のほかの特徴のなかには、この種がペニスをもつ理由にまつわる進化の物語を解き明かすヒントがある。ほとんどのクモ形類はペニスをもたず、1対の特殊化した付属肢を使って精子を受け渡す。一部の種は精子を直接受け渡すことすらせず、オスは単に精子の入った小包を地面に置き去りにして、それをメスが膣を使って回収する。オスのクモは、触肢と呼ばれる頭の近くにあるアームのような1対の付属肢の先端部分を使う。この構造は「触肢器官（palpal organ）」や「生殖球（genital bulb）」といった複数の名称で呼ばれている。クモは精子をメスに送り込むための交尾器官として、この構造を時に意外な形で使う。一方、ザトウムシはクモ以外のすべてのクモ形類と同様、このボクシンググローブのような先端構造をもたない。

ペニスやペニスに似た器官をさす、ややこしい専門用語の数々に頭が痛くなってきたかもしれない。序章で述べた通り、ここではできるだけシンプルを心がけ、挿入に使われる構造は挿入器（intromitta）と呼ぶことにしよう。最初期の挿入器（触肢であれペニスであれ）から、「科学」のために青いディルドをつくるに至るまでの道のりを想像してみよう。ずいぶん遠くに来たものだ。

最古のペニス

クモ形類にペニスは珍しいが、ペニス（および各種の挿入器）は動物界に驚くほど広く見られる。それと同じくらい、「科学の名のもとに」、だが思春期的な下ネタを匂わせつつ、こうした器官を中心に考えたがる

＊4　このような発見はふつう、ダンロップやヴンダーリッヒのような分類学者ならば、注目に値すると考えるものだ。
＊5　ザトウムシは一般に視覚があまり発達していない。

研究者も珍しくないようだ。ノリの悪いクソ真面目なやつと思われないように言っておくと、生殖器やおならのジョークは最高に面白いこともある。さまざまな理由から、どちらもれっきとした純粋なコメディの主題だし、わたしのなかの12歳のお調子者はそういうネタが大好きだ。でも、科学の営みのなかでこうしたユーモアを奨励し、科学のプロセスに対する文化的搾取を許すさまざまな要因があるせいで、せっかくの面白さが台無しになっている。コリンボサトン・エクプレクティコス *Colymbosathon ecplecticos* の例を見てみよう。

ペニス、あるいはペニスのようなものの歴史は、化石証拠を見るかぎり古生代、約4億2500万年前の、コリンボサトン・エクプレクティコスと名づけられた小さな生き物から始まる。舌を噛みそうな名前は、ギリシャ語で「大きなペニスをもつすぐれた遊泳者」を意味する。命名をめぐる議論を想像すると、わたしには「こんなふうに呼ばれたくないやつなんていないだろ?」という流れになったとしか思えない。この最古のペニスの持ち主は、全長5ミリメートルのカニに似た甲殻類で、硬い殻、獲物をつかむ肢、複眼、それに研究者たちの言葉を借りれば「大きくずんぐりした交尾器」をもっていた。この記述とつけた学名からして、論文著者である4人の男性たちは、この生物の生殖器にいたく感銘を受けたようだ。

この小さな動物と、極小サイズながら「大きくずんぐりした」ペニスは、今日のイングランドのヘレフォードシャーに棲んでいた。現在は牛(もちろんヘレフォード種)[*6]とサイダーで有名なヘレフォードシャーだが、当時このあたりは海の底だった。小さなかれらは、おそらく海底をちょこまか動きまわって餌を探し、餌になるのを避け、交尾していたのだろう。だが火山の噴火によって彼は灰に埋まり、体が短時間で鉱物化したために、やわらかく「大きくずんぐりした」部分まで化石として保存された。[*7]

学術的に見て、この発見の本当に驚くべき点は、この動物が現代の近縁種ときわめてよく似ていたことだ。4億2500万年にわたり、この系統はほとんど変化しなかったわけだ。それは環境と生物の両方が異例の安定状態にあったことを意味する。この特徴に加え、無脊椎動物の体が数億年後にヒトが発見するまで並外れた保存状態でありつづけたことが、この発見の科学的意義の中心だ。それなのに研究チームは、「大きくずんぐりした」交尾器に執着し、それを種の名前にしてしまった。このパターンでいけば、シロナガスクジラの学名 *Baleanoptera musculus* は、「史上最大のペニスをもつすぐれた遊泳者」[*8]でなくてはいけないが、そうはなっていない。実際の意味は「小さな翼をもつネズミクジラ」[*9]で、これまた意味不明なのだが。

大きなペニスをもつすぐれた遊泳者、コリンボサトン・エクプレクティコスの生態の特徴のひとつとして、この種は活動時間の大半を海底での死骸あさりに費やしていたと考えられている。常に泳ぎまわっていたわけではないのだ。安定した表面にしがみつく生活は、個体間で配偶子の受け渡しをするための特殊な器官の進化を促す、淘汰圧のひとつだった可能性がある。海底は挿入交尾の際のよりどころになるし、一生の大半を海底で過ごす生物の多くは、挿入器をこの用途に使う（ロブスターもそうだ）。では、硬い表面と乾いた環境が合わさったらどうなるだろう？　精子と卵（およびそのつくり手の動物個体）を引き合わせる

＊6　親しげに呼んではみたものの、次章の終盤で取り上げるように、甲殻類はわたしたち脊椎動物を小馬鹿にしているかもしれない。

＊7　甲殻類は一般に化石記録の優等生で、1600万年前の巨大な精子（精子を調べる研究者の間では有名だ）すら化石に残っていて、現時点で「記録上最古の石化した配偶子」を所持する栄誉に与っている。

＊8　本当にそうだろうか？　第6章で見ていくが、これは測り方しだいだ。

＊9　あるいは「翼をもつ筋肉クジラ」となるが、いずれにせよ意味はよくわからない。シロナガスクジラに学名をつけたのは、二名法の生物種命名の発明者であるカール・リンネ（1707‐1778）で、ちょっとしたジョークが込められているのかもしれない。

水がなかったら？　その場合、移動能力のある配偶相手、体内受精、卵のいくつかの適応形質がすべて必要であり、それこそが実際に地球上で起こったことなのだ。

陸上生活

陸上生活に際して、一部の動物はまず、卵の扱い方を変えなければならなかった。みなさんもご存知の通り、サケは産卵のために命がけで海から川をさかのぼる。鳥のかぎ爪、クマの牙、魚網といった数々の脅威を乗り越えて、ようやく繁殖にこぎつける。自分が生まれた場所へと帰る苦難の旅の途中で、オスのサケの容貌は変化し、口先がメスをめぐる争いに有利なフック型に伸びる。勝者は目当てのメスに求愛し、河床の片隅で一緒に放卵・放精する。旅の間の絶食、産卵、配偶相手をめぐる争いで疲労困憊したかれらは、仕事を終えると死に至る。まあ、これもひとつの方法だ。

水中環境でつくられる卵はたいていそうだが、サケの卵に硬い殻はない。イクラを食べたことがある人なら知っての通り、ほんの少し歯応えがあったと思った次の瞬間には破裂し、塩気と風味が口いっぱいに広がる。石灰化した殻のない卵は、未受精の状態がいちばんやわらかい。[*10] あなたの舌と塩味の爆発の間にあるのは、絨毛膜（chorion）と呼ばれる膜だけだ。

およそ3億4000万年前（あのザトウムシの勃起のさらに2億4000万年前）、両生類と爬虫類の特徴をあわせもつ脊椎動物が、動物にとっての広大なる未到の地、すなわち乾燥した陸地の探索を開始した。かれらはそこで、森林や湿地に生息する現代の両生類と同じことをしはじめた。まだ裸のままの卵を、湿った場所に産み落としたのだ。こういった場所では、大気中に含まれる水分が結露するため、依然としてガス交換が可能だった。

時が経つにつれ、卵に変化が生じた。中身を保護するカルシウムの層が、程度もさまざまに形成された。一部の爬虫類の卵は比較的やわらかく、依然として多湿環境を必要とする。一方、鳥の卵は厚く硬い殻をもち、かなりの乾燥に耐えられる。陸にあげられた卵をカルシウムのスーツケースに詰めただけでなく、進化は脊椎動物（背骨のある動物）に、さらにいくつかの特徴を授けた。ひとつは尿膜（allantois）であり、空気の抜けた長い風船のようなこの構造は、胚のガス交換と老廃物排出を担う。のちに哺乳類では、これがへその緒の一部となった。もうひとつ、第2の膜が羊膜（amnion）だ。魚と両生類以外の脊椎動物はすべて羊膜をもち、あわせて有羊膜類（Amniotes）と呼ばれる。あなたもわたしも有羊膜類の一員だ。

厳重に守られた通気のいい卵のおかげで、動物たちは脅威でいっぱいの外の世界に出ていくまでに、内部でより長い時間をかけて比較的安全に成長できるようになった。卵の中で卵黄から栄養を獲得し、老廃物の排出とガス交換をおこない、だいたいは殻にこもってぬくぬくと過ごした。もちろん、卵の捕食者が現れたら話は別で、こうした本物の脅威があったのは確かだ。フットボール大の恐竜の卵の化石を見ればわかるように、かなり大きな卵を産むことも可能になり、それは動物自体の大型化も意味した。

こうした卵の新たな適応の結果、幼体が大きく成長した状態で生まれてくるようになっただけでなく、赤ちゃんが卵の中にできあがるそもそものプロセスにも変化が生じた。すなわち、体内受精だ。[*11] それとともに「排卵隠蔽」も可能になったわけだが、なにしろ大昔の話なので、配偶相手候補にシグナルを漏らしたり、思わせぶりに揺れ動いたりしたかまではわからない。

＊10　魚卵のやわらかさはきちんと測定されていて、受精後にやや硬化するが、稚魚が出てきやすいよう、孵化前には再びやわらかくなる。
＊11　受精は、精子と卵など、2つの配偶子が融合するプロセスをさす。

カオス的な進化

「大きなペニスをもつすぐれた遊泳者」である甲殻類の出現以降、長い年月の間にペニスやそれに近い奇妙な構造は、現れては消え、時に再び現れた。配偶行動の必要条件、ライバルとの競争、そして膣など配偶相手の生殖器官が、そうした進化を促した。種内や近縁種の間でさえ、こうした構造の出現と消失が見られ、別の挿入器に主役を譲ったケースさえある。絶えず2歩進んでは1歩横道にそれるような、こうした挿入器の進化パターンは、一見ほとんどランダムだ。けれども、バッタの生殖器の研究で博士号を取得した、テキサスA&M大学の昆虫学者ソン・ホジュンに言わせれば、「生殖器の進化はカオス的なものではない」。

生殖器がどんな進化をとげたにせよ、それが一回きりであることはほとんどない。そう語るのは、このテーマの世界的権威のひとり、ウィリアム・エバーハードだ。エバーハードはハーバード大学で博士号を取得した昆虫学者で、数十年にわたりスミソニアン熱帯研究所で昆虫とクモ形類の繁殖に関するありとあらゆる知見を積み重ねてきた。彼は1985年の画期的な著書で、驚くなかれ、メスの動物が生殖器を形成する進化的圧力に関与している可能性を指摘した。そう、1世紀以上前にチャールズ・ダーウィンの脳裏に浮かんでいたにもかかわらず[*12]、この時代になっても先鋭的な主張だったのだ。

ここでエバーハードを取り上げるのは、彼の最高傑作である1985年の『性淘汰と動物の生殖器(*Sexual Selection and Animal Genitalia*)』、およびそれに刺激を受けて世に出た数百の文献に頼らずには、挿入器に関する本は書けないからだ。いまでも影響力のあるこの本の刊行以降の数十年で、わたしたちは多くを学んできた。挿入器とその機能である体内受精が繰り返し進化してきた可能性が高いことや、それがさまざまに異なる出発点から起きたこと（詳しくは第3章で）、そしていつもオスでだけ進化したわけではないことを。

ただのキス

挿入器の進化の（一見）カオスな世界に足を踏み入れる前に、挿入器のない陸上生活がどんなものかを見ておこう（第8章でさらに詳しく紹介する）。体内受精に依存する動物にとって、精子と卵は何らかの形で融合しなければならない。挿入器をもたない陸生動物たちは、この目的を達するためのクレバーな方法をいくつも生み出してきたが、あまりに直球で安直な名称のせいで画期的に思えないのが、総排出腔（クロアカ）キスだ。その名の通り、配偶ペアは総排出腔[*13]どうしを密着させ、一方が他方に精子を送り込む。精子は鞭毛の力で卵のある場所まで体内を進み、魔法のように融合をなしとげる。

総排出腔キスを採用する陸生動物は枚挙にいとまがない。大多数の鳥に加え、線虫、ミミズ、ほとんどの両生類、一部の軟体動物、そしてトカゲに似た唯一無二の特別な爬虫類ムカシトカゲ（これについても後ほど）もそうだ。必要なのはただ、配偶ペアが総排出腔を近づけ「キス」して、受け渡しを完了することだけだ。もちろん、このやり方には欠点もある。例えば、パートナーの内部生殖器官まで精子が確実に運

＊12　ダーウィンは、配偶相手をめぐる争いに使われる構造の形のなかには、メスの好みを反映したものがあると考えた。

＊13　総排出腔の英名 cloaca はラテン語で「下水道」を意味し、多くの動物においてその名の通りの役割（すべての老廃物の出口）を担うほか、種によって精子、挿入器、卵、子の出入口の機能をもつ。

ばれたかどうかはわからない。

挿入器はこの問題の解決法のひとつだが、ペニスだけが唯一の道だったわけではない。一部の動物は付属器官や肢を使って精子を注入するし、研究者が「皮下注射」と呼ぶ、尖ったパーツを使ってパートナーの皮膚の下に精子を注入する方法をとる動物もいる。もうひとつ定番のやり方は、いわば棒に刺した精子の小包だ。精包と呼ばれるこのロリポップ状の構造を、オスは地面に置いたり立てたりして放置し、メスがうろつき回ってそれを回収して総排出腔に取り込む。あまりセクシーではないが、一部のクモ形類など多くの動物にとっては、これで事足りる。

体内受精という通底する主題の上には、求愛、パートナー間の拮抗関係、親密なつがいの絆、それに性的共食いといった、膨大な多様性がある。どの特徴が現れるかは種に特有の問題で、ごく近縁の種どうしがまったく別の方法で体内受精をおこなうことも珍しくない。

なぜペニスは長続きするのか

ペニスが存続した理由に関する進化的な説明は数多い。そのひとつが、ある程度お互いにフィットする生殖器をもつことで、別種のパートナーとの無益な配偶行動に時間を浪費しなくてすむというものだ。「鍵と錠前」と呼ばれるこの仮説は、他種の個体と問題なく交尾できる種が研究により次々に発見され、いまでは支持を失っているものの、完全に棄却されたわけではない。

別の説明として、挿入のあとの事態に配偶相手が与える影響もあげられる。こうした影響は時に拮抗的、時に促進的にはたらき、精子運搬装置やその装飾のさまざまな特徴を形成する。これは性淘汰と呼ばれるプロセスの要素のひとつであり、動物の挿入器に見られる圧倒的な多様性の大部分はこの中核的プロセスで説明できる。

挿入器についてひとつ興味深いのは、動物によってさまざまに異なる「素材」からつくられていることだ。こうした素材の一部とその用途について、第3章（およびその後の章すべて）で詳しく解説していくが、まずはここで生物学的な区別に触れておこう。ヘビとトカゲのように、大枠で見て進化的に近い関係にある動物どうしは、ふつう陰茎の起源を共有している。コウモリの翼、イルカの胸びれ、クマの前足、ヒトの腕は、外見は大きく異なるけれども、その下には同じ骨がある。同じように、近縁の動物のペニスは、見た目がまったく違っていたとしても、同じ最初の素材からつくられている。

逆に、コウモリの翼と蝶の翼の場合、外形が似ていて飛翔という共通の機能をもつが、その下にある構造にはまったく共通点がないし、コウモリと蝶は近縁とは程遠い。両者の外見と機能が似ているのは、いずれも空という、同じ環境からの淘汰圧をくぐり抜けてきたからだ。同じニッチを占める異なる動物にかかる圧力が、わたしたちがひとまとめに「翼」と呼ぶ構造をつくりだした。同様に、自然は「ペニス」と総称されるさまざまな構造をつくりだし、その構造と機能には類似性が見られるが、もとになった素材は多種多様だ。

そんなわけで、これから動物の挿入器の世界を旅するにあたっては、以下のことを頭に入れておいてほしい。異なる種が似たような器官をもっている時は要注意。そこから連想される類縁関係は、実際には存在しないかもしれない。逆に、きわめて近い関係にある種どうしで、挿入器の形がまったくかけ離れていても、ちっとも不思議ではない。こうした勝手な思い込みもまた、ロブスター・トラップのひとつなのだ。

すべてを司るひとつのペニス

ペニスはどこから来たのかにまつわる物語は、時に新たな知見によって書き換えられる。新しい情報に従って結論を覆すこのプロセスを、わたしたちは「科学」と呼ぶ。ペニスの進化の世界では、唯一無二のムカシトカゲが、研究者の間でペニスに関するそれまでの常識を覆した。

トカゲとヘビはあわせて「有鱗目」を構成する。英名の squamata も、ラテン語で「うろこ」を意味するのでそのままだ。ムカシトカゲ *Sphenodon punctatus*[*14] はトカゲとヘビの姉妹群にあたり、約2億年前に隆盛を誇った太古の系統の末裔だ。系統内で唯一の現生種という意味では、ムカシトカゲとわたしたちは似ている。ヒトもまた、ヒト属 *Homo* で唯一の生き残りだ。ムカシトカゲと人類のもうひとつの共通点、そしてほかの大半の爬虫類との相違点は、性成熟に20年かかり、およそ3年に1度しか繁殖しないことだ。

ヒトと異なり、ムカシトカゲはニュージーランドだけに分布し、どちらの性も挿入器をもたない。かれらは総排出腔キスで精子を受け渡すが、オスはその前にふんぞり返って歩きまわり、メスを誘う。相手を気に入らなければメスはそそくさと巣穴に逃げ込み、こうなるとオスは諦めるしかない。オスの魅力を認めたメスは、総排出腔を密着させ、精子を受け入れる。

脊椎動物（の一部）のペニスの起源を説明するのに、なぜペニスのない動物をもち出すのか？　じつは人々は長年、ムカシトカゲを誤解していた。トカゲに分類したことも、恐竜の一種と考えたこともあった。どちらも間違いだ。また、かれらは「基幹的」つまり有羊膜類の祖先状態を体現しており、数億年前の動物の姿を今にとどめているとされたこともあった。この解釈に従うと、有羊膜類の共通祖先にペニスはなく、あとになって獲得したことになる。さらにその延長線上に、有羊膜類はペニスを何度も進化させたという仮説が提唱された。コウモリと蝶の翼が収斂を通じて形成されたのと同じだが、ここで収斂を生み出した淘汰圧は空気ではなく、体内での精子運搬の効率アップだ。

ややこしいことに、有鱗目のペニスはじつに奇妙な形をしている。正確には、かれらはヘミペニスと呼ばれる対になった挿入器をもち、ウチワサボテンのように中央の幹から二又に分かれている。しかも多くのヘミペニスはサボテンのように、あるいはもっと激しくトゲトゲだ。わたしたちは、環境からの類似の淘汰圧が、似たような外見の挿入器を繰り返し進化させたと考えてきた。夜の空という環境がさまざまな種類の翼を生み出したように。けれども、有鱗目に見られる双頭の怪物のようなヘミペニスは、（わたしたちから見ると）生殖器というより鎚矛（メイス）のようだ。こんなトカゲの挿入器と、ほかの有羊膜類の単頭ペニスに共通の起源があるはずがない。きっと異なる淘汰圧を受けて、別々に進化したのだろう。

こうして、わたしたちは二重の間違いを犯した。すべての有羊膜類の挿入器は同じ機能と似た外見をもつことから、収斂（類似の淘汰圧）を仮定しつつ、ヘビやトカゲのペニスはあまりに異様な見た目だからと、有鱗目とほかの有羊膜類との共通起源を否定したのだ。

ここで登場するのが、ムカシトカゲの「すべてを司るひとつのペニス」だ。

胚発生は時に生物種の進化の歴史を物語る。系統発生と個体発生の関係は絶対的なものではないが、検討の出発点として汎用性が高い。ヒトの胎児がいったん尾を生やしたあとで失うのがいい例だ。ムカシトカゲのケースでは、胎児にペニスが形成され、のちに消失することがわかった。

偶然発見された胚の標本を再検討した（詳しくは第8章で）結果、ムカシトカゲにペニスの前駆体があることがわかった。ほかの有羊膜類と同じ胚発生のタイミングで生殖隆起が形成されるが、孵化する前に退縮し消滅するのだ。最初期の有羊膜類の生き写しと考えられてきた動物で見つかった、消えゆく定めのペ

＊14　ネーミングに使える挿入器がなかったので、属名の *Sphenodon* は「楔形の歯」、種小名の *punctatus* は皮膚の特徴である「斑点」を意味する名前になった。

ニスが、すべての挿入器をひとつの起源のもとに束ねることになったのだ。わたしたち有羊膜類が、進化の過程でこの器官を何度も繰り返し再発明することはなかった。最初の素材はずっとそこにあり、淘汰圧がそれを維持するように作用しただけなのだ。この新たな情報により、有羊膜類のペニスの起源に関する認識が根本から覆った。科学はこんなふうに進歩するものなのだ。

「最初の真のペニス」

生殖器の研究に関わる人々の多くが昆虫学者なのは、節足動物がほかのどんな動物の分類群よりも、武器化していたり、装飾的だったり、カールしていたり、トゲトゲだったり、巨大化していたりと、とてつもなく多様で多用途な挿入器をもつからだ。こうした構造はふつう種によって異なるため、昆虫学者は種を識別するのにも多様な生殖器の特徴を利用している。

コリン・ラッセル・オースティン(1914-2004)は著名な発生学者で、ヒトの人工授精技術の開発に重要な貢献を果たした人物だが、本書に関係するのは彼が余暇を使って書き上げた「交尾器官の進化」に関する包括的な総説論文の方だ。彼は生涯「バニー」というニックネームを気に入っていた。論文のなかで、バニーはペニスについて、「圧倒的にもっとも徹底して研究された交尾器官である」と正しく述べた。

1984年に刊行されたバニーの総説論文によれば、「最初のペニスは扁形動物に生じた」。扁形動物とはヒラムシの仲間のことで、彼が言いたかったのは要するに、進化的に見てこの小さな生き物たちは、ペニスをもつ動物のなかでもっとも単純な構造をしているということだ。もっとも有名な扁形動物はプラナリアで、読者のみなさんも生物の授業で聞き覚えがあるだろう。中心で縦に切っても横に切っても、頭や体を完全に再生する、あの小さく扁平な水生蠕虫だ。体は扁平だが、かれらは極小サイズのペニスと膣をしっかりもっている。

２０１５年、ある研究グループが驚きのニュースを発表した。プラナリアの1種 *Macrostomum hystrix* は、配偶相手との出会いが少ないという問題に、常識はずれの解決策を編みだした。いや、じつはこうした雌雄同体生物にとって、その解決策は意外ではない。サンゴなどさまざまな雌雄同体生物と同様、かれらは緊急時には自家受精できるのだ。ここまではいい。

問題は、挿入器を使って配偶する種の場合、自分の挿入器とそれを受け入れる部分を合わせるのが難しいことだ。この扁形動物はふつう、パートナーに精子を皮下注射する配偶行動をとる。そう、意外だったのは自家受精の方法で、かれらは挿入器を自分の頭に刺し、精子を注入して、体内で受精させるのだ。バニーや彼の共同研究者が人工授精を思いついた時、頭にあったのはこんな方法ではなかったと思うが、ヒト以外の種ではこんなやり方で結果を出すこともできるのだ。

惰性な進化の解決策

進化が生み出す作品は、時に少しルーブ・ゴールドバーグ・マシン〔ふつうなら簡単にできることを、たくさんの動作の複雑な連鎖反応として実行する機械。日本ではテレビ番組『ピタゴラスイッチ』に登場するものが有名〕に似ている。自然ははじめからあるものに手を加えることしかできないからだ。わたしたちには心臓という精巧な中枢血液ポンプが備わっているが、主要な血管が詰まった時に心臓に血液を送るバックアップの配管はない。発生過程での組織の由来の問題で、ヒトの呼吸に不可欠な気管は、食物を飲み込む食道のすぐ隣にあり、何かを食べたり飲んだりするたびに窒息のリスクを負っている。

同じような理不尽なしくみは動物界に広く見られ、わたしたちには永遠の謎に思えるものも少なくない。

巻貝はありとあらゆる場所に交尾器官をつくるらしく、足（腹足）、触角、口のまわりはおろか、ある種に至っては「コイル状のペニスが頭の中心に位置している」。かれらは挿入器の進化においていくつもの転機を経験してきたらしく、配偶子を融合させる方法も多種多様だ。

もっとも「単純な」方法は、雌雄同体の2個体がいずれも精子と卵の両方をつくり、精子を与えあって、精子の移動が双方向に起こるものだ。最初に、巻貝1の体のなかで、外部パートナーである巻貝2から受け取った精子が移動し、巻貝1の卵と融合する。巻貝1自身の精子は生殖器官の迷路を通り、すでに融合した受精卵でいっぱいのボールの海を尻目にじりじりと進んだあと、ようやく管の中をすべり落ち、ペニスから出て巻貝2に入ると、巻貝2のボールの海にある卵と融合する。巻貝の体内では、自分の精子と他人の精子が船のようにすれ違うのだ。

挿入器のありかや振る舞いの違いの裏には、異なる進化的な転機があったはずだ。巻貝とナメクジにおける淘汰圧と適応を特定するのは一生を懸けるに値する仕事だ。実際、巻貝とナメクジは動物界でもっとも驚異的な生殖器をもっている。[*15] かれらはふつう雌雄同体だが、無脊椎動物では珍しくないので、これは特徴としては凡庸だ。配偶を試みるたくさんの個体が「デイジーチェーン」と呼ばれる鎖状につながったり、木からぶら下がりながらペニスでアクロバティックに空中フェンシングをすること[*16]に比べれば、取るに足らない。

デイジーチェーンは（例えば雌雄同体のジャンボアメフラシ *Aplysia californica* の場合）6～20頭からなり、チェーンはオス側が前、メス側が後ろの形で連結する。突出させた挿入器はありふれたやり方だけでなく、皮下精子注入にも使うことができる。わたしたちにはずいぶん不快そうな繁殖方法に思えるが、この行動は双方向なので、お互いに同意しているようだ。

ペニスのある鳥たち

ナメクジに太刀打ちできる動物はなかなかいない。とくに鳥の場合、ほとんどの種は挿入器をもたない(3パーセントの種だけが挿入器を維持している)のだからなおさらだ。だが、それを補って余りあるくらいの例外もいる。一般に、基幹的な鳥類、つまり新しい派生的形質よりも祖先的形質を多くもつグループには挿入器が見られ、それ以外では見られない。このことから、ペニスをもつのが鳥の祖先状態だったと考えられる。実際、鳥類の一部のグループは進化的にペニスを失う途中の段階にあるようだ。キジ科の鳥のなかには、陰茎があるのに挿入に使わず、ただ無為にぶら下がっているだけの種がいる。挿入機能のないペニスをもつ種はほかのグループにも見られ、また大部分の種は完全にペニスを失っている。

研究者たちはかつて、鳥における挿入器の存在を「乱婚」、つまりメスが複数のパートナーと交尾する傾向と結びつけて考えていた。だが、この仮説に反する種は多く、例えばオーストラリアのヤブツカツクリはペニスが非挿入性であるにもかかわらず複数のパートナーと分け隔てなく交尾するが、ペニスをもたないオーストラリアツカツクリは忠実に一夫一妻制を貫く。また挿入器をもち、父親が熱心にヒナの世話をするダチョウやエミューは、「巣内の不義の子の割合が高く」、育てているヒナの半数以上はオスと血がつながっていない。生物学に例外はつきものなので、例外を法則と勘違いしていないか、気をつける必要がある。

＊15 「魅力的な」を意味する fascinating は、ラテン語の fascinus、すなわち子どもにお守りとして持たせた翼の生えたペニスの像に由来する。

＊16 詳しくは第7章で。

とはいえ、鳥類において陰茎と乱婚にはある程度の関連が見られる。鳥の世界でもっとも有名な、というか悪名高いペニスをもつカモの仲間の場合、配偶相手を多くもつ種ほど挿入器が長い傾向にある。さらにカモでは、乱婚は「つがい外」の強制交尾と関連している。大きなペニスは、必ずしもあらゆる善きことの象徴とは言えないようだ。

ペニスの消し方

挿入器の特徴、形態、サイズがこれほどまでに多様なことを考えれば、そこに変更を加えるにはかなり多くの進化的段階が必要なのだろうと思うかもしれない。けれども、時には遺伝子をほんの少しいじったり、特定のタンパク質への曝露量や曝露のタイミングを調整するだけで、適応が生じることもある。その結果として出現した形質が繁殖と生存に有利なものなら、集団内に広まるだろう。

細胞内の分子量がわずかに変化するだけで、動物の体の構造の形成が大きく促進されたり、抑制されたりすることがある。鳥の場合、骨形成タンパク質4[*17]（BMP4）をコードする遺伝子が、ペニスの退縮に関与する。挿入器をもたないニワトリやウズラでは、胚発生の決定的な時期にこのタンパク質が作用する。BMP4はまず、生殖器の初期段階である生殖結節と呼ばれる構造に発現する。そのまま維持された場合、この小さな塊がやがてペニスからクリトリスまでの連続体へと発達する。ところが鳥類では、BMP4の発現量が増加することで、塊が消える。このタンパク質はアポトーシス、つまり細胞の自死プログラムのスイッチを入れるのだ。曝露された細胞は内部から崩壊し、生殖結節は消失する。人為的にBMP4を発現させたり追加した場合、オスの鳥もメスの鳥も、メスのカモのような生殖器を形成する。

ムカシトカゲのケースと同様に、胚にこの小さな塊があることは、ニワトリやウズラの祖先にかつてペニスがあったことを示唆する。何らかの理由で、BMP4の発現量を増やす方向に生息環境からの淘汰圧がかかり、現在のニワトリやウズラでは生殖結節が消失するようになったのだ。カモは話が別で、かれらはこうした淘汰圧を経験しなかったらしい。

この仮説を突き詰めて研究した人々は、BMP4をカモの胚（前述の通り、カモは尋常でない大きさのペニスをもつ）に投与して、同じ結果を得た。胚発生のなかの同じタイミングでBMP4が生殖結節を消し去り、ペニスが形成されなかったのだ。要するに、ダックからディックを奪ったわけだ。証拠をさらに固めるため、研究チームがペトリ皿の上のニワトリの胚においてBMP4を阻害したところ、こちらはしっかりペニスが形成された。

最高のパーツ

アノールトカゲをご存知だろうか。鮮やかな緑色で、ほっそりしたこのトカゲは、接近する脅威を前にすると、相手が人間だろうがほかのトカゲだろうが、なわばり防衛のための行動をとる。腕立て伏せをして派手な赤いデュラップ（のどにある可動式の皮膚のひだ）を広げ、退却しろと敵にシグナルを送るのだ。カリブ海に浮かぶ島々で、かれらは島嶼に特有の淘汰圧を受け、またさまざまな影響が混じりあう大陸の混沌から解放されて、数十種に多様化した。島の環境からの圧力は絶大で、しばしば動物を突拍子もない方向に進化させる。かつてインドネシアのフロレス島にいたミニサイズのゾウや、ドラゴンと呼ばれるほどに巨大化したコモド

＊17　俗語で勃起したペニスを bone と呼ぶことがあるが、それとは関係なく、このタンパク質は最初に本物の骨で見つかった。

島のオオトカゲが好例だ。

ある研究グループは、アノール属*Anolis*に非常にたくさんの近縁種がいることを利用して、このトカゲたちの主要な特徴が年月を重ねるうちにどれくらいの速さで変化してきたのかを測定した。注目した特徴は、デュラップ、肢の長さ、オスのヘミペニスだ。肢の長さはそれぞれの種がどんな生息場所に登るか（岩なのか、木の枝の先なのか）を定めるため、かなりの種間差が見られると予想される。デュラップは社会的メッセージを送り、種を区別するのに役立つ。そして生殖器はもちろん、次世代の小さなアノールをつくるのに不可欠だ。

その結果、トカゲの3つの特徴のなかで、生殖器を形成する淘汰圧が、デュラップや肢にかかる淘汰圧よりも6倍も速い変化を促したとわかった。さらに測定した生殖器の3つの特徴（長さ、先端の幅、根本の幅）は、いずれも急速な進化的変化を示していた。生物学者のメノ・スヒルトハウゼンはこれについて、「生殖器は進化の威力を示すのに最高のパーツだと言えよう」と述べている。

こうした研究結果から、生殖器の急速な進化に関するひとつの仮説は、はっきりと棄却できる。生殖器の変化は、体のほかの部分に起きた同じような急速な変化にただ便乗しているわけではないのだ。アノールのヘミペニスが、肢の急速な変化に引きずられて多様化した可能性は低い。生殖器の膨大な多様性が、ほかの構造にはたらいた進化の力の副次的効果でないとしたら、その主要因は何だろう？

進化の力（フォース）とともに

生殖器の進化がなぜそれほど速いのかについて、生物学者たちはさまざまな仮説を提唱してきた。ただし注意すべきは、それらの大多数は完全にオスの生殖器だけに注目したものだったことだ。ダーウィンその人は、両方の性が選択をしあい、お互いに影響を与えあうと論じた。それ以来、交尾の前、最中、あるいは後におこなわれる選択がもつ効果を示す、たくさんの研究が積み重ねられてきた。これらはのちに「交尾前性淘汰」と「交尾後性淘汰」に分類されるようになった。

常にではないが、一般に生殖器が物理的に関わるより前にはたらく淘汰圧は、オスどうしの競争の結果として生じる。角を突きあわせるシカ、牙をむき出すイヌ、眼柄の長さを競うシュモクバエ、首でレスリングをするキリンを思い浮かべてほしい。勝者は敗者と比べて優先的に配偶相手にアプローチする権利を獲得し、またこうした戦いはふつう交尾の前に起こる（ただし、怖いもの知らずのクモやカニのなかには、交尾中や交尾後も衝突を続けるものもいる）。

これに対し、生殖器が物理的接触を果たしてからはたらく淘汰圧は、ふつうオスとメスの相互作用から生じる。メスが内外の生殖器を使っておこなう、複数の求愛者の精子を選別し、敗者の精子を拒絶する選択のプロセスは、「隠蔽的」とのそしりを受けがちだ。挿入器を受け入れる構造は、挿入器の形成に重要な役割を果たしたと考えられている。こうした影響力にもかかわらず、前述の通り、科学界の注目を独占するのは挿入器の方で、挿入される側の構造にフォーカスした研究はごくわずかだ。

交尾と配偶者選択を通じた淘汰は、総じて「性淘汰」と呼ばれる。自然淘汰、すなわち生存と繁殖に有利な形質が広まるしくみは上位集合であり、繁殖成功を促進する性淘汰はその一部だ。自然淘汰は、例えば食べ物を見つけ、食べられるのを回避するといった要素を通じて作用するが、時にはこれが、セックスに関連する要素を通じて作用する性淘汰とぶつかりあう。多くの人にとって、こうした対立はなじみ深いものだろう。わたしたちは短期的目標を達成するために、しばしば進んでリスキーで生存に役立たない行動をとる。

ヒト以外の動物における、このような対立の例のひとつがレックだ。わたしは常々、レック（多数のオスが狭い範囲に集まって競い合うようにディスプレイをおこない、メスがその場所を訪れて配偶相手を選ぶ繁殖方式）はカエルのスピードデートだと思っている。カエルたちは夕方に池のほとりに集まり、オスはできるかぎり低く大きなバリトンボイスを響かせる。この声が、テストステロンがもたらす力強さを聴覚的に表しているのだ。大きな鳴き声が有利なのは、レックの周囲に潜んでいるメスたちにとって抗いがたい魅力であり、彼女たちを両生類版の乱交パーティーに誘い込むことができるからだ。これこそまさに（交尾前）性淘汰が作用する現場だ。オスたちは即時的な繁殖成功のためにリスキーな行動をとる。

そして、ここで自然淘汰の作用が足枷になる。もっとも声の大きいカエルは、捕食者にも自分の居場所を知らせてしまうため、獲物になりやすい。うるさい個体を間引く自然淘汰と、それらを優遇する性淘汰が拮抗するなか、カエルは2つの力が定める境界線の間で、必死にケロケロ鳴きつづけるのだ。

繁殖行動の最中でなくても、自然淘汰は生殖器に作用する。魚としては珍しくペニスをもつグッピーは、同じようにメスの好みと非情な自然淘汰の間で板挟みになっている。メスのグッピーは大きな挿入器をもつオスを好み、サイズを基準に交尾前選択をおこなう。だが、体格に恵まれたオスはそうでないオスよりも、捕食者に見つかり食べられる確率が高いのだ。

交尾のプレッシャー

遺伝学研究により、動物が多様な構造を進化させるのに伴って何が変化し、何が変化しなかったのかについて情報を得ることはできる。だが、変化をもたらした進化的圧力の秘密は、かならずしも明らかになるとはかぎらない。こうした要因を特定するのはもう少し難しいのだ。そして挿入器の進化にまつわる長年の謎のひとつが、陰茎骨（baculum）の存在だ。多くの哺乳類のペニスには骨があるが、ヒトにはない。

陰茎骨は明らかに四肢の骨と関連がありそうだ。本物の骨である点だけでなく、四肢の骨と同じ長骨〔大腿骨、上腕骨など比較的大きく細長い形状をした骨の総称〕に分類される。だが、なぜ進化を通じてそれが選択され、維持されたのかは依然として謎に包まれている。また陰茎骨が保存された系統のなかでも、しばしば獲得と消失が繰り返されている理由も不明だ。ヒトには陰茎骨も、陰核骨（baubellum）と呼ばれるクリトリスの骨もないので、こうしたグループには含まれない。

何がペニスを硬くする骨をつくるのだろう？　長さや太さといった形状は、自然淘汰の産物なのか、それとも交尾成功を高める性淘汰が関連しているのだろうか？

ある研究チームは、複数のマウス集団をそれぞれ強度の異なる性淘汰にさらす方法でこの疑問に取り組んだ。どれだけ乱婚的な交尾を許すかに差をつけたのだ。メスにとっての配偶相手が多いほど、オスの形質に対する交尾後性淘汰の圧力は強まると予測された。こうした圧力は、生殖器の構造から、どの精子が受精を賭けた競争に勝つかに至るまで、あらゆる特徴に対してはたらく。

乱婚集団のなかのメスのマウスは、一度の発情期間中に3頭のオスと交尾する機会を得たため、生殖器に対する交尾後性淘汰の圧力が強かった。一方、非乱婚集団のメスは一度の発情中に1頭のオスとしか交尾が許されず、完全に一夫一妻だったので、交尾後の競争や性淘汰は存在しなかった。オスが1頭だけなら、競争は起こり得ない。

27世代にわたってマウスの両集団を強い性淘汰と弱い性淘汰にさらした結果、乱婚集団のマウスの陰茎骨は明確に太くなった。マウスをこれだけ累代飼育するのに必要な期間は5年ほどだが、たったこれだけの期間で、交尾後性淘汰は陰茎骨をより有利と思われる形状に変化させたのだ。

ヒトはどんな淘汰圧を受けたのか？

これまでの例からわかるように、進化的圧力は生殖器の膨大な多様性をもたらす。少なくとも、よく研究された挿入器についてはそうだ（繰り返すが、膣などの被挿入器については、あまり研究が進んでいない）。スヒルトハウゼンが言うように、強い淘汰圧にさらされる生殖器は、進化の力をはっきりと示すのに最高のパーツだ。その結果、無脊椎動物ではきわめて多様な元々の素材から挿入器が形成された。これについては、以後の章でじっくり詳しく見ていこう。有羊膜類では、機能に特化した独立の構造であるペニスが、長い進化の歴史を通じ、恐ろしげなヘビやトカゲのヘミペニスから平凡なヒトのそれにまで多様化した。

進化の力はどちらのケースでも作用している。つまり、ヒトのペニスにはたらいた進化的圧力は、ごちゃごちゃした装飾のない挿入器を形成したのだ。通説では、有羊膜類においてペニスの出現は一度きりだったとされ、ムカシトカゲの研究はこれを裏づける。いったん挿入器を獲得すると、常にそうなのだが手持ちの材料に進化の力がはたらき、これといった特徴のないヒトのペニスや、図2－2のような物体をつくりあげた。

次章では、何がこんなものを生み出すのかを見ていこう。

図 2-2　パインオークスネーク *Rhadinaea taeniata* のヘミペニス（の片方）。Myers 1974 に基づく W. G. Kunze によるスケッチ。

第3章　ペニスの定義と材料

ヒトはしょっちゅうペニスの話をしているが、ペニスの解剖学的知見は広く行き渡っているとは言いがたい。せいぜい、刺激を受けると大きく硬くなり、皮膚、筋肉、血管、海綿体でできている、といった程度だ。人類はこの器官を撮影しては互いに送信しあっているが、こうした材料は、自然界のほかの動物が挿入器に利用しているものと比べれば、ずいぶんありきたりだ。ペニスを構成するものは、あなたが思っているようなものではないかもしれないし、ペニスのように見えるものが、本当にそうとはかぎらない。

4色刷りディックピックの元祖

新しい芸術の表現手段が登場するたび、間髪入れずにディックピックも現れる。古代の壁画には時に誇張された男性のペニスが（狩りのシーンにさえ）描かれた。石、土器、金属といったその他の媒体にも、数千年にわたってヒトのペニスが表現されてきた。そんなわけで、4色刷り印刷術の発明からまもない最初期の作品にペニスの版画があったことは、さほど意外ではない。何を隠そう、この版画の作者は4色刷り印刷術の発明者その人だ。

ドイツ生まれの版画家クリストフ・ル・ブロン（1667-1741）は、1704年に初めてカラー印刷を試みたが、多色刷りの発明者と認められたのは後世になってからのことだった。彼はこの技術が業界を一変させるものだと気づいていたようで、自身の発明をひた隠しにしたまま、ロンドンで印刷業を営もうとした。計画はうまくいかなかったが、彼はロンドン滞在中の1723年、国王の解剖学者の補佐を務めた。

そう、グレートブリテン王ジョージ1世は専属の解剖学者、ナサニエル・サンタンドレ（1680頃-1776）を雇っていたのだ。ある伝記作家は彼を「恥知らずのごますり野郎」と呼んだ。サンタンドレは専門分野でも失態を犯した。「ウサギを出産した特異な事例に関する短報」と題し、ある女性が18頭の「ウサギ」を出産した逸話を報告する論文を発表したのだ。[*1] とはいえ、彼はドイツ語を話せたので、ハノーバー家の人々にとって便利な存在だった。彼はまた、解剖標本の作成のために蠟を注入する手法のパイオニアとしても知られる。

「ごますり野郎」のサンタンドレにとって、ル・ブロンの価値はカラーの解剖図を作成できることだった。解剖図はサンタンドレが出版を計画していた本の挿絵になるはずだったが、結局実現しなかった。ウサギの件で名声が地に堕ちたせいかもしれない。それはともかく、サンタンドレが国王直属の解剖学者に就任する数年前の1721年、ル・ブロンはヒトのペニスの版画を描いた。皮膚を取り去って血管を示したこの図で、彼はヒトのペニスが何でできているかを視覚的に表現した。未完に終わったとはいえ、本に掲載する価値は十分あったはずだ。

「解剖学的処置を施した男性生殖器」を意味するフランス語のタイトルがついたこの版画は、のちに別の本に掲載された。『淋病の症状、性質、原因および治療（*The Symptoms, Nature, Cause, and Cure of a Gonor-*

rhoea)』と題するこの書物を著したのはウィリアム・コックバーンという人物で、無理もないことだが初版は著者名を伏せて出版された。あるいはル・ブロンは、1713年に刊行されたコックバーンの著書の初版を参考に、世界初の多色刷りディックピックを生み出したのかもしれない。実際、この版画は「世界初の多色刷りメゾチント〔銅版画の技法のひとつ〕作品、あるいは少なくとも最初期の作品」[*3]とされている。現在、少なくとも4つのオリジナルが英国、米国、フランス、オランダの博物館に展示されている。[*4]

最初の4色刷りペニス版画（同年代の似たような作品はほかにもあったかもしれない）のエピソードは、いかにペニス（とその解釈）が膣（とその解釈）よりも、男性ばかりの解剖学者たちの間で人気を博し、注目を浴びたかを物語っている。コックバーンがいい例だ。淋病に関する驚くほど詳細な研究をなしとげた彼は、著

＊1　著者のサンタンドレは慎重を期し、18頭のウサギを出産した記録は「本稿に付帯するものとして記す」としている。彼は問題の女性、メアリー・トフトをロンドンに連れていき、ウサギを産む能力を実演させようとしたが、彼女はすべてが大掛かりで突拍子もないでっちあげだったと白状した。つまり想像するに、彼女はウサギをあそこにしまって、サンタンドレに見つけてもらおうとしたことになる。ここまでいくと、確かにトリッキーだ。自分がウサギを漏らしていると、男性に勘違いさせようとしたのだから。サンタンドレはこの失態のあと、王宮での立場を失い、その後は生涯にわたってウサギ肉に触れようともしなかったという。彼にも同情の余地はある。当時、女性が想像力で胎児の形を変えられると思っていた人は大勢いたのだ。とはいえ、なぜ彼女が18頭もの皮をむいたウサギを産むことにしたのかは知る由もない。

＊2　生殖器研究に関わる人々の名前をネタにしたジョークはあまりに多いので、本書ではこうしたユーモアには言及しない。わたしは単純に名前をあげ、そこにコメディ要素を見出すかどうかは読者のみなさんにおまかせする。

＊3　この書物の版のひとつはデジタル化され、オンラインで公開されているが、オリジナルに掲載されているペニスの版画は誰かの手で削除されている。

＊4　膣を描いた版画も存在するが、作成したのがル・ブロンかどうかは意見が分かれる。

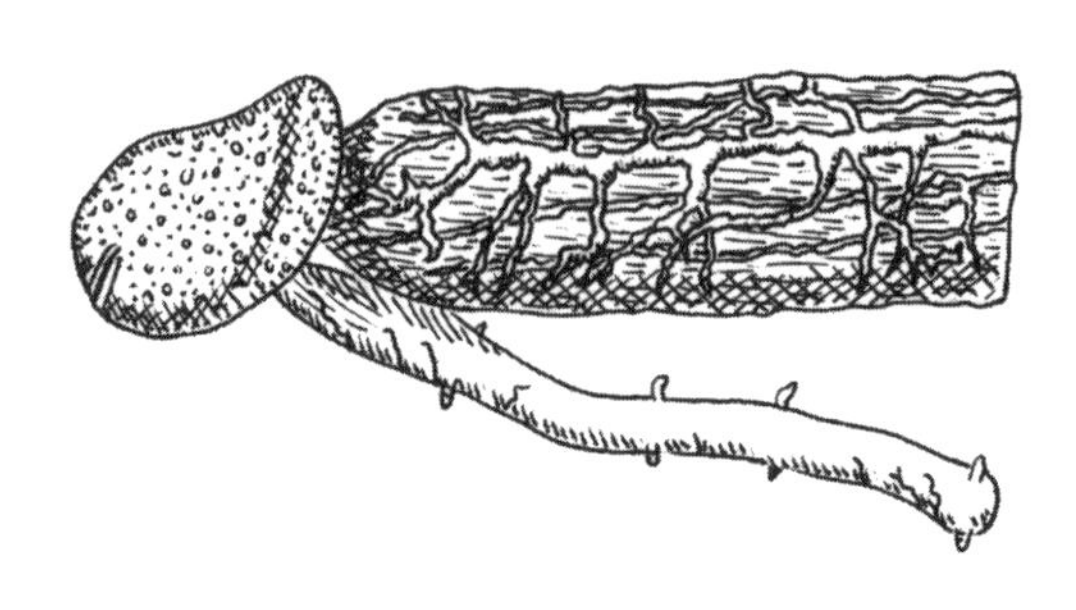

図 3-1　コックバーンの著書に掲載された版画。
Cockburn 1728 に基づく W. G. Kunze によるスケッチ。

書のなかで膣とペニスそれぞれの解剖学的構造を記した。だが、膣に関する記述はわずか420語ほどしかなく、しかもそのなかで、膣を尿の通り道であるとし[*5]、子宮頸部らしきものを伸縮可能な「尿道の括約筋[*6]」と呼んだ[*7]。彼いわく、この部分から「感染力をもつ女性の液体」が流れ出て、男性を感染の危機にさらすという。またしても漏洩のたとえだ。

　膣についてはさっさと切り上げ、コックバーンはペニスに目を向けた。彼は膣が「病気の温床」として見過ごされていると考えていたようだが、ペニスについての約5000語に及ぶ記述は、うってかわって微に入り細を穿つものだった。その詳細な描写のなかで、彼は先行する、あるいは同時代の解剖学者たちの名前をあげた。かれらはみな男性で、例外なく徹頭徹尾ペニスにだけ注目していたため、長々と書き連ねたコックバーンでさえ、こう苦言を呈するほどだった。「女性の膣はとりわけ注目に値する。というのも、一般に考えられている以上に、感染経路のなかで重大な懸念要素であるかもしれないからだ」。こうして1713年のコックバーンは、膣にもっと注目しようと呼びかけつつ、のちに同様の主張をする人々と同じように、自身の関心をほぼ完全にペニスに向けたのだった。

　それでもコックバーンは、彼なりの恩着せがましいやり方ながら、フェミニスト的主張もしている。同胞である医学者たちに「教育課程で形成した考えの奴隷という立場から、みずからを解放せよ」と呼びかけたのだ。「そんなものは、臆病さによって維持されているにすぎない」。わたしはここで、300年前のコックバーンの言葉を繰り返したい。バイアスによって長らく科学研究の方針をゆがめてきた人々は、人類の半分にしか役立たない問いと答えを根拠とした考えから、みずからを解放すべきだ。

文字通りのペニス

ペニスのことなら知っていると、あなたは思うかもしれない。コックバーンの言ったことや、ル・ブロンが描いたものは、確かになじみ深いし、納得がいく。ヒトやその他の脊椎動物にかぎって言えば、ペニスは何でできているかという問いには、結合組織、膨張する海綿体、筋肉、血流がさまざまに組み合わさっている、と答えるのが妥当だ。したがって、多くの脊椎動物がもつペニスのような器官は、そのままペニスと呼んで差し支えない（そう、あれもペニス、これもペニス！）。だが、常にそうとは言えない。

そろそろこの章の本題に入ろう。ペニスは何でできているのか？　ル・ブロンの図とそれに添えられた説明は、ヒトのペニスを構成する組織を理解する助けになる。でも、この章を読み終える頃には、ペニス

＊5　重大な問題がないかぎり、尿はそんなふうには出てこない。
＊6　「尿道」は膀胱から出ている管であり、女性の生殖器とは別個に存在するものなので、見当違いもいいところ。子宮頸部は子宮の首だ。
＊7　彼はまた、女性には「精巣」があると繰り返し述べ、体内の奥深くにあるので生殖腺の「病気」が届かないと論じた。さらに、膣の分泌物が「女性の種」である可能性にも触れたが、こちらの説は棄却している。

が何でできているかを特定するのは容易ではないとわかってもらえるはずだ。マサチューセッツ大学アマースト校で生殖器を研究するダイアン・ケリーが共同研究者とともに述べるように、「交尾と精子注入に、単なる円筒形の管以上に複雑な構造が必要だと考える本質的な理由はない……しかし、挿入器の形態は途方もなく多様だ」[*8]。それらを形づくる素材についても、同じことが言える。

もしも火星でペニスらしきものを備えた動物が見つかったら、その仮説を検証するには、どんな特徴に注目すればいいのだろう？　例えば、ペニスを「交尾の際にパートナーの生殖器に挿入し、配偶子を輸送するもの」と定義してみたら？　もっともらしく聞こえるが、今度は交尾の定義が問題になるかもしれない。その議論はまたの機会にして、ここでは動物が交尾の際にパートナーの生殖器に挿入するものの数々を見ていこう。さて、これらは「ペニス」の定義にあてはまるだろうか？

陰茎を兼ねた脚

ヤスデの最大の特徴はなんといっても脚だ。とはいえ、英名のmillipedeが意味する1000本の脚はさすがにもっていない。脚の数で最多記録をもつヤスデでも750本で、たいていの種はもっと少ない。世界に8万種を数えるヤスデと、よく似ているがずっと種数の少ないムカデを見分けるには、近寄って体節ひとつにつき脚が何本生えているかを確認しよう。ヤスデなら2対の脚があるが、ムカデには1対しかない[*9]。

そのなかで、わたしたちが注目すべきは第8脚だ。生殖肢（gonopod）と呼ばれるこの脚を、ヤスデは挿入器として使う。節足動物のなかで、付属肢をこうして転用するのはヤスデだけではない。四肢形成の遺伝的メカニズムは、脊椎動物の陰茎の形成にも関わっている可能性がある。こうした事実は、ペニスを

「3本目の脚」と呼ぶ、古臭くて大袈裟なジョークに新たな含みをもたらす。ただし前述の通り、ヤスデのそれは8番目の脚なのだが。

交尾に使うのは第8脚だけではない。少なくとも、よく研究されている *Parafontaria* 属のヤスデの場合、生殖器の開口部に近い第2脚も重要だ。ただし、生殖器と聞いてふつう思い浮かべるような、挿入の過程には関与しない。第2脚の役割は、精子を第8脚に渡すことだけだ。

恋するヤスデの求愛は、何ももっていない第8脚を、選んだパートナーに挿入しようと試みるところから始まる。メスがこのお試し挿入を拒まず、成功した場合、オスは第2脚を使って精子を第8脚に受け渡す。装塡が完了したら、今度は精子ありの2度目の挿入だ。この間ペアは移動せず、29～215分間にわたって密着したままだ。

ヤスデの一生は短いし、リハーサルのために止まっている間に危険にさらされるかもしれないのに、なぜかれらは脚／挿入器を使って予行演習をするのだろう？　先述の通り、ヤスデは種数が多い。そのため、かれら自身も種を間違えることがある。少なくとも *Parafontaria* 属では、テスト挿入は目当てのパートナーが自分の挿入器にぴったりの相手かどうかを確かめる手段になっている。ちょっとしたテストをすることで、オスは（本当に）貴重な精子を違う種の美女につぎ込んで浪費するのを避けられるのだ。2度目の挿入の長さを考えれば、おそらく貴重な時間のすべてを適切な配偶相手と過ごせるようにするための手

＊8　必ずしも管とはかぎらない。例えば爬虫類のなかには、ペニスに閉じていない溝があり、そこに精子をウォータースライダーのように滑らせて輸送する種もいる。

＊9　それに、話によればムカデは驚くと走って逃げるが、ヤスデは丸くなるという。もちろん、この識別法は、出くわした時にあなたの方が走って逃げないことを前提としている。ヤスデのなかには40センチメートル近くにまで成長するものもいるが、ムカデは最大でも25センチメートル程度だ。

段でもあるのだろう。

ヤスデに性行動の一般則を見出せるとは思ってもみなかっただろうが、考えてみてほしい。メスに精子を注入するために2対4本の脚を使うのは、ヒトの能力の及ぶところではないが、ヤスデは少なくとも挿入器をパートナーの生殖器に挿入する。最初は精子なしで、だが2度目があれば、今度は精子ありで。ヤスデに関しては、「交尾の際にパートナーの生殖器に挿入し、配偶子を輸送するもの」というペニスの定義に多少手を加え、2つに分ける必要がありそうだ。

重装備の挿入器

「パートナーの生殖器に挿入」という部分をスキップして、相手の体の変わった場所にただ精子を注入する、さまざまな昆虫については、議論の余地なく定義を外れる。一部の扁形動物の場合、「受容するメスに開口部」がないため、こうするほかに選択肢はないのだと、コリン・R・〝バニー〟・オースティンは述べている。受容器官として機能する生殖器が存在しないため、これらの動物は「突出した精管」の先端にある「尖筆」で、パートナーの体をところかまわず突き刺す。そのあと、注入された精子は体内をぐるりと旅して卵に向かう。

精子を受け入れる明確な開口部がないことは、一部の扁形動物の狙いがでたらめな理由にはなるが、皮下精子注入の事例すべてがこれで説明がつくわけではない。クモや昆虫（両者はさほど近縁ではない）のなかには、きわめてよく似た構造を利用し、この適応を進化させたものがいる。皮下挿入器を形成した淘汰圧が何であれ、それは鋭利で内部が空洞な精子を輸送できる管という、同様の構造を何度も収斂進化させたようだ。ただし、この管は生殖器を経由して精子を輸送するわけではないので、「交尾の際にパートナーの生殖器に挿入し、配偶子を輸送するもの」という定義には、明らかに該当しない。

精子を注入することには変わりないからと例外を認めるとしたら、皮下挿入器はペニスと呼べるだろうか？「鋭利」かどうかが絶対的な基準ではないことには誰もが同意するだろうが、ひとつ確かなのは、一部の生物種の挿入器がかなり兵器化していることだ。ヒトのペニスは熟しきったアボカドさえ貫けないだろうから、わたしたちにはこうした特徴はあてはまらない。ひとまず、これらは「挿入器」と呼ぶことにして、詳細は後にまわそう。

エデアグス（aedeagus）と呼ばれる、多くの昆虫に見られる適応形質についてはどうだろう？この構造はペニスに似ていて、形状と大きさは多種多様だ。けれども有羊膜類のペニスとは異なり、進化の過程で新たに生じたものではない。エデアグスは昆虫の腹部を覆う硬いプレートの一部が突出したもので、内部に精巣とつながった管があり、必要に応じて精子輸送の役割を果たす。要するに、重装備な腹部の延長なのだ。

そして、この挿入器自体の装備も相当なものだ。長いものも、らせん状のものもあり、時にはメスを拘束するフックやフラップ、弁や留め具を備えている。ヒトが見る、あるいは社会学者に言わせれば「凝視する」かぎり、かなり物々しい外見だ。実際、人類はこれらの構造を凝視するのに相当な時間を費やしてきた。エデアグスは種の区別に利用できる主要な特徴のひとつであるためで、「使用中」の動画もたくさん撮影されている。「節足動物（あるいはより広く無脊椎動物）セックスビデオ」はマニアックなジャンルだが、中身は強烈だ。

一部の昆虫は、交尾に関連する別の構造として「把握器（クラスパー）」をもつ。これらはふつうパートナーの体内に挿入するのではなく、その名の通り相手を押さえ込む（クラスプ）のに使われる。確実にペニスではないし、挿入器ですらない。では、こちらも一部の昆虫に見られ、刺激器（ティティレーター）という立派な名前がついた、別の構造についてはどうだろう？　お祭しの通り、刺激器の用途は配偶相手を刺激することだと考えられていて、場合によってはメスの生殖器の内部に挿入され、リズミカルに振動する。この際、オスの腹部はメスに接触し、本物の生殖器も同じく挿入されている。メスを飽きさせないためだけに、ペニスの側面に1対のアームがついているようなものだ。これらの刺激器は、突起や「歯」と呼ばれる棘を備え、たいていのヒトの目にはあまり刺激的に映らない。

刺激器は、まさに挿入器が挿入されるべき生殖孔に入り込むが、精子の輸送はしない。それは陰茎の役目だ。したがって、ペニスの定義からは外れるだろう。

でも、ちょっと待った。刺激器の機能のひとつは、陰茎から放出される精子の輸送を促進することだ。刺激器は陰茎の補佐役であり、精子の放出を促し、刺激されたであろうパートナーの体内への旅路を案内する。つまり、刺激器は管を通じた精子の輸送こそしないものの、しっかり精子輸送を促進しているのだ。こう考えると、「交尾の際にパートナーの生殖器に挿入し、配偶子を輸送するもの」という定義にあてはまりそうだ。

産精管

愉快なザトウムシを思い出してみよう。クモに似ているがクモではないかれらのグループは数千種からなり、わたしたちは第2章で初めて対面した。まあ、正確には大昔の彼の勃起したモノに出会ったわけだが。例のザトウムシには明らかにペニスがあった。勃起した管状の生殖器で、おそらくメスに挿入され（いまいましい樹液に飲み込まれていなければ）、精子を輸送していたはずだ。だから、ザトウムシについては「よし、これはどう見ても間違いなくペニスだ」と思ったことだろう。

けれども、もう予想はついているだろうが、すべてのザトウムシがこうした基準を満たすわけではない。ダニザトウムシ亜目（Cyphophthalmi）に属する種に関しては、ちょっと足りないのだ。ダニに似ていてクモではないこのグループは、コケの上に棲む体長数ミリメートルの小さな宝石だ。かれらはほかのザトウムシとは異なり、明確にペニスと呼べるものをもたない。代わりにあるのは、挿入式でなく、反転（裏返し）式の生殖器だ。

この小さなムシたちは、反転式の生殖器を使って精包（精子の入った小包に柄がついたもの）をパートナーの生殖器に送り込むが、このとき生殖器そのものは挿入しない。動物が産卵の際に使うこのような管は「産卵管（ovipositor）」と呼ばれる。ということは、ダニザトウムシのオスの生殖器は挿入器ではなく、「産精管（spermopositor）」と呼ぶのがよさそうだ。

ダニザトウムシを除くザトウムシの仲間は、真のペニスをもつ点で、クモ形類のなかで異彩を放っている。かれらのほとんどは挿入に特化した特別な構造をもたないのだ。精包が精子の入った小包に柄がついたものだとすれば、クモのお気に入りの構造は、1対の柄の先に丁寧にラッピングされた精子の小包を載せたものと言える（実際には脚に似た付属肢で、触肢と呼ばれる）。

クモの挿入器は触肢器（palpal organ）と呼ばれ、先端には栓子（embolus）という硬い構造がある。embolus というと、ヒトでは体内を移動する危険な血栓のことで、明らかに望ましくない状態だが、クモの場合は触肢がメスの体内に挿入されたあと、精子の塊を放出する構造をさす。[*10] 触肢はふつうクモの肢の先にミトンをかぶせたような見た目をしていて、ミトンの飾りは種によって異なる。毛深くて大きく、ひだ

＊10　場合によっては、精包に入った精子はメスの生殖管の内部で1年以上も生存し、彼女の準備が整うまでじっと待つ。

や突起や棘をもつものもあれば、シンプルでそこまでおどろおどろしくないものもある。[*11]

クモの触肢の使い方は、「ペニスとは何か」という問いに深く関わっている。オスには精子を放出する孔があり、出てきた精子を特別に用意した糸で受け止めて、さらにスポイトで液体を吸い取るように、触肢の先端の触肢器に充塡する。そして触肢器をメスに挿入し、精子を体内に放出するのだ。この2段階の挿入と射精を完了するのに、種によっては5秒もかからない。

触肢と触肢器のセットはペニスと呼べるだろうか？　管、挿入、射精という要素は揃っている。「交尾の際にパートナーの生殖器に挿入し、配偶子を輸送するもの」という基準を、すべて満たしていそうだ。けれども、クモは触肢を味やにおいを感知するのにも使う。明らかにヒトのペニスにはない用途だ。クモのなかには、触肢の一部、先端の触肢器のすぐ下にある構造を使って、求愛ディスプレイの際に摩擦によって音楽を奏でる種までいる。わたしたちの見方からすると、まるでペニスらしくない（ヒトがペニスで演奏するという話は聞いたことがない）。とはいえ、こうした器官についても、ありのままに受け止めるべきだろう。触肢はペニスとして機能し、それ以外にも感覚コミュニケーションと求愛の世界で、さまざまなことをやってのける器官なのだ。

専門的な細かい区別

カリフォルニア北部の急流で、小さく地味なカエルが、偉大なる生命の円環における決定的瞬間を迎えている。そう、セックスだ。全長5センチメートルに成長しきった彼は準備万端だ。垂直な瞳孔（カエルの祖先形質だが、いまやほとんどの現生種には見られない）を備えた眼であたりを見渡した彼は、この生涯のターニングポイントでパートナーに出会った。この種は求愛コールをもたないので、彼女との交流は必然的に接触を伴う。

彼は急流のなか背後からパートナーに近づき、彼女の腰をつかむと、いぼだらけの短い前肢で抱きついた。このような配偶行動をとるカエルはたいてい、前肢でパートナーにしがみつきながら総排出腔を合わせる。けれども、この小さなカエルには、ほかのどの種にもない秘密兵器がある。挿入器だ。

この付属器は実際には総排出腔の延長で、純粋主義者に言わせればペニスでも陰茎でもない。彼が管を通じて精子を送り込むことはない。代わりに彼は、メスの腰まわりにしがみついて、メスの総排出腔にこの延長部分を挿入し、自分の総排出腔から彼女のその部分へと配偶子をすべり込ませる。要するにちょっとしたアシストつきの総排出腔キスなのだが、この際にはっきりした前後運動も見られる。とくに情熱的なペアの場合、抱擁と解放を何度か繰り返し、ようやく交尾を完了することもある。

このようなアシストが必要な理由は、無言の抱擁がおこなわれる場所にある。カエルはふつう池や淀みといった止水を好むが、この種が選ぶのは急流だ。もしもお決まりのやり方で、お互いの総排出腔から配偶子を放出したら、水流がその大半を押し流してしまう。配偶子を輸送する特別な総排出腔の延長部分があるおかげで、オガエル *Ascaphus truei* と呼ばれるこの種（および近縁の *Ascaphus montanus*）は貴重な精子の大部分に、予定通り子づくりの仕事をさせることができるのだ。

第2章でわたしは、水中から陸上への移行が、水に依存しない繁殖方法を編みだす強い淘汰圧になったと説明した。オガエルの例は、理解したと思ったことにはいつでも例外や逆転が見つかるという、生物学の普遍法則を思い出させてくれる。

＊11　わたしは本書の執筆中、何百種ものクモの触肢を見比べるうちにすっかり魅了されてしまって、いまではクモを見るたびに、捕まえて小さなイントロミトンをチェックせずにはいられない。

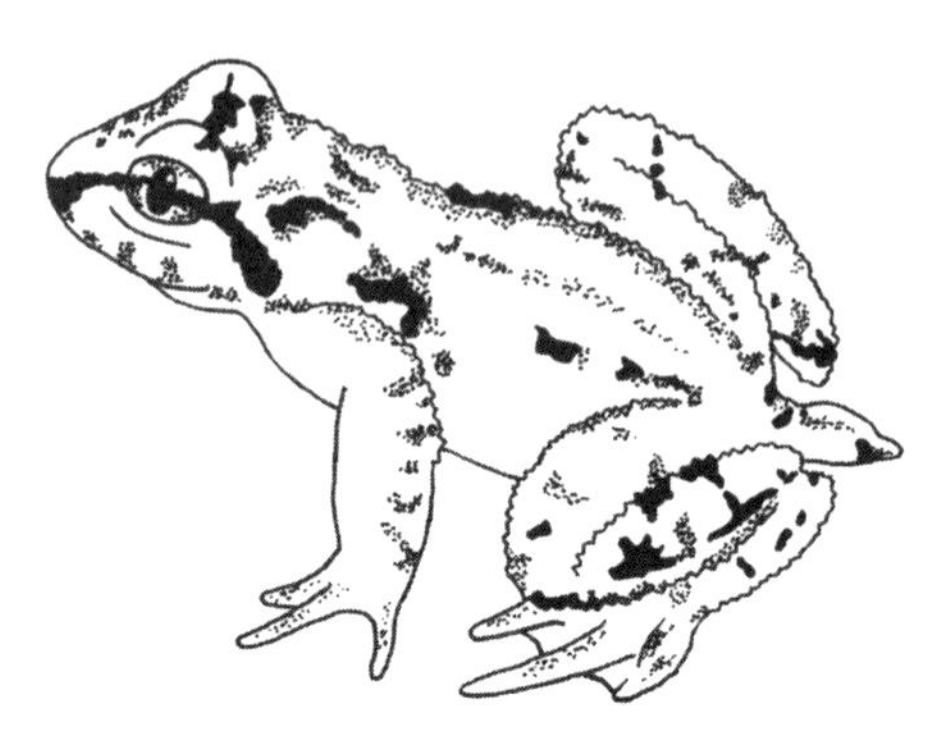

図 3-2 オガエル *Ascaphus truei*。
Mattinson 2008に基づくW. G. Kunzeによるスケッチ。

Ascaphus 属の2種は、挿入器が尾に似ていることからいずれもオガエルと呼ばれる。だが、そのはたらきは有羊膜類のペニスにそっくりで、勃起もするし、似たような用途に使われる。それでも、一般に真のペニスの条件を満たすと考えられてはいない。

偽陰茎

ヘビとミミズのあいの子のようだが（そんなことはありえない）、アシナシイモリは爬虫類でも環形動物でもない。謎に包まれた両生類の一群で、見た目は全体的にかなり陰茎に似ている。手足をもたず、視力もほぼなく、やわらかな皮膚にはリング模様があり、ちょっとぬるぬるして、種によっては紫色。こうして書き出してみると、ローションつき凹凸つきのコンドームをかぶせたペニスのようだ。世界に120種が知られているが、生態に関する情報は乏しい。

ひとつわかっているのは、アシナシイモリの一部の種は繁殖の際に挿入器を使うことだ。この器官は反転式で、配偶相手の総排出腔に挿入される上に、パートナーの体内に精子を運搬する管でもある。だが、この器官はペニスや陰茎とは呼ばれておらず、「ペニス状の」「陰茎状の」といった形容詞のつく「交接器（phallodeum）」と名づけられている。アシナシイモリのこの器官は「交尾の際にパートナーの生殖器に挿入し、配偶子を輸送するもの」という定義をすべて満たしているのに、それでも「真のペニス」の称号を与えたがらない人がいるのだ。

コリン・R・〝バニー〟・オースティンは、この器官をペニスと呼ぶことに反発がある事実について、「おそらく……その意味を深読みしすぎている」と評した。バニー、きっとその通りだ。

ペニスをもつ鳥

ルリオーストラリアムシクイ *Malurus cynaneus* の英名は「壮麗な妖精ミソサザイ」を意味するが、この小鳥の美しさは、頭と肩にあるコバルトブルーとアイスブルーの模様の豊かなコントラストにある。一方、地味なノドジロセスジムシクイ *Amytornis striatus* は、隅から隅まで茶色だ。[*12] だが、この2種の「ムシクイ」には、ほかのほとんどの鳥にはない共通点がある。挿入器だ。これはペニスなのだろうか？　この構造は「総排出腔突起（cloacal tip）」と呼ばれ、筋肉と結合組織からなり、どこか舌に似たはたらきをしつつ、精子を配偶相手の体内に輸送する。この器官のいちばん面白い特徴は、ルリオーストラリアムシクイの場合、繁殖期にだけ現れることだ。「あったりなかったりする」挿入器はおそらく、「交尾の際にパートナーの生殖器に挿入し、配偶子を輸送するもの」という基準を完全には満たさないが、少なくとも1年の

＊12　両種はいずれも英名に wren とつくが、真のミソサザイではない。この鳥にしてもザトウムシ（harvest-man）にしても、いったいどうして人は動物をその正体とは違う名前で呼ぶのだろう？　答えは、それぞれミソサザイやクモにとてもよく似ているからだ。

ある時期にはこの条件にあてはまるのだから、ペニスと呼んでもいいだろう。[*13]

この前提に立てば、アカハシウシハタオリ *Bubalornis niger* は文句なしに認められる。かれらの挿入器は1年じゅう存在し、しかも鳥並みはずれた交尾と射精の能力をもつ。あまり優雅でも派手でもない見た目を、これで埋め合わせているのかもしれない。名前の通り、この鳥は深紅（ほかの鳥を引き合いに出すならショウジョウコウカンチョウの赤）のくちばしをもつが、それ以外には視覚的魅力に乏しく、全身がチョコレート色または黒で、翼に多少の星が散る程度だ。

名前の残りの部分は行動を表している。かれらは小枝をゆるく編みあわせて巨大な茂みのような家、いわば鳥用マンションをつくり、そこに集団（コロニー）で営巣する。オス1羽につき、ふつう複数のメスのパートナーがいる。オスどうしは闘争し、異なるグループのメスも互いに争う。共同生活をするわりに、ずいぶんけんかっ早い鳥だ。ただし、コロニーの上にもっと大型の鳥が巣をつくるのは許容し（あるいは用心棒にしている可能性もある）、この場合アカハシウシハタオリの作品は鳥用地下室に変わる。

互いに争っていない時のウシハタオリは、だいたい交尾している。かれらの交尾は最長20分に及び、たいていの鳥の交尾が数秒で終わることを考えれば、永遠と言っていいくらい長い。研究者いわくこの鳥には「激しい精子競争」がある。配偶子まで戦っているのだ。メスは機会さえあれば複数のオスと交尾し、顕微鏡レベルのバトルロイヤルの舞台を生殖器官のなかに用意する。勝つのはきっと「最高の」精子だ。

一方のオスは「陰茎状器官」と呼ばれる、ひも状の結合組織でできた「硬い棒」をもち、このような構造をもつ鳥はウシハタオリ以外に知られていない。[*14] オスは陰茎状器官をメスに挿入しないようだが、これを使って絶頂に達しているのは確実だ。配偶行動を記録した研究者たちによると、オスはこの器官をメスの総排出腔にこすりつけながら、後方にそり返り、翼をばたつかせる速度がだんだん遅くなったかと思うと、やがて全身を震わせ脚をけいれんさせる。まるでオーガズムだって？　実際、そうなのだ。

好奇心旺盛な研究者たちは、このオーガズムらしき現象の際に何かが放出されているかどうかを知るために、メスのアカハシウシハタオリの剝製を用意し、人工の総排出腔を取り付けて、オスたちを誘惑した。この研究では、13羽のオスたちがハリボテのメスと34回交尾し、快楽の痕跡を毎回残していった。これでもまだ証拠不十分だったらしく、研究者たちは交尾を終えたオス数羽を捕獲し、小さく硬い器官をこすって刺激し、射精が誘発されることを確認した。読み間違いではない。かれらは本当に、科学のために小鳥をイかせたのだ。

こうして、鳥の嗜好と能力に関する綿密で徹底した調査の結果、研究チームはこの硬く刺激に反応する構造を「刺激性陰茎状器官（stimulatory phalloid organ）」と呼ぶことを提唱した。まったく、まどろっこしいのもいいかげんにしてほしい。

アカハシウシハタオリのオスは、好戦的なだけでなく、セックスを試みる相手にあまりこだわらない。偽の総排出腔をつけた剝製メスに魅了されたのはそのせいだが、オスたちが夢中になった「偽者」は彼女だけではなかった。バードウォッチング愛好家のオンラインフォーラムは、オスのウシハタオリが別種の鳥に交尾を迫る写真に事欠かない。ある写真では、オスはどうにか陰茎状器官をベストな位置に当てようと必死なのだが、選んだ相手はどう見てもタイプの違う、ずっと大型で明らかに交尾に無関心なムジエボシドリだ。ムジエボシドリは降って湧いたこの出会いに面食らったようで、あわてて逃げだそうとしてい

＊13　種によっては、この器官の形が季節によって変化する。*Euscelis* 属のセミのペニスは季節によって形状が変化する（Kunze 1959）。一部のヘビも同様だ（Inger and Marx 1962）。季節性ペニスはそれほど珍しくないのかもしれない。

＊14　この鳥を調べる研究者たちは熱心なことに、「独特のペニス状付属器官は……150年以上にわたって熱い関心を集めてきた」と述べている。付属器官に熱い関心を向けつづける時間としては、確かにかなり長い。

て、一方のアカハシウシハタオリのオスは迷いなく翼をばたつかせている。

正真正銘のペニス

コリン・R・〝バニー〟・オースティンによるおそらくもっとも秀逸な描写は、フジツボについてのものだ。「主として固着性の動物なので、隣近所の個体に到達するには比較的長い突出した器官が必要だ」。誰だって時には、隣人にアプローチするのに長く突出した器官を必要とする。そう、例えば長いホースで水をぶっかけるために。だがフジツボの場合、それは種の繁栄の必須要素だ。フジツボは固着性で、定位置から動けない。けれども、かれらはふつう挿入器を使って繁殖する。みんな岩にくっついているというのに、どうやって挿入器をパートナーに挿入したり、そもそもパートナーを見つけるのだろう？　答えは明らかに、「かの有名な筋肉質のペニス」と呼ばれる部分にある。加えて、多くの種が雌雄同体であることも役に立つ。おかげで隣に居合わせたパートナーを、そのまま繁殖機会とみなせるのだ（第2章の「デイジーチェーン」参照）。

フジツボは古来からナチュラリストの関心の的で、同時にかれらを深く困惑させもしてきた。スウェーデンの植物学者カール・リンネは、『自然の体系』で生物の分類体系を確立したことでもっともよく知られる。彼はフジツボに頭を抱え、『自然の体系』の初版でドラゴンや不死鳥（フェニックス）とともに矛盾綱（Animalia Paradoxa）においた。しかも彼はどうやら、前時代の人々と同様、フジツボは浜に打ち上げられた腐敗した植物体から生まれると考えていたらしい。

リンネの誤解の根は深い。ヨーロッパでは少なくとも数世紀にわたり、フジツボの起源が初期の科学者たちを悩ませてきた。１６６１年になっても、権威ある学術団体として新たに設立された王立協会の初代会長が、とんでもなくばかげたフジツボの誕生物語を大真面目に語っていた。サー・ロバート・モーレイはウツボの英名（Moray eel）の語源ではない[15]のだが、それはともかく、彼はそうそうたる聴衆を前に、まったくのしらふで、船に付着したフジツボの殻のなかから「鳥のような生物」が見つかったとする自身の論文を読み上げた。これをもとに彼は、英国諸島に分布するカオジロガン〔英名はbarnacle goose（フジツボガン）〕が、この船に付着する奇妙な生物から変態して発生すると論じた。彼は本気で、フジツボから鳥が生まれると主張したのだ。科学は本質的に、新たな情報をもとに結論を書き換えていくプロセスだ。十分に研究が進んだおかげで、わたしたちは100パーセントの確信をもって、フジツボは鳥に変態しないと言うことができる。膣についてもそれくらい研究が進み、何でもいいから確信をもって語れるようになればいいのだが。

モーレイの名誉のために補足すると、フジツボと鳥のヒナを結びつける伝承は、欧州の片隅の島の沿岸だけにあったわけではない。おそらく羽毛のような蔓脚（フジツボの8本の脚）から、ふわふわの鳥のヒナを連想したのだろうが、このシナリオでは羽毛らしきものの束のなかから、しばしば長いペニスが突き出ていることの説明がつかない。

チャールズ・ダーウィン（1809-1882）のことや、ある分野の研究者たちが「不朽の偉業」と呼ぶ彼の著作については、あなたも聞いたことがあるだろう。だが、この高く評価された大著は『種の起源』[16]のことではない。この言葉は、ダーウィンの言わずと知れたベストセラー[17]、7年以上の研究の末に書

＊15　ウツボの英名のMorayはギリシャ語由来で、ラテン語とポルトガル語を経て今の形になった。
＊16　ちなみに正確には、『自然淘汰による種の起源、あるいは生存競争における優位な集団の保存について』を思い浮かべなくてはいけない。ヴィクトリア時代の言葉遣いはまどろっこしかった。
＊17　実際はベストセラーではなかった。

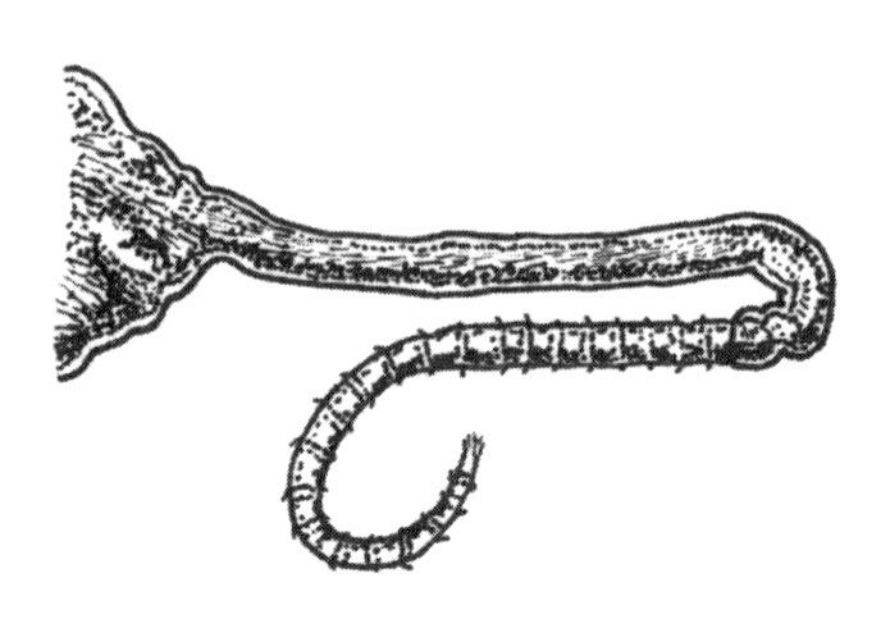

図 3-3　フジツボのペニス。
Darwin 1851 に基づく W. G. Kunze によるスケッチ。

き上げられた、フジツボの分類に関する学術書についてのものだ。よほど売れ行きに自信があったのか、ダーウィンは著作を全4部のモノグラフとして刊行した。読者たちはきっと、ひとつ読み終えるたび次回作を心待ちにしたことだろう。何はともあれ、ナチュラリストはフジツボに夢中なのだ。[*18]

フジツボから鳥が生まれるという突拍子もない憶測に加えて、この奇妙な甲殻類が注目されてきた理由は、その生殖器にある。第6章で詳しく取り上げるが、ダーウィンはフジツボのセックスに、ほとんど病的と言えるレベルで熱中していた。ひとまずここでは、典型的なフジツボの挿入器は、折り畳まれ積み重なった多数の環が長い円筒形になったもので、要するに表面に膜の張ったレインボースプリングが精子を輸送するとだけ言っておこう。この器官には剛毛（setae）と呼ばれる飾りがついており、フジツボはこれを広げて、配偶相手の存在を示す水中の化学的シグナルをキャッチする。

けれども、このプロセスが開始するには、まず雌雄同体のフジツボのなかで「メスの機能」が完成していなければならない。機能を獲得した個体は、「メスの」化学的シグナルを隣近所に振りまき、かれらの「オスの機能」を活性化させる。周囲の個体は蔓脚の間から長いペニスを展開し、化学的魅力を放つ「メス」を探す。「オス」はペニスで「メス」の外套腔を探りあてると、そこに挿入し、精子を放出する（可能ならば何回か）。[19] フジツボのペアはかなりお盛んで、受け側の蔓脚が精子で完全に団子になってしまうこともあるほどだ。

挿入器が体のさまざまなパーツや組織からできていて、時に季節に応じて変化したり退縮したりすることは、この章ですでに触れた通りだ。フジツボはこうした柔軟性をさらに一歩先に進めた。種によるが、ペニスは交尾期に備えて成長し、この期間が終わると捨て去られる。波が強い場所では、フジツボのペニスはより太くなり、筋肉と周辺組織の両方が変化する。長さもまた、ペニスのスプリングに輪を増やすことで伸長可能だ。

フジツボの挿入器は間違いなく、「交尾の際にパートナーの生殖器に挿入し、配偶子を輸送するもの」という基準を満たしている（少なくとも、ペニスが無傷である間は）。なじみ深いペニスとはまったく違った見た目をしていて、剛毛や側枝があるところなどはむしろヤスデを思わせるが、それでもすべての項目にチェックマークが入るのだ。そんなわけで、正真正銘のペニスについてのこのセクションでは、フジツボを主役にした。かれらはまた、受け側の生殖器も同時にもち、しかもペニスにたくさんの装飾を備えた、基本的な定義から大幅にはみ出した存在であることも付け加えておこう。

＊18　それに公正を期して言えば、一般大衆はナチュラリストに夢中だった。例えば、ダーウィンとともに進化のメカニズムとして自然淘汰を提唱したアルフレッド・ラッセル・ウォレスは、19世紀当時には（本物の）ベストセラーの著者として知られていた。『マレー諸島』は、現在のマレーシアやインドネシアを冒険し探検した彼の旅行記であり、１８６９年に初版が刊行され、その後一度も絶版になったことがない。生物地理学の祖として広く認められるウォレスは、フジツボよりも甲虫に魅了された。

＊19　とくに脈絡はないのだが、フジツボには真の心臓と呼べる器官もない。

ペニスの材質

フジツボのペニスをヒトのそれと比べるのは、『ヴォーグ』誌の広告写真とシアーズ（米国の低価格小売量販店チェーン）のカタログを並べるようなものだ。どちらも衣類に違いはないが、『ヴォーグ』の広告の方がはるかに最先端スタイルだ。脊椎動物の陰茎にも時に興味深い特徴が見られるが、ヒトにはあてはまらない。有羊膜類は概して、動物界の一部のペニスに見られるような、歯、棘、ヘラ、ナイフ、針、それに付属肢といった装飾とは縁遠い。とはいえ、だからといって注目に値しないと言いたいわけではない。読者のみなさんの多くは、それらに注目しているはずだ。

一部の例外を除いて、本書で暫定的に採用した定義（話を聞いていなかった人のために念のため繰り返すと、「交尾の際にパートナーの生殖器に挿入し、配偶子を輸送するもの」）を満たす有羊膜類のペニスは、いくつかの共通の特徴をもち、また概して起源は同一だ。基本的な役目は2つで、ある程度の硬さを維持または獲得することと、管を通して精子を配偶相手の体内に輸送することだ。だからといって、ほかの仕事ができないわけではなく、これについては次章で見ていく。2つの役目は必須条件だ。フジツボのそれと同じように、追加のスキルで点数を稼いでいるペニスもたくさんある。

哺乳類の場合、前述の条件を満たす器官は、次の2つのいずれかの方法で勃起する。血流によって硬化するか、常に硬さを保つ結合組織が必要に応じて飛び出してくるかだ。ウマ、食肉目（クマやイヌなど）、ヒトはいずれも血流によって膨張するタイプだ。じつはバイアグラが利用しているのもこのメカニズムで、ペニスの血管を十分に拡張し、血流量を増やすことで、結果として勃起を維持する。これらの哺乳類のなかには陰茎骨をもつものもいて、いざという時に役割をまっとうする。硬いものをもっていれば、何かと便利なのだ。

骨がなく、その他の硬い結合組織でできているペニスは、ふつう永続的に硬い状態にあり、ふだんは筋肉で抑え込まれていて、それが弛緩すると突出するようにできている。このようなペニスはS字型をしていることが多く、いつもは体内で縮こまっているが、刺激によって「陰茎後引筋（retractor penis muscle）」が弛緩すると、露出してセックスの準備が整う。このようなペニスが（タイミング次第で）見られるのは、偶蹄目の多くの種（ウシ、ヒツジ、ブタ）、ワニ、カメなどだ。

多くのペニスには先端に亀頭と呼ばれるパーツがある（英名のglansは、古ラテン語では「どんぐり」、新ラテン語では「銃弾」を意味し、ずいぶん方向性が違う）。亀頭は刺激を受けると血流により破裂しそうなほどに膨張する。硬く繊維質のペニスをもつ動物の場合、このような膨張でペニスがきわめて唐突に出現するように見える。といっても、ヒトの目にはそう見えるという話で、当の動物たち（例えばワニ）がタイミングについてどう思っているかは知る由もない。

四肢とペニスの関係

新たな構造がつくられる際に共通して言えるのは、自然はすでにあるものを使ってやりくりするしかないということだ。有羊膜類のペニスの場合、これは四肢の形成プランを転用して陰茎をつくることを意味する（ここで「3本目の脚」のジョークが入る）。[*20] 意外かもしれないが、生殖器と四肢には遺伝的に見て共通点が多い。例えばソニック・ヘッジホッグという遺伝子や、同じように体のパターンを制御するHox遺伝子

＊20　キャラクターにちなんで命名されたのは、ソニックのゲームが世界的に有名になる前だった。この名前にしたことを後悔している人もいれば、そうでない人もいる。

の活性化がそうだ。また、何も情報をコードしていない共通のDNA配列が、どちらにおいても重要な役割を担っている。

DNA配列には、細胞がタンパク質合成の指示書として読み込むコードを含むものもあるが、タンパク質をコードしていない配列はそれよりはるかに多い。わたしたちのDNAの約98・5パーセントを占める、こうしたノンコーディング領域の一部は、ゲノムのなかのコーディング領域が細胞にどう翻訳されるかの制御に関わっている。制御配列の区分のひとつがエンハンサーで、その名の通り制御するコーディング領域の発現を促進する。エンハンサーが発現に必須という場合もある。

HLEB（DNA配列の名前はインパクトのあるものばかりではなく、この場合は後肢エンハンサーB（hind limb enhancer B）の略だ）と呼ばれるエンハンサーは、四肢形成において中心的な役割を果たす。タンパク質合成の指示をコードしてはいないものの、この指示をコードするTbx4という遺伝子を細胞に発現させる引き金になっているのだ。こうして合成されたTbx4タンパク質が、有羊膜類の後肢の発達の基礎をつくる。つまり、あなたの脚があるのはTbx4のおかげであり、またHLEBのおかげでもある。HLEBがなければ、Tbx4が発生の決定的な段階に関与できないからだ。

研究者たちはマウス胚のHLEBをノックアウト、すなわち削除する方法で、その重要性を実証した。さらに、HLEBノックアウトは後肢の発達を大きく阻害するだけでなく、動物の生殖器の発達にも悪影響を及ぼすことがわかった。さらなる研究により、トカゲとマウスでは胚段階の後肢と生殖器でHLEBの高レベルの活性化が見られ、トカゲのHLEBをマウスに導入しても正常な後肢と生殖結節が形成されると示された。

みなさんもご存知の通り、トカゲと違ってヘビには後肢がないが、ヘビの祖先には後肢があった。それに、ヘビには生殖器があり、おどろおどろしい姿をした1対のヘミペニスが、重要なタイミングで総排出腔から反転して姿を現す。しかも、ヘビはエンハンサーと後肢形成に関連する遺伝子を維持している。さて、ここで疑問が浮かぶ。ヘビが肢を捨ててから数千万年になるというのに、なぜかれらはいまだに肢をつくるDNA配列をもっているのだろう?

完成する見込みのないムカシトカゲのペニスのように、ニシキヘビなど一部の「基幹的な」ヘビは、胚発生の過程で肢をつくりかける。肢芽を形成しておいて、そのあとは何もしないのだ。コブラやコーンスネークなど、より新しい系統のヘビは肢芽をつくることさえしないが、それでもHLEB配列をもっていて、ヘミペニスの形成時にはTbx4がさかんに利用される。

ヘビ(実際に使われたのはキングコブラとボールパイソン)のHLEBを抜き出して、マウスの胚のなかでマウス自身のHLEBとすり替えると、マウスの後肢は形成されず、後半身がヘビのようになったマウス(スマイス、あるいはスメイク?)が誕生する。ヘビのHLEBは後肢の形成を促進しない程度にちょうどよく変化していて、だからヘビには肢がない。だがヘビでも、ヘビのHLEBを導入されたマウスでも、生殖結節の発達は起こる。つまりエンハンサーはしっかり機能していて、すべての有羊膜類のペニスの形成に関与しているのだ。

ここから得られる重要な教訓は、DNAにほんの少し手を加えるだけで、自然は肢をつくったりなくしたりでき、ヘビは肢を捨てることで何らかの恩恵を受けたということだ。けれども、生殖結節の発生を止めるような配列の変化は、けっして次世代に受け継がれなかった。こうした動物たちにおいても挿入器はつくられ続け、そこには肢をつくるための機構が、少なくとも部分的に関わっている。

自然界にたびたび見られるパターンとして、このような変化は、時にきわめて急速に起こる。例えばHLEB欠損マウスは、骨盤の形状が変化していて、陰茎骨が通常よりも小さく細い。たった1世代で、遺伝子をコードしてもいないDNAの一部が抜け落ちただけで、マウスの解剖学的形態が劇的に変化するのだ。これでもまだインパクトが足りないというように、HLEBの欠損は、メスのマウスの50パーセントで2つの膣の開口部の形成を促す。ひとつあれば十分に思えるが、もしこの形質が定着して、メスに何らかのメリットをもたらす（例えば望ましくない配偶相手を騙す）なら、母なる自然はその環境のなかで最大の成功をもたらす方を選びだすだろう。さて、膣の開口部はひとつ、それともふたつ？　実際、オポッサムなど一部の有袋類では膣に2つの開口部があり、さらに胎児が母体から出てくる時に3番目が形成される。

陰茎骨

あなたのペニスが哺乳類のものかどうかを示す決定的証拠は、骨の有無だ。といっても、哺乳類のペニスには骨が必須というわけではないので、ご心配なく。単純に、陰茎骨は哺乳類以外にはほぼ存在しない、という意味だ（ただし、生物学の普遍法則がここにもあてはまり、何事にも例外はある）。哺乳類のなかでどのグループに陰茎骨があるかは、ちょっと品のない語呂合わせで覚えることができる。これを考案したのは、ふだんは堅物の霊長類学者アラン・ディクソンで、彼の研究成果はわたしたちが霊長類について考える際の基礎知識であり、考察材料でもある。さて、陰茎骨のある哺乳類の目は、霊長目（Primate）、齧歯目（Rodentia）、食虫目（Insectivora）〔現在はハリネズミ形目、トガリネズミ形目、ハネジネズミ目など複数の目に分割されている〕、食肉目（Carnivora）、翼手目（Chiroptera）であり、それぞれの代表種はチンパンジー、ネズミ、モグラ、クマ、コウモリとなる。勘のいい人はもうおわかりかもしれないが、頭文字を並べると「PRICC」だ〔英俗語でペニスを意味するprickと同じように発音できる〕。じつはこの語呂合わせには、ウサギやナキウサギからなる兎形目（Lagomorpha）が抜けていて、かれらも痕跡的な陰茎骨をもつ。そんなわけで「L」を加えるなら、「PRICCL」だろうか〔先と同様、棘を意味するprickleと同じように発音できる〕。さあ、今度のパーティーでトリビアとして披露してみよう。

陰茎骨は、ひとつの骨としては過剰なくらいに注目を浴びてきた。人類はさまざまな道具として陰茎骨を利用してきた。その商業的価値はいまも衰えず、ピアスやその他のジュエリーの材料として売られている。史上もっとも高価な陰茎骨は、世界最大の化石陰茎骨とされる、シベリアで発見された古代のセイウチのものだ。2007年に8000ドルで落札されたこの標本は、現在サンフランシスコの珍品博物館「リプリーズ・ビリーブ・イット・オア・ノット!」に展示されている。

陰茎骨の機能や、哺乳類の一部の分類群で維持されてきた背景にある淘汰圧については、さまざまな憶測が飛び交っている。研究者たちは、陰茎骨に負荷をかけて強度を確かめ、[*21]柔軟性を測定し、誰にあって誰になく、誰がいったん失ったあと再獲得したのかを調べ、メスの内部生殖器のどこまで到達するか、サイズや太さやアピール力が持ち主の交尾能力や繁殖成功にどれだけ影響するのかといった、多岐にわたる検証をおこなってきた。それでも、陰茎骨が何度独立に進化したのか、なぜ進化したのかについて、かれらの意見は一致していない。要するに、陰茎骨は、脊椎動物の歴史上もっとも謎に包まれた骨のひとつなのだ。

陰茎骨の見た目は、ありきたりな長骨から、スクレイパー、木槌、斧、三叉の矛(トライデント)、湾曲した手のようなものまでさまざまだ。形態にこれだけ多様性が見られるのは、きわめて明確な淘汰圧のもとで進化してきたことを示している。

*21　陰茎骨を研究するマンチェスター・メトロポリタン大学のキャロライン・ベトリッジは、3Dプリンターでつくった陰茎骨のレプリカが入ったバッグをパブに置き忘れそうになったことがあると、Twitterで告白した。常連客が見つけていたら、どんな反応をしただろう?　ともあれ、プラスチックの青いディルドをつくるのに比べれば、陰茎骨はペニスに関連する3Dプリンターの使い方として理にかなっている。

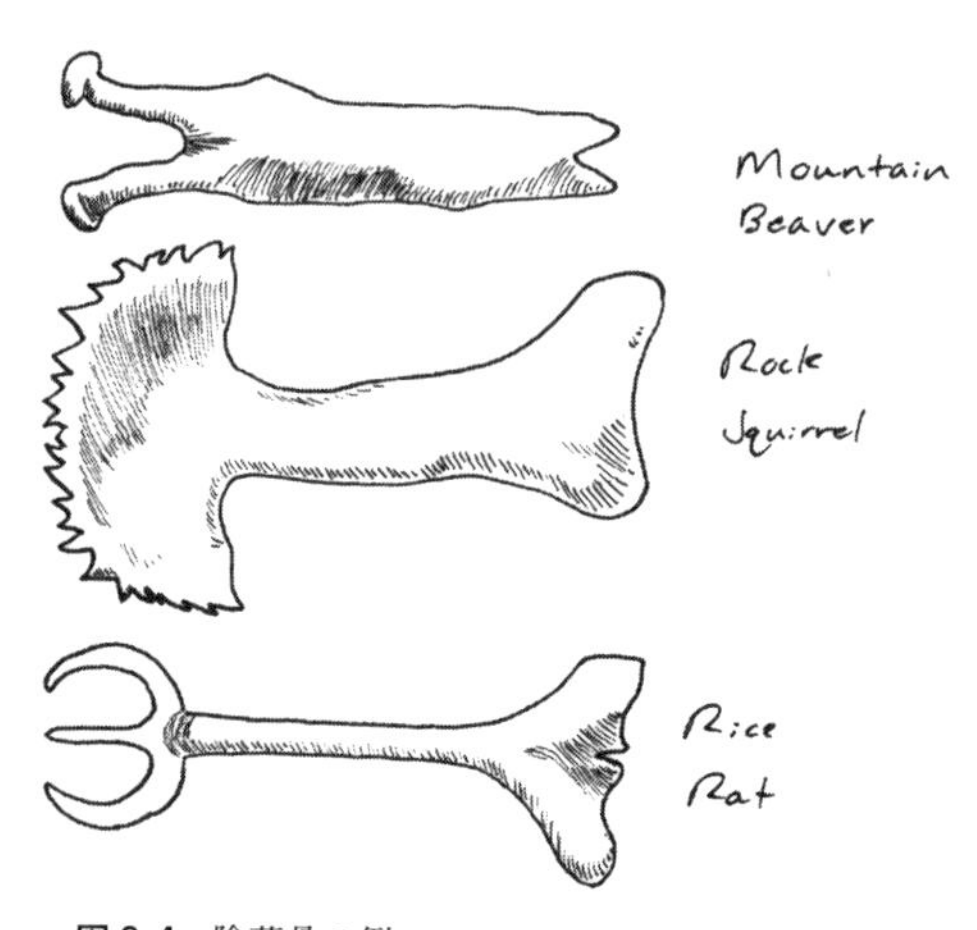

図 3-4　陰茎骨の例。
Stockley 2012 に基づく W. G. Kunze によるスケッチ。

だが実際のところ、陰茎骨の起源と多様性に関するどの仮説をとっても、決定的とは言えない。挿入時間の長さ？　性的二型？　配偶システム（例えば一夫多妻）？　オスの体の大きさとの関係？　どれも一長一短だ。

そんなわけで、研究者たちが今もこう言っているのは無理もない。「陰茎骨はまだほとんど謎のままだ」

陰茎骨の哺乳類限定ルールには例外があり、ヤモリやドラゴンがそれにあたる。コモドドラゴンはオオトカゲの一種であり、トカゲの例に漏れず、ひとつではなく2つの陰茎骨が両方のヘミペニスにそれぞれ収まっている。そう、ドラゴンのペニスにはダブルで骨があるのだ。さすがドラゴンと呼ばれるだけのことはある。

ミッシングリンク

すでに何度か見てきた通り、ごく小さな遺伝的変化が大々的な形態の変化につながることがある。ペニスの棘を見てみよう。といっても、ヒトにはないのでご自分のを見てもらうわけにはいかないが、それがある動物たちを見渡せば、棘のサイズは多種多様だ。こぶ状のものはちょっと鳥肌のようで（そんなペニスはあまり見たくないが）、メスの体内への挿入を補助し、おそらく双方にポジティブな刺激をもたらすと考えられている。もっと大きなものは一種の錨として作用し、挿入時間を延ばして交尾を成功に導くのかもしれない。

ヒトはこうした棘をつくらない。真珠様陰茎小丘疹と呼ばれる、ヒトのペニスに時折見られる突起が棘の進化的な名残だという話もあるが、これは間違いだ。小丘疹はごくありふれたもので、男性の18パーセントに見られ、時には女性の生殖器にも生じる。性器にいぼができたと勘違いする人もいるが、これまた誤りで、年齢とともに退縮する傾向にある。

本物の棘は見間違いようがない。わたしたちにいちばん近い現生種であるチンパンジーにもあり、もちろん人類はそれをじっくり観察してきた。ゴリラ、オランウータン、テナガザル、アカゲザル、マーモセット、ショウガラゴにもある。つまり、仲間はずれはわたしたちの方だ。いったい何があったのだろう？

またしても、ＤＮＡに生じたたったひとつの変化が、大きな差異を生み出した。研究者たちはチンパンジーとヒトのＤＮＡ配列を比較し、チンパンジーにあってヒトにはない５１０の配列を特定した。この藁の山に、遺伝子を制御する、あるノンコーディング領域が含まれていた。この領域の一部はエンハンサーで、ほかの領域と相互作用して遺伝子配列を発現可能な状態にする機能をもっていた（ヘビがもっていた、後肢とペニスをつくる遺伝子を活性化させるＤＮＡ配列を思い出そう）。

チンパンジーがもつこのエンハンサーは、Ｘ染色体上にあるホルモン受容体をコードする遺伝子の発現を促進する。具体的にはアンドロゲン受容体で、「男性的」とみなされる形質と関連するホルモンと結合する。ひげや逆三角形の上半身がそうだが、いずれも生物学的な男性に必ず備わっているわけではない。そのような効果が典型というだけだ。アンドロゲン（主にテストステロンやそれに類するホルモン）は、哺乳類の顔面のひげ（ネコやネズミの感覚器官）や、ペニスの棘の発達も司る。実際、通常ならペニスに棘をもつ霊長類を去勢すると、アンドロゲン生産の減少によって棘が消失する。また、アンドロゲン受容体をもたないマウスのペニスには棘ができない。

胚発生の決まった時期にオリジナルのエンハンサーが活性化すると、その動物にはひげや棘ができる。わたしたちにはエンハンサーがないので、ネコのようなひげも棘もできない。この研究をおこなったチームは、霊長類において「ペニスの棘の単純化した形態」のもっとも極端なバージョン（つまり棘がまったくない状態）と一夫一妻の配偶システムに関連を見出した。この場合、一度にひとりのパートナーしかもたないため、精子競争やその他の対立が生じない。

進化の歴史のなかで、ペニスの棘の消失はどれくらい古いできごとなのだろう？　いまあるＤＮＡの証拠、つまりネアンデルタール人と、それとは別種の初期人類であるデニソワ人の塩基配列を見るかぎり、かれらにも棘はなかった。筋の通った結果だ。なにしろ、２種の親戚たちはいずれもわたしたちと交雑したという有力な証拠があるのだから。

そんなわけで、わたしたちのＤＮＡが霊長類の仲間たちとどれくらい似ていて、どれだけ違っているのかを議論する時には、注意が必要だ。ＤＮＡは、進化上の共通祖先から分岐した年代を推定し、蓄積した変化を調べ、機能を考察するには便利だ。けれども、ＤＮＡの大部分が共通であるという事実は、わたしたちがチンパンジーやボノボのように行動することの言い訳にはならないし、そうすることを正当化する根拠にもなり得ない。

第4章　ペニスのさまざまな機能

フランスの博物学者・医師レオン・ジャン・マリー・デュフール（1780－1865）が記した次の一文はよく知られている。[*1]「武器化した交尾器は精巧にして複雑な器官、というよりも器具だ」。そして、これまでの章で見てきた通り、精子をパートナーの体内に輸送することだけが目的なら、単なる管以上に複雑な器官が必要だと考える明白な理由は何もない。ところが実際には、ペニスの機能はそれだけにとどまらない。といっても、わたしたちヒトのものは多機能ではなく、基本的に精子をパートナーの体内に運び込む管だ。それでも、強烈な情動と視覚的な興奮の印を伴う点で、なかなか興味深い。そんなわけで本章では、ヒトのペニスは面白いけれども結局は管にすぎないという前提から出発して、自然がほかの生物に授けた、多機能ナイフのような挿入器の数々を見ていこう。

*1　少なくとも一部の界隈では。

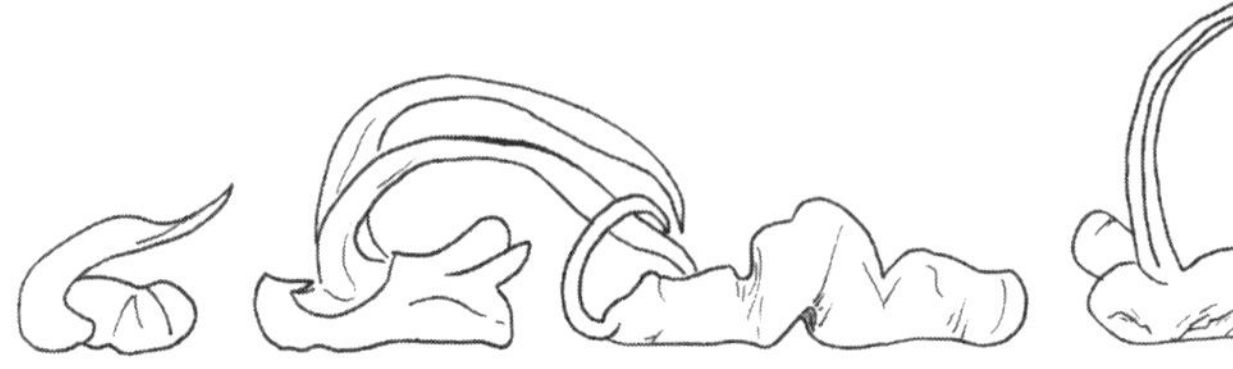
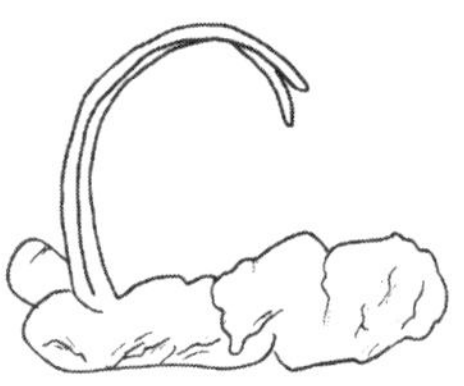

図 4-1　精子を除去する構造を備えたイトトンボの唇舌。
Eberhard 1985 に基づく W. G. Kunze によるスケッチ。

多機能ツール

ここまでの章で見てきたように、自然淘汰はしばしば既存の体のパーツを転用し変形させて挿入器をつくりだしてきた。その結果、挿入器はさまざまに異なる機能をもつことになった。ほとんどの動物にとって、それは単なる精子を送り込む手段以上のものだ。動物の進化の過程で、挿入器は多機能ツールへと高度化した。もちろん配偶子の輸送もするけれど、それ以外にも配偶相手を選別し誘惑したり、ライバルやその精子を不具にし殺したり、爆弾、剣、破城槌の役割を果たす。ずいぶん物騒だが、それはオスとメスが必ずしも目標を共有しておらず、また配偶プロセスに同等の資源を投資していないからにほかならない。

　トンボやイトトンボの挿入器は、精子を除去する機能でよく知られる。唇舌（またしても挿入器の別名なのだが、文献によって指す部分が一貫していない）の先端は、多様な装飾を備えたフックになっていて、いずれも自分より前に交尾したオスの精子を除去するのに使われるようだ。この行動を1979年に初めて記録した、ブラウン大学のジョナサン・ワーゲの論文は「画期的（セミナル）」[*2]で、交尾の最中に生殖器が何をしているのかをより深く探究する端緒となった。こうした戦術をもつのはトンボだけではなく、動物界に広く見られる（ただし断っておくと、ヒトのペニスにこうした機能はない）。例えばハサミムシ、コオロギ、甲虫、甲殻類、頭足類がそうだ。

　けれども、ヒトのそれも含めて、挿入器とその付属器官は感覚シグナルを送ることもできる。将来の、あるいは現在の交尾相手に宛てた、こうした親密なメッセージは、数秒から一生涯にまで及ぶ、パートナーどうしの結びつきを強めるようにはたらく。

針のようなペニス

皮下注射針の機能をもつ挿入器にはすでに触れたが、動物が挿入器を使っておこなうこの行動について、まだすべてを紹介しきれてはいない。なにしろ、皮下注射挿入器によって精子を注入する場所は、ほんとうに多種多様なのだ。

もっとも一般的な方法として、一部のクモは触肢[*3]の皮下注射針のような部分をメスの生殖器に挿入する。こんなのは序の口だ。いちばん独創的なのはおそらくウミウシで、種によっては下手なフェンシング選手のように、ありとあらゆる妙な場所に突き刺す。腹足、背隆起と呼ばれる構造、さらにはパートナーの額まで。メスのザリガニには付属肢に注射専用の場所があり、雌雄同体の扁形動物のなかには相手が見つからなければ自分自身に皮下注射するものさえいる。ご想像の通り、長くて尖ったものをもっていれば、自家受精に便利だ。

生殖器官ではなく胸部に送り込まれた精子は弱って死ぬだけと思うかもしれないが、昆虫学者のウィリアム・エバーハードによれば、メスの体腔は「驚くほど精子に好都合な環境」だ。昆虫に限らず、ブタ、

＊2　研究者たちはとくに皮肉を込めてこの言葉を使っているわけではない〔seminal には「精子の」という意味もある〕。
＊3　復習だが、これはクモの挿入器、またの名をイントロミトンだ。

ウシ、ニワトリ、モルモットの場合ですらそうらしい。これらの動物では、体腔に精子を注入した場合の受精率が、本来の場所に注入した場合に匹敵する。

皮下精子注入になじんだところで、次に紹介するのは、挿入器の武器としての用途だ。これはけっして、わたしの突飛な空想の産物ではない。強烈で物騒な昆虫の挿入器を調べた人々は、「生殖器武装」といった言葉を用いて、ヒトのそれにはまったく存在しない、フック、棘、歯、矢尻、戦棍といった、武器のような装飾について詳述してきた。Google で「生殖器武装（genital armature）」と検索すると、1万5000件ほどがヒットし、古いものでは19世紀なかばの文献までさかのぼる。

剣、手榴弾、破城槌

2019年の時点で、生存中のシャンハイハナスッポン *Rafetus swinhoei* は3個体だけだ。ベトナム北部に野生の2個体が確認されており、3個体目は動物園で暮らしている。4番目のメスは人工授精の試みの過程で麻酔によって死亡した。ベトナムの伝説ではこのカメは大剣の守護者とされるが、現実には、動物園で生き延びているオスのペニスは、ほかの個体との闘争により傷物になっている。

シャンハイハナスッポンは、自身がどれだけ絶滅が危ぶまれていようが、ペニスを武器として使い、時にそれに噛みつくことに何の躊躇もないようだ（なので、ヒトが教訓を得るには向いていない）。闘争相手のもう1頭のオスは死に、残された傷物ペニスのオスは100歳を超えていて「精子がポンコツ」だ。とはいえ、知られているかぎり野生にも動物園にもメスが存在しないので、残念ながら彼の精子の質はもはや問題にならなそうだ。

このカメたちの場合、両サイドが対等に武装して戦いに臨んだ。だがイカの一種 *Loligo paehii*（191

1年の記載当時の学名）はそうではない。このイカの精包は手榴弾のように爆発する。オスはその威力を最大限に活用するため、精包を目当てのメスの口元に近づけて爆発させる。メスは手榴弾をもたず、投げ返すこともできない。

精子爆弾が「爆発」すると、精子がメスに付着し、やがて特殊な受容器官に集められる。メスが産卵する際、卵はこの受容器官に溜まった爆弾の内容物の中を通過し、そして受精する。メスが産卵直前で一刻を争う場合、オスは手榴弾をメスの外套腔（外套あるいは外套膜とは、頭足類の体表を覆う袋状の部分をさす）の奥深くに挿入し、タイミングよく爆発させる。爆発する精包をもつ動物はこのイカだけではない。ハネカクシの一種 *Aleochara curtula* の精包も、メスの体内に慎重に送り込まれたあと、メスの体のわずかな筋収縮で爆発する。

爆発する精包の代わりに、生殖器を破城槌として使い、メスの生殖器官という聖域への進入を果たす動物もいる。東アフリカ（ケニアとタンザニア、ウガンダも可能性あり）に分布する小型齧歯類、ヒガシアフリカトビウサギ *Pedetes surdaster*（名前に反してウサギではない）のペニスは、豊かな想像で生み出された中世の武器のようだ。棘、内部の骨、膨張する先端のパーツを備え、メスの子宮頸管に対して破城槌のように作用し、こじあけて精子を進入させる。ウマの亀頭も射精の瞬間に大きく膨張し、これも子宮頸管を拡張するためだという説がある。

ラクダ科のリャマとアルパカは、怒りっぽく唾を吐きかけることで知られるが、かれらの交尾は両方が座ったまま騒々しくおこなわれる。[*4] オスのペニスの先端には、結合組織でできたコルク抜きの形の硬い構造があり、これでメスの子宮頸管を拡張する。こうして進路を確保すると、ペニスを子宮にまで挿入して

＊4　この時に出す声は「オーグリング（orgling）」と呼ばれる。

射精する（ぞっとするけれど本当だ）。かれらの精液はごくわずかな量だが非常に濃く、だからこうした特殊な射精方法が必要なのかもしれない。

破城槌といえば、昆虫も忘れてはいけない。昆虫の生殖器はふつう、昆虫自身と同様、パートナーと接触する部分まで硬くて頑丈だ。メスも生殖器に門、可動橋、フェンスのような独自の「武装」を発達させていることがあり、種が存続してきたからには、当然ながらオスにはこうした障害を突破できる挿入器が備わっている。こうしたケースで、オスは硬軟織り交ぜたメッセージを送る。交尾相手の生殖器の防壁を破壊しつつ、一方でペニスにある嚢を使ってメスの口に「婚姻ギフト」を贈呈するのだ（この「ギフト」の詳細は後ほど）。

さてここで、マメゾウムシこと*Callosobruchus*属を正式にご紹介したいと思う。こんなふうにわざわざかしこまるのは、マメゾウムシには本書でこれから何度も登場してもらうことになるからだ。一見したところ、くすんで茶色がかった緑色で、かなり小さく、目立った特徴もない甲虫なのだが、かれらの繁殖行動と生殖器は、なぜか数十年にわたり注目を集めてきた。繁殖に関して言えば、「seed beetle」の英名の通り、メスは受精卵を種子の内部に産みつけ、とりわけマメ科植物を好む。幼虫はまわりの食料を食い進み、空っぽになった種子から成虫になって脱出する。これを知っていると、豆を食べるのがちょっとためらわれる。

マメゾウムシの一種*Callosobruchus subinnotatus*は顎のような構造をもっているが、これはマメ科植物の種子を内側から食い荒らすのに使うわけではない。というのも、この「不可解な顎つき生殖器」は挿入器の先端にあるのだ。挿入後、「顎」はメスの内部生殖器を切り裂き穴を開ける。研究者たちがこれに気づいたのは、メスの内部生殖器にV字型の傷が残るためだ。ヒトの目からは「比較的軽度」の損傷だというが、わたしはこの結論に「比較的懐疑的」だ。

恋矢と精子ポンプ

1871年に刊行されたある比較解剖学の教科書には、種不明の雌雄同体のカタツムリの性行動に関する優雅な記述があり、「恋矢」という言葉ですら美しく響く。著者であるキングス・カレッジ・ロンドンのトーマス・ライマー・ジョーンズは、淡水性無脊椎動物に関する些細なことで好戦的に議論をふっかける人物だった。けれども、彼の言語表現の極致は、このカタツムリに関する記述だ。「これらの唯一無二なる動物」の交尾は「大いに興味をそそり」、そこで見られる「準備段階のきわめて特殊な前戯」は、「穏やかな誘い」というより命懸けの格闘だ。前戯では「あの手この手の愛撫」や「平常時とは似ても似つかない動き」が見られ、やがて一方が「短剣のような鋭い突起あるいは矢を内側に隠した」袋を首から突出させる。

続いてカタツムリは射撃訓練を開始する。一方が射出し、もう一方は殻に隠れて回避するのだが、やがて被弾すると、今度は立場を逆転して繰り返す。[*5]「恋矢」はやがて折れるが、ライマー・ジョーンズの言う「恋に火をつける傷」になり、カタツムリたちは「より効果的な前戯へと進む」。恋矢から注入される物質がカタツムリを積極的にして、さらに親密な交わりに至るのだ。ライマー・ジョーンズは求愛と交尾の記述を終えたあと、「では、ここからはこのプロセスに関連する体内の臓器の検討に移る」と述べたが、わたしたちはここで幕引きとしよう。

＊5　別の研究チームは、カタツムリがこの行為に熱中する様子を観察し、本当に標的に命中させようと競い合っているようだと述べた。

次のシーンに登場するのはハエ（双翅目）であり、かれらの生殖器構造は委員会で決められているのかと思うくらいに多様だ。肛上板（epiproct）、肛下板（hypoproct）、肛門の周囲の尾毛（cerci）、副節（paramere）、エデアグス（aedeagus）、生殖弓（epandrium）、生殖下板（hypandrium）、分節化した生殖肢（gonopod）といった長いリストのなかのひとつに、精子ポンプがある。ポンプには3つの筋肉があり、その名の通り「メスの体内に精子を直接放出する」役割を担う。

同性間および社会的な用途

わたしがまだ、あどけない顔をした未来の生物学者や医者たちに人体解剖学を教えていた頃、講義のポイントのひとつが「ペニスは精子輸送システムである」だった。それ以上の内容には踏み込まなかった。教えるべきことは山ほどあったので、できるだけわかりやすく紹介して、形態と機能に焦点を絞った。けれども、これは正確な説明ではなかったし、何度も繰り返し教えてきたことを思い出すと恥ずかしくなる。そろそろわかってきたと思うが、挿入器にはさまざまに異なる役割や機能があり、精子輸送と繁殖はその一部にすぎない。このことをもっとも明確に示す挿入器の用途は、同性個体間における社会的・感覚的機能、それに絆の形成だ。

有羊膜類のすべての分類群、両生類、軟体動物、昆虫、線虫など、多種多様な数多くの動物たちが、同性個体どうしで求愛、絆の形成、交尾をおこなう。同性ペアリング行動の事例は「数千、数万」に及び、同性間の性行動は動物の祖先状態として存在したと主張する研究者さえいる。当初の「何でも試してみる」アプローチから、二者間でおこなう繁殖が生じたという考えだ。[*6]

同性間性行動のなかには、オスとメスの間の相互作用を想起させるものもある。アフリカのオオコウモリに寄生するトコジラミの1種*Afrocimex constrictus*は、生殖器でお互いを突き刺し、その様子はまさに「外傷的精子注入」そのものだ。実際、オスはきわめて頻繁にほかのオスに対してこの行動を示すため、オスは体腔に「貯精嚢（spermelege）」と呼ばれる器官を進化させた。この器官はメスにもあり、挿入器を突き刺す際の標的として機能する。

好色なイルカは、同性間性行動が「もっとも高頻度で」見られる動物のひとつだ。かれらは同性個体にマウントし、オスどうしで生殖器を接触させ、片方のオスがもう片方のオスの生殖器周辺に吻をこすりつける「グーシング」と呼ばれる行動を示す。ヒトのグーシングは確か同意なくお尻をつねることなので、これとはだいぶ異なる。楽しい感覚刺激を得ているのは確実だろうが、加えてイルカのこうした行動は、個体間関係を強化する社会的機能をもつ。ボノボはメスとオスのどちらも、生殖器の接触と性行動を絆をつくるための社会資本として利用する。これもまた、感覚体験そのものが目当てでもあるのだろう。

こうしたオスどうしの交尾行動のなかには、単なる社会交渉を超えた、本物の絆を示すものもある。オスどうしのペアの絆は、ペンギン、ヒツジ、ヒトなどさまざまな種に見られる。例えばヒツジでは、ほかのオスとの絆の形成を好むオスが無視できない割合で存在する。

研究者たちは、個体群中に一定の割合で出現するこうした行動の遺伝的基盤を特定しようと、ショウジョウバエを使い、遺伝的変異が同性間性行動を誘発するかどうかを検証した。その結果、実際に「gender-blind（ジェンダーに無頓着）」、「quick to court（即求愛）」、「dissatisfaction（欲求不満）」と名づけられた遺伝子

＊6　この研究はメディアに大きく取り上げられた。研究チームが、この疑問に異なる視点で取り組んだ理由のひとつとして、メンバーの多くが自身もＬＧＢＴＱ＋であることに言及し、従来こうしたテーマに取り組んできた、異性愛者でシスジェンダーの（たいていは）男性たちと一線を画すことを強調したためだ。

の変異型をもつハエが、同性の相手に求愛することがわかった。お気づきの通り、ショウジョウバエを扱う遺伝学者は、遺伝子にキャッチーな名前をつけるのが得意だ。

だからといって、昨今物議をかもしているような「ゲイ遺伝子」がヒトに存在するとは言えない。言うまでもなく、わたしたちはショウジョウバエとは違う。例えばショウジョウバエの染色体は4対しかないが、ヒトは23対だ。わたしたちはみな、保有し発現している変異型遺伝子と、置かれている環境との相互作用によって生じる、ユニークな創発特性を備えている。ヒトの性的指向の複雑さやその表出パターンは、ひとつの遺伝子の変異型、あるいは複数の変異型によって説明することはできない。典型的な社会文化背景に見られる、「異性愛」を「ノーマル」としてその他すべてと対比するような見方は、実態とはかけ離れたものだ。

栄養輸送機能

おやつの時間になり、1匹のメスのクモが思案にくれている。オスが贈り物をもってやってきたのだ。研究者たちはこれを「婚姻ギフト」と呼ぶが、かれらは結婚するわけではない。ただ求愛し、交尾し、その過程でプレゼントが受け渡されるだけだ。ちなみに、このプレゼントはたいてい精液でできている。ラッピングするのは難しそうだが、栄養たっぷりだ。

婚姻ギフトが見られる種では、ふつうオスとメスの間で攻撃の頻度が低いが、常にそうとは限らない。ギフトが精液からなるのは先の通りだが、その大きさと栄養組成はさまざまだ。産卵という大仕事にエネルギーを消費し、しばらくの間その場にとどまり食料探しに行けないメスにとっては、絶好の栄養源だ。それどころか、婚姻ギフトはあまりに美味しいらしく、時にはオスも我慢できずに食べてしまう。

婚姻ギフトはきわめて栄養豊富で、メスはそれだけを食べても生きていける（オスごと食べなくても、精包だけで大丈夫という意味だ）。キリギリスの1種 *Poecilimon ampliatus* では、オスはメスの生殖器に接触し、数分間の交尾の間にいくつかの精包を受け渡す。だが、配偶子の放出のパートはこれで終わりではない。その後の数時間にわたり、精子が精包から移動することで、ようやくプロセスが完了するのだ。

しかも、これはきわめて特殊な精包で、精子の塊がグミのような保護膜にきっちり覆われている。メスは交尾のあとの数時間、保護膜をむしゃむしゃ食べる。精子が放出されるのはそのあとだ。この軽食は、疲れたメスが短期的に（1日から2日にわたって）休息をとる間の命綱なのかもしれない。この婚姻ギフトと精子の塊はキリギリスにしてはとてつもなく巨大で、オスの体重の3分の1を超える。少なくとも、ギフトに含まれるタンパク質の一部は、メスの筋肉組織の再生に関与していることがわかっている。

婚姻ギフトに含まれる栄養素のほとんどはタンパク質の構成要素だ。ザトウムシのある系統（*Leiobunum* 属）では、攻撃的な求愛をする種よりも、念入りで手の込んだ求愛をする種の方が、婚姻ギフトに含まれる必須アミノ酸の量が多い。カマキリのメスは、世間一般に考えられているようにいつもオスを食べるわけではないが、[*7] そうすることでアミノ酸という報酬を得る。

じつは、婚姻ギフトと性的対立は、ザトウムシにおいて根深い関係にある。このグループは、ペニスに婚姻ギフトを詰める袋をもつ種（有嚢）と、袋をもたず（無嚢）、したがって婚姻ギフトを贈らない種の2つに大別できるのだ。

ギフトを贈るオスは、まずパートナーと正面から向き合う。そしてペニスを出す前に（そう、かれらにはペニスがあるのだ）、オスは触肢でメスを押さえ、密接に抱擁しながら、ペニスの袋の中身でメスを喜ばせ

＊7　交尾の13～28パーセントだけだ（Bittel 2018）。

る。つまり、婚姻ギフトをメスの口に受け渡すのだ。それが終わると、オスは体勢を変え、ペニスをメスの前生殖腔（pregenital chamber）に挿入し、交尾へと進む。

ほとんどの動物では、この段階ですでにギフトの贈呈は済んでいるが、有囊ザトウムシでは違う。オスはもうひとつの婚姻ギフトを用意していて、交尾の最中に受け渡す。挿入前にペニスを反転させ突出させて、初めてこれを贈呈できるのだ。おさらいすると、接触、触肢でハグ、1回目の婚姻贈呈、体勢変更、ペニス反転、交尾中の2回目の婚姻贈呈となる。有囊ザトウムシは、比較的穏やかな「おやつ持参」のアプローチで交尾に臨み、親密さと満腹を提供する。

ペニスに袋をもたず、したがって婚姻ギフトを渡せない無囊ザトウムシのやり方は対照的だ。これらの種のメスはふつう、生殖器への侵入を防ぐ頑丈な扉をもち、これを強制的にぴったりと閉じることで、望まない挿入を拒む。一方オスは、長く強靭なペニスをもち、これをバールのように使って扉をこじ開ける（武器としての用途のところで紹介すべきだったかもしれない）。ここには明確なパターンが見て取れる。これらの種は事前交渉と親密なやりとりを放棄し、生殖器どうしの接触において、オスとメスのそれぞれが武装と防御を強化したのだ。

秘密の材料

激しすぎる性欲といえば、催淫剤とされるスパニッシュフライ（ツチハンミョウ）について聞いたことはあるだろうか。アカハネムシの仲間の *Neopyrochroa flavellata* と同じように腐食性物質を分泌する甲虫だ。やけどのような感覚を与えるこの刺激性物質に、じつは催淫剤としての効果はない（しかも命に関わるので、試してみようとは思わないこと）。けれども、オスはこの物質を分泌腺から放出し、求愛と婚姻贈呈に使う。

メスのツチハンミョウは、カンタリジンと呼ばれるこの物質に否応なく惹きつけられる。オスはこれを自力でつくるのではなく、餌から摂取して蓄積し、求愛と婚姻贈呈に使ってメスを虜にする。魅惑の香りはオスの頭の周辺の分泌腺から放出され、メスはそれをもとにオスの資質を評価する。

香りでメスをおびき寄せたオスは、交尾の間、さらに多くのカンタリジンを精包に詰めてメスに受け渡す。刺激物の誘惑には勝てないようで、オス自身もその一部をつまみ食いする。カンタリジンを分け合いながら至福の交尾が繰り広げられるのは、メスがオスの頭部の分泌腺から得たサンプルを気に入った時だけだ。求愛オスのサンプルに十分な「毒」が含まれていないと、メスは「冷たく」オスを拒絶する。カップルの破局はかなり頻繁に起こり、メスによる拒絶は手荒だ。拒まれたオスがしつこく食い下がる時は、メスは腹部をぐるりと曲げて、オスが生殖器に触れられないようにする。

一方、毒物が効果を発揮すると、2匹の求愛と交尾は（昆虫版の）スムーズなデートのように進む。最初にオスがメスににじり寄り、頭と分泌腺を近づける。何らかの暗黙の同意が成立すると、2匹は前半身を持ち上げ、オスはワルツを踊るように、前肢をメスの側面に置く。ただしダンスをする代わりに、メスはオスの頭を大顎ではさみ込み、カンタリジンが貯蔵された頭の側面の隙間に、両方の大顎を挿入する。

両者はしばらくこのまま、メスの大顎以外は微動だにせず姿勢を維持する。メスの気が済み、十分な量の毒に満足すると、メスはオスを解放する。オスはすばやくメスにマウントし、できるだけ多くの挿入を試みる。しばらく交尾を続けたあと、挿入器がしぼんだオスはメスから降り、毒でお腹を満たしたメスは夕陽に向かって飛び去る。

オスの求愛の成否のすべてが、毒の含有量にかかっているのはなぜだろう？　じつは、メスはこの毒を卵に込めて、捕食性甲虫の幼虫に食べられないようにする。メスがカンタリジンの含有量にとてもうるさいのはこのせいなのだ。

頭から出る分泌物を吟味してから交尾に進む動物はほかにもいる。サラグモの仲間にも、同じように頭から誘引物質を振りまくものがいる。メスは鋏角（クモの顎）をオスの眼のそばの溝に差し込んで味見する。研究者がオスの頭にカバーをかけて、溝をなくしてしまうと、オスの交尾成功率はがくんと落ちる。だが、このクモで面白いのは、メスは気にしていないことだ。味見ができなくても、メスはおかまいなしに交尾姿勢をとる。にもかかわらず、メスに大顎で頭を審査されていないオスは、触肢の挿入器を差し込んで交尾を完遂する気になれない。前戯が必要なのはオスの方なのだ。

武装か、懇願か

動物の構造のなかには、武器として進化したように見えても、実際にはそのように使われないものもある。脅しや威圧、あるいは相手を圧倒するようなシグナルとして作用するのだ。もちろん、身体的ダメージを負わせる武器のような構造もあるが、けがをした個体にとっての意味と程度は必ずしも明確ではない。昆虫にとって、致死的ではない負傷がどれだけの痛手なのか、どんな感覚なのかをわたしたちが理解するのは容易ではない。

動物は、ヒトにはないさまざまコミュニケーション手段をもっている。ヒト以外の生物と比べれば、わたしたちの感覚の多くは麻痺しているようなものだし、どうにか知覚できているものについても、無意識に感覚入力を取捨選択した結果、幸せ、悲しみ、嫌悪、怒り、空腹、疲れ、興奮といった情動を引き起こすものに偏っている。わたしたちは一部の動物、なかでもイヌなど社会的な種の感情表現を多少なりとも解読することに成功した。かれらは、かわいいものに弱いという人類の弱点につけこんで、わたしたちにすみかや食料を提供させることに大いに成功したが、代わりに時にはハロウィーンのコスチュームまで着せられる。

わたしとわたしの飼い犬は、数千万年の進化の歴史に隔てられ、一方は言葉を発することができないが、それでもお互いを理解しながら完璧な会話をすることができる。ひとつ例をあげよう。


犬、ドアのそばに座り、上目遣いでわたしを見上げる——外へ行きたい。

私——帰ってきたばっかりでしょ。今は起き上がりたくない。

犬、頭を上下させる——ねえ、こっちは本気なんだけど。絶対に外に行く。

私——行ってきたばっかりだってば。

犬、ドアを引っかく——太陽が出てる！　日向で寝転がりたい！　ドアを開けて！


こうなると、当然わたしはドアを開けるしかない。そして彼女は日向でごろごろする。

うちの高齢の保護犬とわたしがこんなふうに親密で明確なコミュニケーションをとれるのだから、同種の個体どうしが視覚、聴覚、嗅覚、触覚、時には味覚を通じて認識するかすかなシグナルは、おそらくわたしたちの検出限界をはるかに超えているだろう。それに加えて、挿入を受け入れる側の個体において生理的作用（それがメスであれば、この作用は「隠蔽的」とされる）をもたらす、その他の手がかりが存在する。こうした化学的作用は、一方の配偶子と他方の生殖器の間に一種のコール＆レスポンスを生み出す。

動物におけるシグナルの問題がややこしいのは、ヒトにおいてそうであるように、メッセージがいつも真実を伝えているわけではないためだ。ヒト以外の動物も、時に一部の情報を伏せてメッセージを発する。（またもや）うちの犬がいい例だ。彼女はそれほど大柄でも獰猛でもない（わたしがバラしたことは言わないで）。けれども、郵便配達員がうちを攻撃するつもりだと固く信じている時は、背中の毛を逆立てて、怒れる小さなヤマアラシのようになる。

これには彼女を実際よりも少し大きく見せる効果がある。彼女の威嚇のシグナルは真実を伝えてはいないが、彼女の視点に立つと、効果は絶大だ。何しろ、郵便配達員は毎回わたしたちに攻撃を仕掛けずに退散するのだから。無意識に体格を偽る彼女の策略は、実際のサイズを「正直に」表してはいないし、驚くほど凶悪に聞こえる音声シグナル（吠え声）にも同じことが言える。

動物の交尾前行動にはこうした粉飾が含まれ、配偶相手をめぐる競争の場面などにおいて、不正確な憶測を引き起こすことがある。だが、動物たちはそれぞれに、相手の力量を正確に査定する手段をもっている。例えばある種のハエは、眼柄を突きあわせて比べ、間隔がより広い大柄な個体が競争に勝つ。ザトウムシも同じような行動をとるが、かれらは脚の長さで勝負し、いちばん広く大股開きできるオスが勝利する。[*8]

腕力か、美か

オスどうしのやりとりでは、威嚇のシグナルで真実を隠し通せることもあるが、たいていは実際の身体的特徴の裏づけが必要だ。威嚇する側はいずれ本物の挑戦を受けることになる。毛を逆立てた犬の体格が、実際の肉弾戦の際の体格に及ばないなら、毛を逆立てて嘘をついても無駄だ。昆虫学者のウィリアム・エバーハードは、このように「俺はお前より大きくて強いぞ」というメッセージを伝える攻撃的威嚇のシグナルは、実際に格闘になれば大柄な個体が勝つので、シグナルを裏づける大きな体の進化を促すと主張した。このような場合、自然淘汰は正直な信号を生み出し、大柄なオスに見られる特徴は腕力を推しはかる真の指標となる。では、ヒトの体のパーツのなかで、このパターンに沿わないものといえば？　正解！

そう、ペニスだ。どれだけ大柄なヒトでも、あるいは威嚇のシグナルを発するのに長けたヒトでも、それに比例してペニスも大きいとは限らない。

配偶相手を魅了する時には、シグナルは別のメッセージを運ぶ。求愛のためには、サイズで圧倒するよりも、配偶相手の気を惹くような何らかの方法で、自分の魅力を伝えることが重要だ。そのため、魅力と関連する形質としては、大きいことや攻撃的であることよりも、感覚を刺激し満たすようなものが選ばれる傾向にある。重要なのは、できるだけ大きなアトラクションをつくることではなく、ある形質が引き起こす感覚反応、すなわち美なのだ。

このように、交尾の前に発せられるシグナルは、ほかのオスに対して「どうだ、俺はこんなに大きくて恐ろしいぞ」というメッセージを伝えるもの（たいていは武器）と、配偶相手候補に対して「ああ、僕はなんて美しいんだ」と宣伝する、より小さく上品なものに大別される。どちらについても、受け手の感覚に訴える必要がある。シグナルの受信者が、意図したメッセージを読み取り、望み通りに反応する（闘争から降りる、あるいは求愛に関心をもつ）ことが前提だ。

魅力をアピールする

配偶相手のために腐食性物質を分泌したり、頭の溝に牙を差し込んだりするのは、動物がみずからの魅力

＊8　ここでジョーダン・ピーターソンのせりふを思い出した人のために申し上げると、ロブスターの真似をして肩をいからせる男性たちがいるくらいだから、公共交通機関で大股開きして席に座る迷惑行為「マンスプレッディング」は、このザトウムシにならった行動なのかもしれない。

をアピールする方法のごく一部でしかない。もちろん、ここで言う魅力とは、ツチハンミョウやサラグモが見たり感じたりできるかどうかだけの問題ではない。ツチハンミョウは一定の水準を超えた毒を検出できなければオスを拒絶する。サラグモのオスは、苦労してつくった婚姻ギフトをメスに味見してもらう必要があるようで、それがなければ交尾に挑もうとしない。

鳥類のオスは、攻撃的で粗暴な一部のカモ類を除き、巨大な（どころかそもそも一切の）挿入器をもっておらず、代わりに豪華でカラフルな羽毛と入念な求愛行動で知られている。なかにはきわめて複雑な構造物をつくり、芸術家顔負けの希少な装飾品を添えるものや、求愛が成功して生まれた子の世話をするものもいる。かれらは配偶相手の候補者に対し、力を誇示するのではなく、「僕はこんなに魅力的だよ」と訴えるシグナルを送るのだ。[*9] こうしたシグナルは視覚コミュニケーションだけでなく、さまざまな形をとりうる。この章の最後で取り上げるが、挿入器とその装飾がどのように形成されたかを知るには、配偶相手どうしの感覚世界に注目する必要がある。

シグナルが機能するには、受け手がそれを理解していなくてはならない。ツチハンミョウが顔を合わせてしばらく探り合ったあと、いきなり前半身を持ち上げるきっかけが何なのかは不明だが、かれらは明らかに、この行動を誘発する何らかのシグナルを認識し、それに反応している。それに、ある種においては見事に役目を果たすシグナルが、ほかの種には不可解なでたらめにしか見えないこともある。だからこそ、ヒト以外の動物で好都合な例を見つけたからといって、ヒトをそれになぞらえて語るには注意が必要であり、安易に真似するなどもってのほかだ。もしも立場が逆で、ツチハンミョウがわたしたちの行動を観察していたら、なぜ求愛の最初にパートナーの頭の溝に顎を突っ込まないのか不思議に思うことだろう。

ツチハンミョウの場合、拘束するのはメスの方だが、交尾の最中に感覚入力をもたらす非挿入部位の多くはオスに属し、その大部分は何らかの把握器だ。わたしたちにとって、拘束は個人の権利の侵害だが、動物によっては、それが密接な感覚刺激という目的に沿い、パートナーの体験の質を向上させるものになる。

動物の体のどのパーツも、こうした生殖器以外の接触器官になりうる。大顎と鋏角が求愛と結合に使われるのはすでに見たが、脚、頭、胸、触角、腹、翅、それに一部のカエルの「親指」でさえ、こうした機能を果たす。

クモは触肢という挿入器をもつが、一部の種のオスはその先端に精子を充塡する前から、パートナーに何度も「フェイント」で挿入する。サラグモ科の *Lepthysphantes leprosus* が示すこの行動は「偽交尾」と呼ばれているが、これがヤスデで見られるような種の確認なのか、ポジティブな感覚刺激体験なのかははっきりしない。ただし、メスが数度の挿入が終わるとさっさと立ち去るわけではないことから、挿入が精子輸送のためだけではないようだ。

ウィリアム・エバーハードにちなんで命名された別種のクモ、*Mesabolivar eberhardi* は、交尾の最中にオスが自身の鋏角とパートナーの生殖板を密着させる。こうして密着度を増そうとするのは、感覚入力によって体験を向上させる、あるいは交尾を完遂する可能性を高めるためではないかと考えられる。というのも、オスはすでに挿入を果たしているので、求愛目的であるはずはないからだ。

＊9　そして、誰に話を聞くかしだいで、「魅力的」という言葉は「健康」や「寄生虫がいない」ことから、好みにうるさい側の「感覚バイアス」まで、ありとあらゆる形で解釈される。性淘汰におけるメス側の選択を説明するいくつものモデルは、それぞれに興味深く、どれを支持する証拠もあるのだが、解説するには本1冊の分量が必要だ。それどころか、リチャード・プラムは著書『美の進化――性選択は人間と動物をどう変えたか』の全体を費やして、モデルのひとつを論じた。同書は進化生物学者の間では賛否両論だが、一般読者には好意的に受け止められた。ここでは「感覚バイアス」を中心に議論するが、ほかの理論の妥当性を否定するものではない。

毛を逆立てるうちの保護犬を見てわかる通り、すべてのシグナルが完全に正確なわけではない。はったりは求愛の際にも用いられる。熱帯魚の一種ソードテールカラシン *Corynopoma riisei* は求愛の際、ヒレの装飾を揺り動かすのだが、この装飾は生息地で手に入る食料の形に似る傾向にある。例えばその地域でアリをよく食べているなら、装飾もアリに似た形をしている。つられて近寄り、食べようとしたメスは、代わりに求愛の罠にかかってしまう。これは視覚的な擬似餌を使った一種の感覚便乗だ。ただし、メスは眼と胃袋の両方で反応しているわけだが。

メスが形に注目していなければ、このトリックはうまくいかない。シグナルは欲求をもったターゲットに届かなくてはならない。オスは自然淘汰によって形成されたシグナル（獲物になりそうなもの）を、性淘汰の範疇である目的（メスを騙す）のために使う。オスにとって、交尾回数が増えることのメリットはデメリットを上回るが、メスにとっては有害かもしれない。オスとメスそれぞれにとっての交尾の利点に落差があることは、性淘汰においてオスとメスの間に利害対立が生じる原因のひとつだ。ただし、交尾頻度が低く、ペアが親密で、どちらのパートナーも子に投資する種では、利害対立はある程度緩和する。ヒトはまさにそのような種だ。

精包もシグナルとしてはたらくことがある。ウミウシの1種 *Aeolidiella glauca* は同時的雌雄同体で、長々と求愛したあとパートナーどうしで精包を交換する。だが交換の段階で、相手がすでに精包をもっていることに気づくと、そこですべてを投げ出す。シャツの襟に口紅の跡を見つけたかのように。

パートナーの精子の在庫切れを避けるために中止している可能性もなくはないが、以前の交尾相手との精子競争を避けているという説の方が有力だ。このように、精包は精子を届けるだけでなく、その後の配偶相手候補に対する警告として機能し、不要な競争を抑制する。ウミウシがどうやって精包を見つけているのかは、直接聞くわけにもいかないのではっきりしないが、発見の前に長時間にわたる求愛行動をすることを考えれば、個体どうしの近接が鍵なのだろう。

Olceclostera seraphica というガの1種は、生殖器に洗濯板のように「演奏」できる構造をもち、交尾中に振動音を立てる。またハチのなかには、生殖器にある複数の突起を擦り合わせて振動を起こすものもいる。ビーチ・ボーイズには申し訳ないが、これらの種のメスたちは興奮を与える「グッド・バイブレーション」を選んでいるのだろう。なんというセンセーション！　ポップミュージックの影響力は、時に想像の斜め上を行く。

すべてを見通す生殖器

ウィリアム・エバーハードはかつて、オスの生殖器は「しばしば過剰なまでに複雑な形状を示し、このことは精子輸送機能の面では説明不可能に思える」と述べた。彼がメスの生殖器に言及しなかったのは、ふつう配偶子輸送の機能をもたないのもさることながら、メスの生殖器の多様性が十分に調べられていなかった（そして今も調べられていない）ためだ。けれども、挿入器に見られるさまざまな装飾が、配偶子輸送という基本的な用途には不要に見えるという点では、もちろんエバーハードの洞察は的を射たものだ。

ここまでは、動物が求愛と交尾の際、挿入器と感覚手がかりをどのように用いるかを見てきた。武器として使うこともあれば、他のシグナルと組み合わせて魅力をアピールすることもあった。どのケースにおいても、問題の構造は全体の一部であり、シグナルの送信あるいは受信に使われるが、全体で両方をこなすことはなかった。

ではここで、ナミアゲハ *Papilio xuthus* のすべてを見通す挿入器をご覧いただこう。エバーハードは1985年、驚きと多少の疑念をもって、一部の蝶のオスとメスの生殖器に光受容体があるという「信じがたい報告」について述べている。この驚愕ぶりがピンとこないという人のために説明すると、光受容体とは光を検出するタンパク質を含む細胞のことだ。あなたの体のなかでこれが存在する部分は、網膜だけだ。想像してみてほしい、陰部で物を見ることができたらどんな気分か。

この報告によると、蝶の生殖器にある光受容細胞は、透明で毛のない組織の下に位置し、その周囲は毛に覆われている。それよりも、重要なのはこの細胞の電気生理学的反応で、これらはほかの光受容体とまったく同じように、光にさらされた時に発火し、神経コミュニケーションを開始する。この事実に、さすがのエバーハードも驚きを隠せず、「生殖器光受容体の意義は興味の尽きない謎だ」と述べている。

2001年のある論文では、より高度な技術を用いて、先行研究の知見が裏づけられた。やはりナミアゲハは、オスもメスも生殖器に光受容体をもっていた。メスは生殖器からの情報を産卵場所の選択に利用しているらしい。この細胞を破壊すると、ナミアゲハのメスは産卵能力を失うのだ。

では、オスは？　じつは、光受容体を破壊されたオスは交尾ができない。生殖器の光受容体は、明らかに交尾の際に「正しい場所」へと導く役割をもっている。自分自身の生殖器を見ることすらできないかれらが、正しい配置につくことがどれだけ難しいかを考えてみれば、確かに理にかなっている。生殖器をカメラ付きにすれば、一件落着だ！

大して特徴のないペニス

ヒトのペニスには武器も、硬いパーツも、バールのような機能もない。一方でヒトの膣も、頑丈な扉をがっちりと閉じて、破城槌がなければ開かないといった構造を備えてはいない。ここでこの事実を取り上げるのは、ヒトのペニスやヒトの相互作用の特徴を根拠に、レイプはわたしたちの進化の歴史の「本来の要

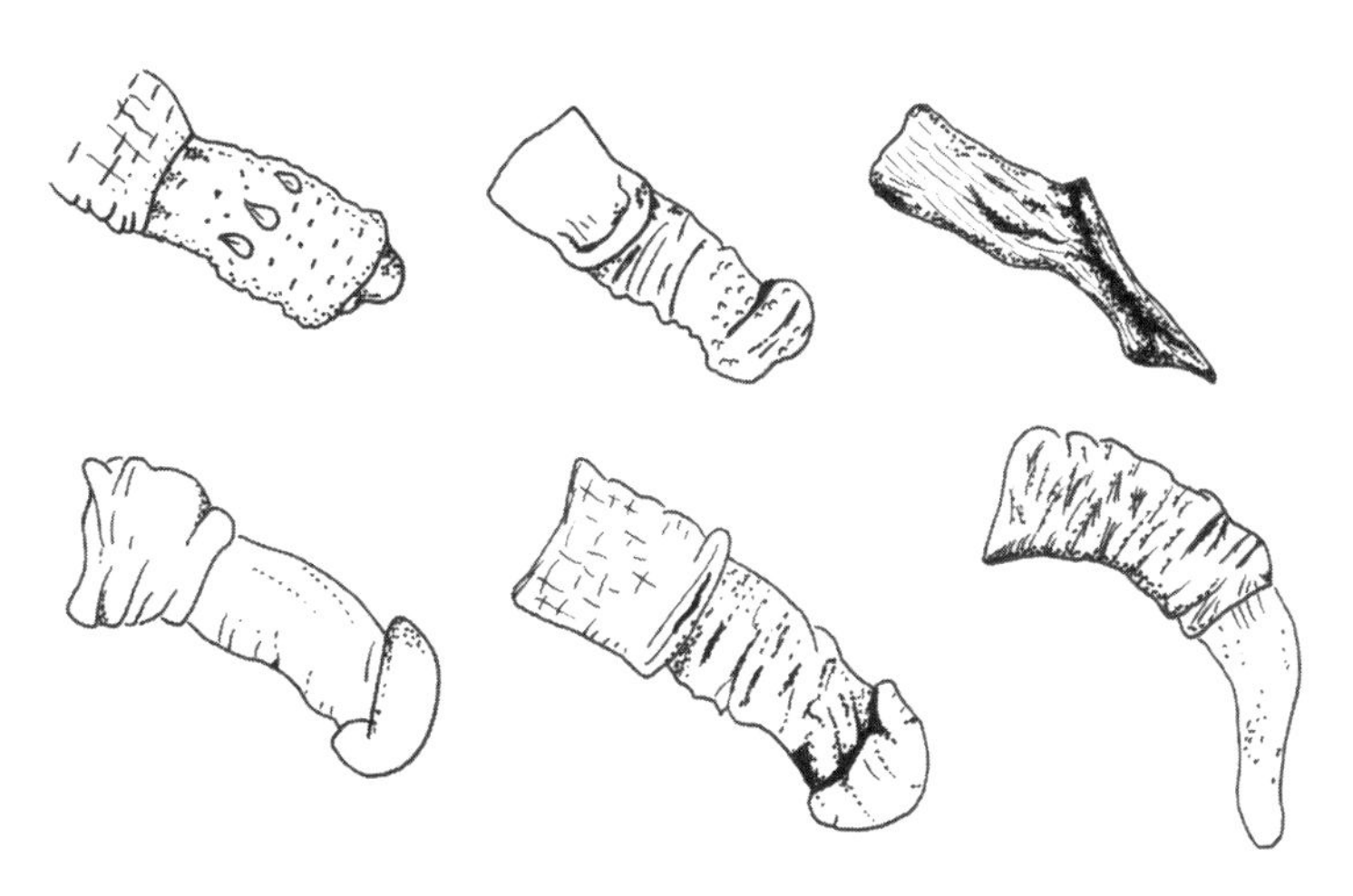

図 4-2 霊長類のペニス。
上段左：ブラウンキツネザル *Eulemur fulvus*、上段中央：ボリビアリスザル *Saimiri boliviensis*、上段右：ベニガオザル *Macaca arctoides*、下段左：カニクイザル *Macaca fascicularis*、下段中央：キイロヒヒ *Papio cynocephalus*、下段右：チンパンジー *Pan troglodytes*。どれもヒトのものには似ていない。注目はベニガオザル（上段右）の鋤のようなペニスで、膣のなかの構造物の下に滑り込めるような構造をしている。Primate Sexuality（Dickson 2012）の図に基づく W. G. Kunze によるスケッチ。

素」のひとつだったかもしれない、と主張する人々がいるからだ。

例えば『人はなぜレイプするのか――進化生物学が解き明かす』[*10]という本がある。同書に対し、ハーバード大学の心理学者スティーブン・ピンカーは「大胆で（中略）崇高な目標をもつ」[*11]と心からの賛辞を贈った。レイプはメスの配偶者選択（交尾前淘汰）を回避するものだと著者らは主張するが、かれらは多くの重要な批判を無視している。例えば、レイプが正の淘汰を受ける、あるいは負の淘汰を受けないためには、この複雑な行動に遺伝的要素があり、また繁殖上の優位性をもたらす必要がある。加えて、何をレイプとみなすかは文化によって見解が異なる（これについては詳しくは第9章で）。また、勃起が性的なものとは限らないように、レイプは単なる性行為ではないし、少女や女性だけがレイプの被害に遭うわけではなく、また少年や男性だけが加害者になるわけでもない。

同書は空虚な概念を大袈裟な言葉で飾り立てた、ただのばかげた本だが、一部の男性たちが、かれらの願望に沿っているからというだけでこうした根拠薄弱な論説に納得してしまうのは、もはや驚きではない。動物界全体を見渡せば、ヒトの生殖器はこんなお話を裏づけるような形をしていない。ペニス（図の通り、同じ霊長類の中でさえその形状は多種多様だ）もそうだし、膣もそうだ。

＊10　著者はランディ・ソーンヒルとクレイグ・T・パーマー。
＊11　「崇高な目標」とは、レイプはヒトの生物学的適応であるという主張を事実として受け止め、人々が実行に移さないよう対策を取ることらしい。うん、意味不明だ。

第5章　メスによるコントロール

複数の証言によると、有罪判決を受けた重罪犯ジェフリー・エプスティーンは、知のトップランナーたちの話の腰を折っては「で、それプッシーとどう関係ある？」と聞くことを好んだという。もちろんエプスティーンは、科学的ないし知的な意味で「プッシー」に興味をもっていたわけではない。彼はいかにもなやり方で、自分がどんな人間かを周囲に示したのだ。潤沢な寄付金と派手なパーティー、それに少女や若い女性の「ケータリング」で、真実を隠し通せると確信しながら。彼の質問に対し、相手はたいてい嫌悪感を覚えなかったか、少なくとも彼から距離を置くに至るほどは気にしなかった。かれらはエプスティーンの金と権力の虜で、かれらの道徳心と良識は無力だった。こう言うのもなんだが、彼の質問は的を射ていた。質問者も回答者も適任ではなかった、というだけだ。この章では、本当の意味でこの質問に向き合った人々が、どんな答えにたどり着いたかを見ていこう。

初期の失敗

一部の研究者は、不意打ちで動揺させたり、相手にどこまでモラルをねじ曲げる気があるかを確かめるためにプッシーの問題を投げかけるのではなく、これと真摯に向き合ってきた。例えばチャールズ・ダーウィンは、メスは生殖器ではなく感覚入力を通じて選択すると考えていた（いやらしい言葉選びに聞こえるが、けっしてそんなつもりはなかった）。「性淘汰にオスとメスが等しく関与するという考えはかなり疑わしい。思うに、オスはどのメスとでも交尾するが、メスはもっとも強い、あるいはもっとも美しい、あるいはその両方を兼ね備えたオスを選ぶのではないだろうか」と、彼は述べている。これは要するに、「僕は強い」または「僕は魅力的」という、交尾に先立つメッセージのことだ。

メスが繁殖に積極的に関与するという考えに懐疑的な学者もいた。一例がセントジョージ・ジャクソン・マイヴァート（1823‐1913）だ。女性は気まぐれすぎて、主体的にそんな判断などできないと、彼は考えた。最初はダーウィンの主張に熱狂的に賛同しておいて、あとから同じくらい猛然と反対した彼の方が、よほどどっちつかずに思えるが。さらには、自然淘汰を通じた進化の理論をダーウィンと共同で提唱したアルフレッド・ラッセル・ウォレス（1823‐1913）でさえ、メスによる選択は概して繁殖成績とは無関係だと考えた。ウォレスの論拠はマイヴァートとほぼ同じだ。確かに、どんな生物種のメスであれ、きらびやかな装飾に気を取られることはあるだろう。でも、それと交尾に何の関係がある？　かれらの考えでは、交尾は「勝者」のオスが得る戦利品だった。

かれらの考えは時代と土地柄を反映したもので、もちろんそれから変化はあった。現代の研究者にとって、メスが交尾前の配偶者選択だけでなく、交尾中も選択をおこなっていることは常識だ。タイヤと路面ならぬ、挿入器と被挿入器が出会う場所での選択という考えが定着したことと、理系の博士号を取得する女性が増えたことは、おそらく無関係ではない。

お願いだから誰か膣のことを考えてくれない？

現在マウント・ホリヨーク大学の教授として生物学を教えるパトリシア・ブレナンは、2005年にシェフィールド大学を訪れた。進化鳥類学者のティム・バークヘッドから鳥類の生殖器の解剖のやり方を学ぶためだった。そこで彼女は、鳥の生殖器の解剖で注目されるのはいつもオスの側か、膣の奥深くにある精子を貯蔵する部分だけだと知った。カモにはとくに大きな関心が寄せられていた。一部の種のカモは、並外れたペニスを強制交尾に使うからだ。でも、膣は？　ブレナンは考えた。そこには巨大なペニスに対する適応が備わっているのだろうか？

問いの答えは誰も知らないようだった。鳥の解剖の際、膣は精子貯蔵エリアがある最奥部まで切り裂かれ、残りは調べもせずに捨てられていた。20世紀後半を通じ、人々はあらゆる種類の動物の（オスの）生殖器について膨大な記述を残してきた。なかでも昆虫については、その歴史は100年以上にわたる。けれども、膣とその周辺については、ほとんど何もわかっていなかった。

ブレナンはこの状況に我慢ならなかった。ラボの近くの田園地帯ではアヒル（ペキンアヒル）が飼われていた。彼女は近くの農場を訪れ、食用のアヒルを1羽譲り受けると、史上初のアヒルの膣の剖検をおこなった。[*1] この時の彼女の発見は、科学界の目を挿入器ではない方の有羊膜類の生殖器に向けさせるのに、い

＊1　ブレナンはカモのバーチャル膣のなかを旅する「VRカモ生殖器エクスプローラー（VR Duck Genitalia Explorer）」を無料で公開している。さあ、検索してみよう。期待に応えてくれるはずだ。ただしVR酔いにはご注意。

くらか役立った。それまで膣は、基本的に精液を受動的に受け取るだけの管とみなされていた。以前のわたしが「ペニスは要するに精子輸送システムだ」と教えていたように。だが、アヒルの膣は「ペニス拒絶マシン」だ。いくつもの袋小路に加え、らせん状のペニスとは逆向きにねじれたトンネルをもち、まるで侵入してくる挿入器の巻きを解こうとしているようだ。

カモの仲間は性的攻撃、強制交尾、そして長く恐ろしげなコルク抜き形のペニスで悪名高い。ワシントン大学講師の鳥類学者ケイリー・スウィフトの言葉を借りれば「精子を発射する弾道ミサイル」で、わずか0・3秒で射精に至る。こうした精子輸送手段の武器化に呼応するように、カモの交尾行動は性的対立の代表例となっている。けれども、ブレナンと共同研究者たちが指摘するように、精子をメスの体内に注入するのはひとつのステップでしかない。精子が卵に到達し融合しなければ、どんな荒っぽい行為もカモの繁殖成功には一切貢献しないのだ。[*2]

カモの一部の種において、オスとメスの間には「軍拡競争」が見られる。オスの側に強制交尾を有利にする何らかの変化が生じると、メスはそれに対抗する形質を進化させ、さらにそれをかいくぐるようなオスの形質が正の淘汰を受ける。その結果、ブレナンらが言うように、カモ類の膣は「ほかに類を見ない」多様性を獲得した。カモの膣にはいくつもの袋小路があり、ここに迷い込んだ精子は卵と融合できずに干からびる。また、膣の壁面は、招かれざる侵入者である挿入器のらせんを解くように、逆向きに巻いた構造をしている。

ブレナンらは、16種のカモ類の膣を調べ、膣の長さとオスの陰茎の長さが対応していることを示した。性淘汰を強く示唆する証拠だ。さらに研究チームは、カモ類のメスの内部生殖器というにぎやかな場所で進む、いくつかの淘汰プロセスを特定した。オスは卵の受精をめぐってほかのオスと競争するが、生殖器の共進化を推し進める最大の淘汰圧は、オスとメスが繰り広げる繁殖のコントロールの争奪戦に起因するようだ。一般に、子が多く生まれるほどオスの繁殖成功は高まるが、メスの繁殖成功はその犠牲になることがある。メスは卵をつくり、胚を成長させることにより多くのエネルギーを投資し、また子育てが必要な場合、それもメスの負担になることが多い。メスはこれらすべてに時間と資源を割かなくてはならないため、別の交尾相手を探すことに積極的でないのだ。

意外なことに、カモ類の「つがい外」強制交尾は、オスにほとんど繁殖上の利益をもたらしていないようだ。強制交尾をするオスは、求愛し、ペアの絆を形成し、同意の上で交尾するオスと比べ、より多くの子をもつわけではない。

長きにわたり、膣やその他の被挿入器は、ペニスという「鍵」に対応する「錠前」としての役割を除いて、まったく注目を浴びてこなかった。挿入器に多種多様な目を惹く装飾が見られるのは、オスがこうして見事に特殊化した器官を物理的にぴったり適合させることで、同種の配偶相手を選んでいるためだというのが通説だった。

このシナリオでは、鍵が錠前に合うならば、交尾するオスとメスはおそらく同種であり、実りのない繁殖努力に時間とエネルギーを浪費していないと考えられる。フィットしないならセックスなし。鍵が錠前にはまったら、その先には受精可能なお宝が待っている、というわけだ。ところが、ブレナンが調べたカモの膣がやっていることは真逆だった。それらは鍵を食い止めるための錠前なのだ。

＊2　それどころか、もっとひどい報いを受けるリスクもある。デイヴと名づけられた不運なカモは、世界中でニュースになった。デイヴは1日に10回以上も強制交尾を試みたせいで、けがを負ったところから感染し、ペニスを切除することになってしまったのだ。

鍵と錠前の問題点

実際、挿入器と被挿入器が鍵と錠前のようにはたらかない例は珍しくない。みっともない話だが、以前のわたしは解剖学と生理学の授業で、ペニスは精子輸送システムだと単純化して詳しい説明なしに教えていただけでなく、挿入器がそれぞれ独特の形をしているのは、まさにこの鍵と錠前の関係が理由だと（教科書通りに）解説していた。サボテンのような恐ろしげなヘビのヘミペニスや、[*3]イトトンボの生殖器の先端にある対になった拘束フックをスクリーンに大写しにしては、「このような特殊な構造は同種の識別に役立ち、交尾する個体が、受精や生殖能力のある子の誕生につながらない行動にエネルギーを浪費することを防ぎます」などと唱えていた。教室じゅうの注目を浴びていたはずだ。

前世紀の生物学教育について弁解させてもらうと、わたしたちは1世紀にわたるチャールズ・ダーウィンの影響と、その流れをくむ数十年分の分類学者たちの研究成果の重みを背負っていた。ダーウィンはもちろん聡明で思慮深く、性淘汰理論の提唱者だ。オスとメスはそれぞれに、美と力に関する選択をおこない、その結果は時に自然淘汰の叡智に逆行する。ここまではいい。「メスは最強の勝者であるオス、あるいはもっとも美しいオスを選ぶ」。だが、彼は性淘汰のプロセスに生殖器が関与することはないと、明確に否定した。

その結果、「鍵と錠前」仮説に全面的に依存し、それ以外のほぼすべてが無視される状況[*4]が生じたと、画期的な著書[*5]でついに性淘汰の射程のすべてを明らかにしたと評価される、ウィリアム・エバーハードは言う。自身も傑出した昆虫学者であるエバーハードによれば、1世紀以上にわたり、分類学者、すなわち観察可能な形質に基づいて生物を分類する人々は、一貫して鍵と錠前を前提に節足動物の種を区別してきた。言い換えれば、もし2匹の甲虫の挿入器がわずかに異なり、ほかの形質にもいくつか違いが見られるならば、両者は別種とみなされてきたのだ。どんな小さな差異であれ、それは別々だがごく近縁の種の間のセックスを妨げる障壁から生じたものであり、その障壁を維持する役目を果たしてきた、というわけだ。

エバーハードが指摘したように、この考え方には、生殖器のありとあらゆる差異が、種内に見られる多様性ではなく、新種の証拠と判断されてしまうという問題がある。このやり方だと、大げさに言えば10人のヒトのペニスを見て、それらが完全に同一ではないからという理由で、ヒトを10の独立種に分類しかねない。だが、もし生殖器の違いが種を区別する鍵と錠前の対応から生じたものではなく、ヒトのペニスにおいてそうであるように、単なる種内のばらつきでしかないとしたら？

この前提からくる、もうひとつの重大で誤った帰結が、オスの生殖器の研究への偏りだ。実際、昆虫学者は節足動物の構造を調べる時、「洗浄」と呼ばれる手順でメスの生殖器官を取り除き、ほかのパーツを可視化する。メスの生殖器を洗い流す慣行によって、そこで起こっているプロセスの重要な証拠は見落とされ、ようやくその特徴が認識されるようになったのはつい最近の話だ。[*6] それにもちろん、外部に露出しているオスの構造はたいていずっと観察しやすいため、種を記載し、分類体系やより広い意味で進化的文脈に位置付ける研究のほとんどは、オスの生殖器をよりどころにしてきた。[*7]

実は、エバーハードが大著を刊行する前年、コリン・R・〝バニー〟・オースティンは「交尾器官の進

＊3　有袋類と異なり、二叉の膣に同時に挿入できるようにはなっていない。
＊4　知識をひけらかしたがる人たちがこれより前の論文をわたしにメールで送りつけてこないように言っておくと、確かに文献は散発的には存在したが、ほかの仮説は「鍵と錠前」ほど広く受け入れられるどころか、広く知られてすらいなかった。
＊5　『性淘汰と動物の生殖器（*Sexual Selection and Animal Genitalia*）』、１９８５年。
＊6　わたしの年齢だと、「最近」はここ20〜30年の話になる。

化」に関する（本当に）使い勝手のいいレビューを発表した。メスよりもオスの器官を重視したことについて、彼は以下のようにコメント（というか言い訳？）している。「メスではなく、オスの器官と行動がより注目を浴びてきたのは、オスの特徴がより顕著で、分類群間の差異がより大きいためである」。ここで注意したいのは、メスの生殖器の特徴を体系的に分析したり、相対的にどれだけ独特かを評価した研究者がひとりもいなかったことだ。

バニーはさらに続けて、メスの生殖器が多少なりとも注目に値するかもしれないという考えに反発し、次のように決定的な意見を述べた。「したがって、交尾器官の進化に関する推察は、オスの側の研究に基づくものになりがちだ。[*8] メスの側の物語が比較的軽視されているせいで、重要な手がかりが見落とされることがないよう願う」。バニーの願いは打ち砕かれてしまった。

オスがつがいの両方を代表するデフォルトと認識される一方で、メスには受動的な役割が想定された。その結果、動物の生態と行動の重要な一側面にほとんど学問的関心が寄せられないまま、「びっくり研究！」「何これ変なの！」といった不当な扱いを受けるはめになった。繁殖行動と性淘汰にメスが果たす役割を十分に理解しないかぎり、生物種の進化的背景の少なくとも半分は覆い隠されたままだ。ロレッタ・A・コーミアとシャーリン・R・ジョーンズが著書『飼い慣らされたペニス――女性がつくった人間らしさ（*The Domesticated Penis: How Womanhood Has Shaped Manhood*）』で述べたように、「メスによる選択は進化の代替仮説ではない。それは進化の根幹なのだ」。[*9]

バニーのレビュー論文の刊行の次の年である１９８５年（ちなみにわたしの高校卒業の年で、女性の生殖器がまったく科学界の関心を集めていないことなど知る由もなかった）、エバーハードは『性淘汰と動物の生殖器』を著した。同書は「重要な手がかりが見落とされていない」という願望に対する、強烈なカウンターだった。それどころか、「オスの側」の物語を理解するためにも、「メスの側」はけっして無視できないのだ。

生殖器が触れ合う前に

わたしが以前学生たちに教えていたように、誰に聞いても（手当たりしだいに聞いて回るのはおすすめしないが）生殖器は第1に交尾のための器官だと答えるだろうが、こうした器官は交尾前淘汰にも関与していて、「体内求愛装置」として作用する。すでに体内にあるのなら、交尾が始まっているのだから交尾前とは言えないじゃないか、と思う気持ちはわかる。だが、かぎりなく厳密に言うと、交尾とは身体的接触を通じて一方から他方へと配偶子が受け渡されることだ。[*10] したがって、体内であっても挿入器が配偶子の輸送以外の用途に使われる[*11]可能性はある。ヒトである読者のみなさんも、ペニスが介在する性的経験がおありな

＊7　エバーハードはわたしとのメールのやりとりのなかで、分類学者たちは扱いやすいオスの生殖器にばかり注目する傾向にあったと認めた。これについて彼は、メスも硬質の外部生殖器をもつクモを「対照群」とみなすことができると指摘した。クモ分類学者たちは、「しばしばオスの生殖器と同じくらいメスの生殖器も記録している」という。どんな要因がはたらいたにせよ、このバイアスは「永遠に消え去ることはないだろう」と、彼は予測する。理由のひとつとして、彼は「記載すべき種はまだ何百万種もあるのに」、分類に携わる研究者が激減していることをあげた。悲しい現実だ。

＊8　生殖器研究がオスに偏っている唯一の理由は調べやすさなので、反論のしようがない。

＊9　エバーハードはまた、「オスは能動的、メスは受動的」というバイアスにはとりわけ我慢ならないと、メールで語ってくれた。例えば、昆虫のオスに見られる、メスの体を穿孔したり引っかいたりする構造については「膨大な文献」がある一方で、メスの反応やその進化的意義は「完全に」無視されているという。

＊10　本書のほかの箇所では、「mating」ばかりを何度も使うのを避けるため、「交尾する（copulating）」を性交という行為全体（当然、配偶子の輸送を達成するはたらきをもつ）をさす一般的な用法で使った。ただし、ここでは性淘汰について論じるため、厳密な定義に従った。

ら、きっと身に覚えがあるはずだ。[*12]

挿入器が体内求愛装置として作用する場合、それが純粋な繁殖目的だけでなく、感覚や刺激に関する役割も担っていることを意味する。つまり、美的側面の「見せびらかし」を、挿入中におこなっているわけだ。したがって、挿入器を求愛に使うには、「入れて、出して、去る」ような配偶子の輸送だけの動作では足りない。ここでは顕著な例として、ツェツェバエ（*Glossina* 属）に注目しよう。

ツェツェバエ（属内には少なくとも20種がいる）は大型で吸血性の伝染病を媒介するハエであり、たいていの昆虫と違って一度にひとつしか卵を産まない。さらに、これまた昆虫としては異例なのだが、メスはたった1匹の貴重なウジが生まれる前から、子宮にある（そう、子宮にあるのだ）「乳腺」の分泌物を与える。

このハエによる恐ろしい家畜伝染病の拡大は、欧州列強によるアフリカの植民地化に影響を与えた。ヨーロッパから持ち込まれたウイルスは、現地住民のよりどころだった家畜を一掃し、飢えた人々は植民地化に抵抗できなかった。ツェツェバエは家畜が消えた草原に侵入して睡眠病を広め、数百万人が命を落とした。ツェツェバエは今も、多くのアフリカ諸国の家畜とヒトに睡眠病を蔓延させ、経済に深刻な損失をもたらしている。まさに破壊者だ。本章の終わりで取り上げるが、こうした感染症宿主の交尾行動の基本を理解することで、生態系に莫大なコストをもたらすことなく、命を救う介入が可能になるかもしれない。

オスのツェツェバエはもちろん生殖器を挿入するが、それ以外にもさまざまな行動を示す。メスをその気にさせるためのテクニックは *Glossina* 属の種によって異なり、オスが決まった体の一部に触れられないようにしてやると、メスの反応は変化する。かれらの求愛の始め方は、あまり脈がありそうには見えない。メスは採食のために（噛んで血を吸おうと）哺乳類に近づき、その羽音を聞きつけると、オスは空中でメスにしがみつく。

しかし、これはまだ序の口。ツェツェバエの求愛と交尾は、最長で24時間も続く大仕事なのだ。あまりに長時間にわたるため、一部の種のオスの生殖器は、交尾中にメスが排泄する糞に触れないような向きになっている。メスが便秘で体調を崩すことがないように配慮されているというわけだ。

交尾し、排泄し、空中でうたた寝している間に、高度にプログラムされたいくつもの求愛のステップが積み重ねられる。オスは交尾が完了するまでに、6つの行動を繰り返し実行しなくてはならない。最初は「ピープ」で、これは畳んだ翅を振動させることですすり泣くような高い音を出すことを意味する。次に、オスは翅を横に広げ、ブンブンと音を立てる。残りの4ステップでは、脚と生殖器の二次的構造を使い、メスの体のあちこち（頭、胸、腹など）をさすったり叩いたりする。どれもメスを刺激するのが狙いのようだ。一連の動きのひとつは、交尾相手の体外、時に腹部の表面でおこなわれる「劇的」でリズミカルな運動と形容される。オスはこれらすべてを、挿入器を挿入しながら、8つあるメスの体の標的箇所すべてに実行しなければならない。

オスが生殖器のように使う構造は2種類ある。メスに触覚刺激を与えるのに使われるもののひとつが尾毛だ。尻にある1対の付属器官のことで、オスはこれを固定具としても、またリズミカルな動きでメスを刺激する（と研究者が解釈する）行動にも使う。[*13] 無理矢理ヒトにたとえるなら、パートナーの体のどこかを[*14]足の親指でつねって、テンポよく力を入れたり緩めたりするようなものだ。

オスの下腹部にあるプレート状の構造（第5腹板）と、同じ部分にある小さな把握器も、同じようにメ

＊11　ヤスデのお試し挿入が思い浮かぶ。少なくともわたしには。
＊12　もしご存知ないようなら、学んでみて損はない。
＊13　「刺激」といっても、ここでは「最高の感覚」を生み出すものとはかぎらない。排卵などの身体的反応の誘発に関係しているのかもしれない。とはいえ、触覚刺激であることは確かだ。
＊14　どこをつねるかはみなさんの想像におまかせする。

スを刺激する役割を果たす。これらの構造の中心にあるのが、陰茎基（phallobase）と呼ばれる、オスが挿入する生殖器の一部だ。第5腹板は「ジャーキング」と呼ばれる行動の際に活躍するのだが、この行動はおそらく読者のみなさんの想像とは異なる（jerkには「けいれんする」と「自慰をする」の2つの意味がある）。オスの体がけいれんし、この際に腹板がメスに「精力的に」こすりつけられるのだ。オスが装飾付きの腰帯を巻いていて、ほかのパーツが仕事に勤しんでいる間に、メスのポイントを絶妙に刺激するようなものだ。

メスを刺激することが本当にこの複雑な一連の接触行為の目的なのかを検討するため、研究チームは透明なマニキュアに目をつけ、装飾ではなくコンシーラーとして使った。[*15] オスが接触する部分をマニキュアで覆うと、ペアが交尾を完遂し精包が受け渡される確率は低下した。オスが接触に使うパーツに手を加えても、同じ結果になった。ここから、ツェツェバエのオスが交尾を成功させ、配偶子を受け渡すには、タッチが不可欠だとわかる。挿入まで進んだとしても、その後につなげるためには触覚刺激が必須だという、明白な例なのだ。

マニキュア実験ではまだ足りなかったのか、コスタリカ大学のR・ダニエル・ブラセーニョ、それにすでにおなじみのウィリアム・エバーハードは、さらに踏み込んだ実験をおこなった。ハエの首をはねたのだ。目的は、刺激の最中にオスの体内で何が起こっているかを観察することで、どうやらオスに頭があるとうまくいかなかったらしい。

この奇妙な実験で、ブラセーニョとエバーハードは首なしオスの剛毛（把握器の先端にある硬い毛のようなもの）を刺激した。これにより、一部のオスは陰茎基（つまり挿入器）を露出させ、ふいごのように膨張と収縮を繰り返した。この「バルーニング」行動は、メスのツェツェバエの膣の中で以下の2つのいずれかの役割を果たすのだろうと、2人は考えた。すなわち、挿入器をより奥へと押し込むか、またはメスの生殖器の内壁を拡張して、生理的反応（例えば卵の排出）を促すかだ。

首をもがれ、性的刺激を受けたオスから得られた知見が物語るように、おそらく最終目的はメスに快感を与えることではないのだろう。単に排卵させることが目的なのかもしれない。もしメスが最初から乗り気なら、交尾前や交尾中の求愛刺激でメスの関心を保ち、言いなりにしておく必要などないはずだ。こうした行動の存在自体が、本来オスとメスの間には葛藤があるが、緩和されているおかげで種が存続できていることを示している。

垂れ下がった葉

キイロショウジョウバエ *Drosophila melanogaster* は、遺伝学研究にもっともよく利用される動物のひとつだが、自然淘汰の研究でも重要な役割を担っている。遺伝的特徴がよく解明されているおかげで、形質に関連する遺伝子を容易に操作できるからだ。

このハエがもつ後葉（posterior lobe）と呼ばれる構造は、挿入と交尾に不可欠だ。[*16] 後葉そのものはメスの体内に入るどころか、メスの生殖器に触れることすらないのだが、これがないと何も始まらない。理由ははっきりしないのだが、後葉にはふつうフックがあり、オスはこれをメスの下腹部の体節の隙間に差し込んでメスを拘束する。もしかしたら、ツェツェバエの場合のように刺激効果があり、排卵やその他の生理的反応を促して、受精確率が高まるのかもしれない。

＊15　対照群のハエには、透明マニキュアを体の別の箇所に塗った。
＊16　*Drosophila* 属のなかでこの構造をもつのはキイロショウジョウバエを含めて4種だけであることから、進化的に見て比較的新しい構造であると考えられる。

後葉は挿入器ではないが、そのサイズはオスの繁殖成功に関係しているようだ。後葉が小さく単純な構造をしているオスは、あまりうまくいかない。研究者は後葉を「非挿入生殖器」[*17]と呼び、後葉の特徴をコードする遺伝子を特定したうえで、配列に手を加えて後葉の形状を変化させた。ここで操作したのは「Pox neuro」という遺伝子で、ショウジョウバエの生殖器発達に重要な役割を果たす。好奇心旺盛な研究者たちは、後葉での遺伝子発現をブロックし、挿入器そのものは変化させずに、小さくフックのない後葉を生み出した。[*18]

その結果、後葉は交尾の最中にオスとメスが近接状態を保つうえで重要であるとわかった。さらに、後葉が小さい、あるいは後葉にフックがないオスと交尾したメスは産卵数が少なく、したがって子の数も減少した。また、後葉は拘束具としての機能も備え、交尾中のオスがメスからある程度の距離を保ち、挿入器がメスの体内に深く侵入しすぎてメスを傷つけ、メスの繁殖成績を下げることがないようにしているのかもしれない。もしそうなら、この構造には交尾前淘汰（近接を保つ）と交尾後淘汰（ただし近づきすぎない）の両方が作用していることになる。

再び登場のマメゾウムシ（かれらは幼虫の間は豆の中に潜み、成虫になると飛び出してくる）は、生殖器の構造に対する交尾前淘汰の作用をよく示している。研究者たちは、この小さな甲虫の副節（paramere）と呼ばれる構造にミクロスケールの外科手術を施した。副節はオスの挿入器の側方にあり、しばしば先端に剛毛をもつ。この先端をメスの腹部にじらすようにこすりつけると、マメゾウムシのメスはすっかり魅了され、交尾を許す。あるいは、交尾の最中にメスの腹部を刺激しつづけることで、メスの集中が途切れないようにする。

副節を外科的手法で短くすると、オスが挿入を達成できる確率は低下する。けれども、交尾に至りさえすれば、副節が短くても繁殖成功に悪影響はない。このように、「交尾前」の淘汰圧はあるが、「交尾後」

には影響がないことから、副節という生殖器の特徴は、交尾前の求愛に関連する淘汰の産物であると示唆される。配偶者選択をおこなう際、メスのマメゾウムシは、長く剛毛を備えた立派な非挿入器（副節）の魅力に抗えないのだ。

対照的に、同じく挿入されないもうひとつの構造は、より広い意味で必要不可欠だ。その構造とは、挿入器にある小さな小さなフックのことだ（走査型電子顕微鏡を使ってようやく可視化でき、281倍に拡大してもわずか5ミリメートルしかない）。このフックもメスの体内には入らないが、先のショウジョウバエの場合と同様、挿入器が深く入り込みすぎないようブレーキの役目を果たしている可能性がある。実際の機能はどうあれ、このフックを外科的手法で除去すると、マメゾウムシはまったくと言っていいほど交尾できなくなる。

＊17　Fazee and Masly (2015) が整理した、昆虫の生殖器構造の階層は納得のいくものだ。かれらは生殖器を、パートナーの生殖孔（一次挿入生殖器）に直接挿入される構造、生殖孔以外の場所に挿入される構造（二次挿入生殖器）、パートナーに接触するが挿入されず、交尾の最中に体外にとどまる構造（二次非挿入生殖器）に分類した。

＊18　体長3ミリメートルしかないハエの体の上で後葉がどんな状態にあるか、研究者たちはどれだけ大変な思いをして調べたのだろうと、あなたは首を傾げているのではないだろうか。ポイントは、注目する遺伝子をうまく消去できたかどうかを、容易に特定可能な形質と結びつけることにある。例えば白い眼だ（このハエの眼はふつう赤い）。そうしたら、あとは白い眼をもつハエをすべて選び出すだけでいい。これらのハエは問題の遺伝子を消去されている。

闇の中の挿入器

これまでに見てきた一般的なパターンでは、メスが選択をおこなう交尾前淘汰は、ふつう生殖器の非挿入部分の特徴に対して作用する。こうした構造は、交尾を交尾たらしめる段階、すなわち配偶子の輸送に関与しないので、確かに筋が通っている。だが、挿入され配偶子を輸送する構造に対しては、交尾前淘汰がはたらかないのだろうか？

こんな質問をするのは、もちろん実例があるからだ。というわけで、ホッテントットキンモグラ *Amblysomus hottentotus* を紹介しよう。モグラの一種だ（キンモグラ類はアフリカトガリネズミ目に分類され、トガリネズミ形目の一般的なモグラとは系統的に遠い）。みなさんがモグラについてどのくらいご存知かわからないが、かれらの最大の特徴は地中の暗闇に棲んでいることで、そのため眼はあまりよくない。視力は役に立たないからだ。けれども、メスには配偶相手の候補者に目を掛ける必要があるかどうか、見極める手段が必要だ。[*19]

研究者たちはこの動物の生殖器と、それ以外のいくつかの特徴を計測し、オスの体長と明確に相関する唯一の特徴が、ペニスの長さであることを発見した。[*20] 膣の長さとメスの体長には、このような関連は見られなかった（そう、かれらは膣も測ったのだ！）。メスはどうやら、ペニスが挿入されてから配偶子が輸送されるまでの間に（つまり交尾が完了する前に）、何らかの選択をおこなっているようだ。[*21]

研究チームは、「*A. hottentotus* の生殖器に作用している進化的圧力を確証をもって」特定することは難しいと断りつつ（こんな悩みを抱える人はそういないだろう）、いくつかの推測を示した。地中で生活するかれらの観察は容易ではないが、メスは複数のオスと交尾すると考えられる。ひとつの可能性として、メスは交尾の開始後、オスのペニスの長さが不十分だと感じると、射精の前にオスを拒絶するのかもしれない。つまり、挿入後だが交尾が完了する前におこなわれる配偶者選択だ。この状況は、生活環境が完全な闇の中である場合など、メスにとってほかに配偶者選択の材料が少ない場合にあてはまるだろうと、論文の著者たちは論じている。[22]

小さな赤いコルベット

挿入の段階になると、当然ながら性淘汰は交尾前選択から交尾後選択に移りはじめる。挿入器はこの2つの淘汰圧の板挟みになり、結果として万力のように締め上げられることがある。マダラナガカメムシ *Lygaeus equestris* は深紅と黒の配色の昆虫で（英名ではそのまま「black-and-red bug」とも呼ばれる）、まるで赤いコルベットのような細長く流線型のデザインと、6気筒……ではなくて6本脚を備え、オスの挿入器は強い淘汰圧を受けている。きわめて異例なのだが、この昆虫の挿入器の長さは、オスの交尾能力と関係がある。にもかかわらず、交尾の前にこの器官がメスに触れることはない。長さは交尾の後にも重要なのだが、その有用性は完全に逆転している。

評価基準である長さは相当なものだ。このカメムシの挿入器は、体長のじつに3分の2を超えるのだ。[23]

＊19　ひとつの器官についての指標を頼りに個体全体の質を測る方法は、視覚情報を得ることが難しい動物に見られると予測される。洞窟のコウモリや、地中のモグラがそうだ。少なくとも1種のデバネズミでは、オスが後肢で地面を振動させる能力がこの指標として使われており、「振動ドラミング」と呼ばれている。

＊20　先に言っておくと、この相関はヒトにはあてはまらない。

＊21　挿入中の挿入器のリアルタイム交尾前評価をおこなう種はほかにもいる。スジコナマダラメイガ *Ephestia kuehniella* のメスも、多くのオスから選べる状況の時は同じような行動をとる（Xu and Wang 2010）。

＊22　つまりヒトは違う。ホッテントットキンモグラトラップに引っかからないように。

＊23　ミリメートル単位の話ではあるが、事実に変わりはない。ヒトに換算するなら、1・2メートルのペニスがついているようなものだ。

といっても、先端にあるコイル状の部分が全体のほとんどを占めていて、性淘汰について知識のある人なら、それが交尾相手の体内の奥深くまで配偶子を届けるためのものだとわかる。

ヒトである読者のみなさんは、ヒト的な思考に従って、交尾前淘汰は挿入器をより長くするように作用したと考えていることだろう。だが、これは誤りで、選ばれたのは短い方だ。加えて、この傾向はひとつの社会的条件、つまりほかのオスがいる場合に限って見られた。重要な点として、生殖器のこの構造は交尾の前はオスの体内にしまい込まれていて、ほかのマダラナガカメムシは見ることも、測ることも、あるいはほかの方法で特徴を知ることもできない。実際、外科的にこの部分を切除して短くしても、どのオスが交尾するかに影響は見られなかった。それなら、メスはどうやって長さを基準に選択しているのだろう？

研究者たちは、体長を候補から除外した。ひとつ考えられるのは、外部生殖器に付属する1対の把握器だ。この部分は、ほかの種がもつ把握器と同様、交尾の前にメスの生殖器をこじ開ける機能をもつ。複数のオスがいる場合、オスどうしは接触を伴わない何らかの形で把握器を比較しあい、それが体内に隠れたコイル状の挿入器の代替指標になっているのかもしれない。この場合の交尾前淘汰は、じつはメスが見えない生殖器を比べてより短いものを選ぶのではなく、オスどうしが非接触型の武器を使って争うという形をとっているようだ。

「外傷的」精子注入

さて、再びマメゾウムシの話の時間だ。今度はちょっとややこしい。寿命、精液への曝露、オスかメスか、それにこのマメゾウムシ *Callosobruchus maculatus* の交尾回数が関係する、苦難の物語なのだ。マメゾウムシは、これらの要素すべてが理想的な「スイートスポット」に到達しようと奮闘する。だが行き着くところは精液と負傷のトレードオフであり、メスは交尾の際に生殖器にダメージを負うが、その交尾で得た精液のおかげで、けがをするだけの価値のある見返りを得る。

いったいなぜ、生殖器にけがを負うことにそれだけの価値があるのか？　マメゾウムシのオスの挿入器（厳密には反転した内陰茎）は、まるで二又になったスチールブラシだ。剛毛は硬くて粗く、挿入中に交尾相手の内部生殖器を損傷すると言われても納得だし、現実にもそうなっている。

それなのに、メスのなかには繰り返し交尾をする個体がいる。外傷的精子注入の理由のひとつは、メスがほかの求愛オスを受け入れる意欲を削ぐことだとされる。ところがメスは意に介さず、「さあもう1回」といった調子なのだ。交尾回数の効果を調べた研究によれば、2回交尾したメスは早く死ぬが、産卵数が2倍になる。進化的視点から見れば、これは「勝ち」だ。繰り返し交尾したメスは、たとえ早死にしようとも、自分の遺伝子を次世代に広めることができるからだ。でも、メスに2度目の交尾を促すものは何だろう？　産卵数の倍増につながる資源を、どうやって得ているのか？

ここで、婚姻ギフトを思い出してほしい。このマメゾウムシのオスは、とてつもない婚姻ギフトを贈る。射精の際、体重の80パーセントにも達する量の精液を放出するのだ。体重80キログラムのヒトが、一度に64リットルも射精するようなものだ。仮説によると、この大量の精液を2度受け取ったメスは、2倍の栄養を注入されるおかげで、産卵数を倍増させるのに必要な資源を獲得できるが、一方で物理的損傷によって寿命が縮むと考えられる。

そして実際、その通りのことが起きているようだ。のちの研究で、挿入器に長い棘をもつオスは、メスの内部生殖器により多くの精液を送り込むことがわかった。つまり、棘はメスの生殖器に明確な損傷を与えるが、同時に精液由来の栄養を供給するため、こうしたオスがより多く子を残すことにつながる。そして、生まれた子は立派な棘と関連する遺伝子を受け継ぐ。一方、メスも負傷に対していくらかの適応的反応を備えていて、生殖器の内壁が厚く[*24]、また（おそらく）感染を封じ込めるため免疫反応の活性化が見られる。[*25]

交尾栓

挿入に関して、オスのクモはどうしようもなく不器用だ。かれらの挿入器が触肢と呼ばれる特殊化した第1肢であることは前述の通り。その先端にはボクシンググローブかミトンのような構造があり、わたしは「イントロミトン」と呼んでいる（挿入器（intromittum）とミトン（mitun）を合わせた造語）。クモのミトン使いは本当に鈍臭く、不器用さを評定した研究者たちも、挿入の試みには「失敗が蔓延して」おり、調査した151種のクモ（有意義な時間の過ごし方だ）のうち40パーセントで見られたと述べている。うまく挿入できないクモは、こすったり、引っ掻いたり、つついたり、いじくったりしていて、これらは失敗とも、探索とも、あるいは探索の失敗とも解釈できる。[*26]

クモはイントロミトンを不器用に使って、ひとつにはメスにしがみついて自分の体を固定し、挿入に好都合な姿勢をとろうとする。この「予備的姿勢固定」は、挿入を成功に導くひとつの鍵だ。けれども愛撫が下手くそなせいで、ふつうメスが「オスの生殖器によって交尾を身体的に強制される」ことはあまりない。

オスはイントロミトンを正確にメスに挿入し、交尾を強制する術をもたないため、別の解決法が淘汰によって生まれたのだが、こちらは一見したところ、メスよりもオスにとってダメージが大きい。切除（ectomizing）と呼ばれるこの戦術は、「体から突出しているものを折りとる」ことを意味する。この場合、

「切除」されるのはもちろんクモの生殖器だ。メスの体内で折れて分離するのは、触肢全体のこともあれば、その一部のこともある。種によっては、初めから適切な破断箇所に線が入っていることもあり、その位置は種によって異なる。

この方法は、メスよりもオスが損をしているように思える。なにしろ、オスは付属肢の1本またはその一部を失うのに対し、メスはイントロミトンのかけらが飛び出したままうろつき回らなくてはいけなくなるだけだ（場合によっては複数のかけらを詰め込まれることもある）。[*27] けれども、この栓はほかのオスによる挿入の試みを妨げることができ、しかも一部の研究者によれば、時には生涯にわたってそこにとどまる。つまり、メスは以後の繁殖機会を失い、彼女の遺伝子がのちの世代に引き継がれる見込みは小さくなるかもしれない。

メスには挿入可能な内部生殖器が2つあるので、一方に栓がされていても、もう一方は使える場合がある。これを研究者たちは「半処女」と呼ぶ。両方に栓が残っていて、どちらも交尾後とわかる場合は、「2回交尾済み」だ。

メスのクモは、オスと遭遇した際に直接的に負傷することもある。典型的な美しい車輪型の網をつくる

＊24　誰かが調べてくれた！

＊25　Dougherty et al. (2017) によると、この結果は「雌雄間の軍拡競争を裏づけており、これはオスとメスの両方の形質を考慮してはじめて解明できるものだ」。つまり膣も重要なのだ。

＊26　ただし「失敗」のなかには、例えばライバルの精子の除去のように、何らかの機能を果たしているものもあるかもしれない。

＊27　ハシリグモの1種 *Dolomedes tenebrosus* の場合、メスはオスの死体をまるごと引きずって動き回る。オスの全身が交尾栓の役割を果たすのだ（Schwartz et al. 2013）。

コガネグモの一部では、オスが垂体（scape）と呼ばれるメスの生殖器の一部を持ち逃げする。この生殖器の損傷は、交尾栓と同じような効果をもたらし、以後ほかのオスがメスと交尾するのを妨げる。垂体は挿入の際に狙いを定めるのを助ける器官であるためだ。

半分と半分、あわせてひとつ

わたしが以前、ヘビのヘミペニスを生殖器の進化に関する「鍵と錠前」仮説の実例にあげていたことはすでに述べた。今度はヘビのヘミペニスが交尾中に感覚器官として使われる事例を紹介して、過ちを正しておこう。

コモンガーターヘビ *Thamnophis sirtalis* は、北米東部一帯で見られる比較的小型のヘビだ。配色は目立たないが、脇腹に美しい赤い縞模様があり、毒はない。ヘビはみなそうだが、見かけても向こうから関わってこないかぎり、こちらも干渉せず、つつましいヘビ生活の邪魔をしないのが得策だ。

このヘビのヘミペニスは、全体の印象と同じく控えめだ。それぞれの長さは約1センチメートルで、先端には小丘が点在し、それが根元に向かうにつれ棘に変わっている。基部の両側面に1本ずつある棘はとても立派だ。交尾の際は、この棘を含め、ヘミペニス全体がメスの総排出腔に挿入される。

立派な棘の役割に興味をもったパトリシア・ブレナンのチームは、ヘミペニスに棘がなかったらどうなるかを調べた。その結果、棘を除去すると交尾の時間が短くなり、オスが残す交尾栓も小さくなることがわかった。この棘は、オスがメスの体内に引っかけて結合時間を延ばし、より大きな交尾栓を残して、メスが事後にほかのオスと交尾することを防ぐための道具のようだ。

パトリシア・ブレナンの研究室らしく、チームはメスの側の事情も考慮した。そして、メスの総排出腔に麻酔をかけると、交尾時間が長くなることを発見した。さらに、膣の筋収縮が交尾の持続時間を左右することがわかり、メスの神経筋システムの関与が示された。

これらの結果は、交尾の際にオスとメスの間の葛藤と、交尾栓を介したオスどうしの競争があることを裏づけている。折れたイントロミトンという栓を残されたクモのメスと同じように、ヘビのメスもこの障害物によってその後の選択肢が限られ、より多くの（そしてよりすぐれた）相手を選ぶことができなくなる。交尾栓は再度の交尾を遅らせるだけでなく、遅効性の精子カプセルとして、数日間にわたり少しずつ精子を滲出させることもある。実質的に、この期間のメスによる配偶者選択を抑制するのだ。

ただし、すべてのガータースネークにこれが当てはまるわけではない。交尾中の *Thamnophis sirtalis* のメスは比較的じっとしているが、オレンジ色の縞が特徴のプレーンズガーターヘビ *Thamnophis radix* はもっと活発だ。交尾をもう十分と感じると、プレーンズガーターヘビのメスは転げ回ってオスを引き離す。交尾中のオスは奇妙なくらいなすがままで、メスが動きはじめると、オスはヘミペニスを先頭に一緒に引きずられていく。

クジラのペニスを勃たせるには

クジラの膣がどれくらい大きいか、考えたことはあるだろうか？

とにかく大きい。

しかも、種によってこぶや突起の形はさまざまで、おそらくクジラのペニスの特徴と関連している（もちろんペニスも大きくて、それについては次章で）。クジラの膣壁の筋肉からなる部分が、なぜこんなふうに膣の内部にまで伸びているのかは誰にもわからない。だが一説によると、射精後に海水をシャットアウトすることに関係しているのかもしれない。海水は精子を殺すからだ。

クジラのペニスは丈夫な結合組織の繊維でできているため、常に準備万端だ。だが繊維質であるがゆえに、実験室で硬くして、用意しておいたクジラの膣に挿入できるようにするのは難しい。この問題を解決するため、ノバスコシア州ハリファックスにあるダルハウジー大学のダラ・オーバックは、パトリシア・ブレナンと協力した。使ったのはミニサイズのビール樽で、水圧ポンプの作用により、食塩水をいくつかのクジラ類（すべてイルカまたはネズミイルカ）のペニスに送り込んだ。クリエイティブな解決法は科学の醍醐味だ。

チームがクジラのペニスの勃たせ方に頭をひねったのは、解凍した同じ種のクジラの膣とどれだけフィットするかを検証するためだ。サンプルはいずれも自然死した個体から採取された。ついにペニスを膨張させると、それを彼女らは同じ種のクジラの膣に挿入し、両者を縫い合わせて、固定液に浸し、コンピュータートモグラフィーの手法でスキャンした。[*28] その結果、一部の種はぴったりおさまったが、なかにはうまくはまらないものもいて（ハンドウイルカ *Tursiops truncatus* がそうだ）、生殖器のレベルである程度の葛藤があることが示唆された。のちの研究で、ハンドウイルカの膣のひだはペニスの侵入を防ぐのに十分な障壁になっているとわかり、ここから交尾に伴う悪影響がほかの組織に及ぶのを緩和している可能性が考えられる。かれらはイルカ界のカモなのだ。

研究チームは、さらに対象を広げて24種のクジラを調べた。もちろんモットーに忠実に、オスだけでなくメスの生殖器もだ。彼女らは、クジラの膣は「ひときわ」複雑に、また急速に進化したようだと結論づけた。挿入器についての記述そのままだ。この研究は２０１８年に発表されたが、クジラの膣の形態やそれを生み出した淘汰圧については、まだまだ未解明の謎が山積みだ。

膣の逆襲

第3章では、挿入器がさまざまな構造を材料につくられるのを見てきた。研究者たちは、多種多様な構造がどんなふうに挿入器に転用されているかを、畏敬の念をもって記述する傾向にある。それに比べて、あまり関心を向けられてこなかった事実がある。既存の生殖器に加えて、もうひとつの被挿入器官を進化させた種がいるのだ。そう、第2の膣である。

場面は皮下精子注入。主役はトコジラミだ。オスがメスに接近し、皮下注射針のような挿入器をメスに突き刺す。メスは負傷し、死ぬこともある。だが、この途中のどこかで、一部のメスは腹甲の一部を硬化させ、この部分への皮下精子注入はそれほど深刻な事態ではなくなった。こうしたメスたちは生き延び、繁殖し、部分硬化に関連する変異型遺伝子を次世代に受け継いだ[*29]。やがて、メスのなかに皮下注入が何事もなくおこなわれ、重い外傷を負わないだけでなく、その部分に膣によく似た構造をもつものまで現れた。

これはトコジラミに限った話ではない。なかには注入部分から精子を卵管まで誘導する構造を進化させたものまでいる。進化は悪夢のような行動をつくりあげた(「外傷的精子注入」の話を聞くと、トコジラミのメスに同情すらわいてくる)うえに、さらにひねりを加えた。攻撃的に見える注入を拒絶するのではなく、その成功率を高めつつ、メスにとっての被害を減らすような方法を編みだしたのだ。

＊28　画像撮影技術の法則として、撮るものが小さいほど、装置は大きくなる。昆虫の撮影には生物個体を扱う分野のなかで屈指の最先端装置が必要であり、生殖器研究が発明の母であることは、ミニビール樽を使ったソリューションを見ての通りだ。また、昆虫や扁形動物のセックス動画に特化した小規模な業界もあり、そこでは交尾中のハエの「メスの膣歯がオスの把握器と咬合する」などの刺激的なアクションが取り沙汰される。

＊29　硬化した理由はレシリンというタンパク質にある。

性役割の逆転

オスは交尾開始の際に攻撃的に振る舞うと、1985年にエバーハードは書いた。こう考えていたのは彼だけではない。だがもちろん、例外は存在する。例えばマリアナシロカネグモ *Leucauge mariana* の場合、メスはオスの行動に対するいくつかの対抗戦術を備えていて、そのため交尾行動に新たな側面が加わっている。

第1に、メスはオスが残す交尾栓をただ受け入れるわけではない。メスは無条件にではなく、みずからの選択でそれに協力する。さらに、交尾栓をコントロールし、ほかのオスと再度交尾するかどうかを決定するだけでなく、メスはオスを追い回し、鋏角（クモの顎）で捕まえる。オスはこうして捕まらないとメスと交尾できないのだ。メスの鋏角は毛で覆われているので、この拘束は「ヘアリーキス」と呼ばれている。

また、メスは好きな時に交尾を終了させることができる。脚を使って触肢を自分の生殖器から押し出すか、鋏角を開いて「ヘアリーキス」を中断するのだ。このクモのオスには、メスに交尾を強制する物理的手段が何もない。メスがすべて奪ってしまったのだ。

例外は法則を証明する、とよく言われる。では、「オスは攻撃的」という前提に対するこうした例外は、法則を証明するのか、それとも法則に疑問を投げかけるのか？　マリアナシロカネグモのヘアリーキスに加えて、再びマメゾウムシを見てみよう。*Megabruchidius* 属のマメゾウムシの場合、メスはオスより小さいが、それでもオスを追い回し、拒絶するのはオスの方だ。研究者たちは、この種は「役割逆転」を示すと言うが、オスを追い求めるメスの視点からの研究が乏しいことを考えると、このような役割をどこまで逆転と呼べるかを推しはかるのは難しい。

この分野の専門用語が先入観に染まっていると指摘するのはわたしだけではない。２０１１年のある論文の著者たちは、「性的対立の研究では、オスは能動的、メスは受動的といった、性の特徴に関するステレオタイプな記述が見られる」と述べている。著者たちは、刊行済みの論文から用語の一覧を作成し、オスまたはメスにどの用語が結びつけられているかを調べた。その結果、能動的な表現はオスに、受動的な表現はメスに関連づけられていることがわかった。

女性であるわたしがこの文章を書いていることで、また別のバイアスがかかっていると言われるかもしれない。だが先の論文では、オスの能動的な行動が常に「加害的」であり、メスはそれに反応すると示唆するような言葉遣いも見られた。しかも、メスの「反応」の効果は文献のなかでは明示されない傾向にあった。このことは、生殖器は世代を超えたコール・アンド・レスポンスによって進化するという、進化の原理とは相容れない。

もうひとつの問題は、あまりに多くの研究がオスの生殖器だけにフォーカスしていることだ。それどころか２０１４年の調査により、状況は「２０００年以降悪化」しており、不動のメスの生殖器と、セックスにおけるオスの役割の優越という「根強い先入観」が、偏向に反映されているとわかった。

すでに述べたように、オスの挿入器の進化の速さを説明したいなら、何らかの形の共進化を含む性淘汰の枠組みが不可欠だ。にもかかわらず、オスだけがすべての変化を引き受け、メスは静止したままといった状況は理屈に合わないと指摘する人は、あまりに少ない。メスの生殖器は静止しているわけでも、ほとんど変化していないわけでもなく、ただ十分に調べられていないだけではないだろうか。

エバーハードが性淘汰に関する大著を刊行し、メスの選択の重要性を説いてから30年以上が経った２０１６年になっても、なおメスの生殖器の研究がもっと必要だと訴える論文が書かれている。この論文の著者たちは、メスの生殖器には「些細とは言えないくらいの」多様性があり、「メスの生殖器は複数のメカニズムによって急速に多様化しうる」と述べている。世界は研究の進展を待っているのだ。

無駄遣いと呼ばれて

あるいは、世界の一部は待っていると言うべきかもしれない。こんなふうに生殖器を撮影し、スキャンし、ビール樽を使って勃起させるのは、莫大な予算と資源の無駄遣いだと考える人も少なくないからだ。マメゾウムシの膣の傷や、ツェツェバエの求愛のディテールなんて、誰が気にかけるっていうんだ？　科学ではなく経営学の学位をもつ、米国のある上院議員は、もっともばかばかしく無駄に思える科学研究に（研究者が税金を巻き上げているという意味を込めて）「ゴールデンフリース賞」を贈るキャンペーンを数年間おこなっていた〔動詞のfleeceには「ぼったくる、金を巻き上げる」といった意味がある〕。これに続き、同じような不名誉を着せる運動がいくつも立ち上がった。

　こうした批判者たちは、地球上に生きているのはわたしたちだけではないと知ったら驚くかもしれない。この星には無数の種が生息している。そして、このような基礎研究[*30]は、人類を救うという明確な目標をもっておこなわれたものではないにもかかわらず、まさにそれにつながる道筋を何度も繰り返し示してきた。ありとあらゆる動物の生殖器を研究するパトリシア・ブレナンは、助成金への批判でたびたび狙い撃ちされてきた。それに対し、彼女は共同研究者とともに、この種の研究を遂行する研究者のための、力のこもった防御対応計画を書き上げた。生物学研究の知見は、ヒトの神経科学、寄生虫根絶、国家安全保障、さらには航空安全[*31]まで、ありとあらゆる成果に関連している。

　昆虫のセックス、とくにメスの選択の解明が喫緊の課題であることを裏づける、最近の例をあげよう。

蚊がジカ熱、黄熱病、デング熱、チクングニア熱のウイルスを媒介する地域では、公衆衛生当局が蚊の個体数を減らす方法を模索してきた。アプローチのひとつが、繁殖が「行き止まり」に至るように遺伝子導入された蚊を使うことだ。この蚊はテトラサイクリンという抗生物質がないと生きられなくなる遺伝子を次世代に受け渡す。蚊はふつう抗生物質を服用しないので、[*32] 野生集団に侵入した遺伝子導入オスはメスと交尾し、生まれた子はテトラサイクリンがないと正常に発達できないため、やがて個体群は崩壊に至る、という筋書きだ。

遺伝子操作した蚊の放虫は、当初は対象エリアでの蚊の個体数の激減につながった。ところが、遺伝子導入蚊の子の一部は生存し繁殖した。蚊の個体数は再び増加に転じ、放出個体に由来する遺伝子を明らかに備えているにもかかわらず、まったく正常に生きて繁殖する個体が出現した。

研究者たちは原因を次のように考えている。最初にまとめて放虫された時、遺伝子導入オスはきわめて数が多く、どこでも多数派を占めていたため、メスはこれらのオスと交尾した。だが、個体数が減少するにつれ、メスは遺伝子導入オスやその子孫と、生き残った野生型を区別できるようになり、野生型のオスを好んだ。その結果、手を加えられていないオスが交尾の機会を得る一方、遺伝子導入オスとその子孫はスルーされ、かくして蚊の個体数はほぼ放虫前の水準に戻った。

蚊のメスの選択を理解することの重要性は明らかだ。メスは何を手がかりに、野生型のオスと、一見したところ正常に見える遺伝子導入オスやその子孫を区別し、前者を選んでいるのだろう？　研究対象とな

＊30　発見のための研究のこと。
＊31　鳥の渡りルートの詳細が明らかになれば、航空機はそれを回避できる。
＊32　ただし、抗生物質を服用している人の血を吸うことで曝露される可能性はある。

った蚊のメスは生涯に一度しか交尾せず、配偶者選択の基準は今も謎のままだ。オスとメスが音声シグナルを同期させることが関係しているのかもしれないが、確かなことは誰にもわからない。

基礎研究のおかげで、メスが気に入らないオスを追い払うことはわかっている。この研究が発表されたのは2019年で、実験室で飼育された蚊を使ったものなので、野生のメスの配偶者選択の要因はまだ解明されていない。メスの選択とその結果をさらに掘り下げて研究し、選択基準の正体がわかれば、メスがなぜ遺伝子導入を受けておらずハイブリッドでもないオスを好むのかについて、手がかりが得られるだろう。[*33] そうなれば、遺伝子導入放虫プログラムを成功に導く方法がわかり、人命が救われるだろう。世界はそんな進展を待っている。

＊33　遺伝子導入あるいはハイブリッドのオスの挿入器に関する文献は見たことがないので、こうした構造が何らかの役割を果たしたかどうかは定かではない。この疑問にも、基礎研究によって答えが出せるはずだ。

第6章　サイズの問題

ヒトがペニスについて話す時、しばしばサイズの比較がテーマになる。「誰のがいちばん大きい?」と、人々は考える。答えに満足がいかない(つまり、ヒトにスポットライトが当たらない)と、ゴールポストを動かしはじめる。体サイズ比で、体高比で、あるいは特定の分類群(例えば霊長目)のなかでは最大、というように。この章ではいくつかの方法で「世界最大のペニス」を選定し、優勝者を決定することにしよう。ただし、ネタバレになるが、ヒトは表彰台には登れない。

ペニスのポスター

レーガン政権末期、物理学者からアーティストに転向したジム・ノールトンという人物が、主要誌にあるポスターの販売広告を掲載しはじめた。その名も「動物界のペニス」。網羅的な比較でもなければ、とりたててよく描けているわけでもなかったが、上品ぶった時代背景のなかで、このポスターはおおいに物議をかもした。『プレイボーイ』でさえ揉めたほどで、リベラル誌の『ザ・ネーション』に至っては、掲載に賛成する社員と反対する経営陣が対立する事態に陥った。一方、ノールトンは毎年数千点のポスターを売り上げた。権威あるニュースメディアが最高裁判事候補やドナルド・トランプのペニスについて報道する昨今では、およそ考えられない話だ。過ぎ去りし日々の大騒動は、今ではずいぶん珍妙に思える。

件のポスターを飾る場所として、アイスランドペニス博物館はじつに適切だ。この小さな博物館には、キュレーターがかき集めたペニスに関するありとあらゆるものが展示されている。このポスターで面白いのは、ヒトのペニスが右端に、いちばん小さなモノとして描かれているところだ。もちろん、これは事実とは異なる。この星にはショウジョウバエだっているし、ヒトのペニスはほとんどの霊長類のそれよりも大きい。だが、このポスターの魅力と、その掲載をめぐる騒動は、巨根に対する根深く屈折した人々の関心を示している。

自分のそれよりも大きな、ヒト以外の動物のペニスを見たいなら(パニック映画が人気を博すのと同じ理屈で、誰だって見たいはず)、アイスランドペニス博物館は目的地にぴったりだ。海に囲まれたアイスランドという土地柄、初代館長シグルズル・ヒャールタルソンのコレクションの多くは鯨類のものであり、言うまでもないが、長さでも重さでも、クジラのペニスは巨大だ。

コレクションの目玉は、2メートル近いマッコウクジラの陰茎(の一部)だ。展示されているのは先端部分で、全体はずっと大きく、300キログラムを超えていたかもしれない。確かに圧巻だが、大きさではそれに及ばないゾウのペニスの方がなぜか目を惹く。壁に掲げられ、挑みかかるように来館者の方を向いているからだろうか。

けれども、巨大だが特徴に乏しいペニスを見るだけで、オスのゾウは少なくとも交尾に関して、戦士というより優しい恋人であることがわかる。何の「武装」も見られないからだ。じつは、ペニスの大型化は、常にとは言えないが、しばしば「武装」の解除と並行して起こる。陸生哺乳類で最大の、平均90センチメートルのペニスを誇るマルミミゾウ *Loxodonta cyclotis* は、この関係の究極の実例だ。

マルミミゾウの求愛に関する1914年の記述によると、オスはメスを「愛撫」したあと、鼻を交差させ、先端をお互いの口の中に入れる。交尾の前に、オスはメスの協力のもと、メスの検体の化学検査をするのだ。さらに研究によると、交尾が終わったあと、群れのほかのメンバーが周りを取り囲み、おのおのオスとメスから「検体採取」して、幸せなカップルの交尾を祝うという。ゾウにとって、情交は集団全体で育むものなのだ。

サイズ競争で難しいのは、「巨大さ」を定義する方法がいくつもあることだ。重さ、長さ、太さ、それとも持ち主の体に占める比率？　長さで言えば、平均2・4メートルに達するシロナガスクジラが優勝だ。けれども比率に注目するなら、フジツボがクジラを大きく引き離す。シロナガスクジラのペニスの長さは全長のわずか10分の1にすぎないが、一部の種のフジツボは、体の8倍に及ぶ長さの陰茎をもつ。

もしフジツボがシロナガスクジラと同じ大きさなら、そのペニスは平均で200メートル弱だ。誰あろうチャールズ・ダーウィンも、フジツボのペニスの途方もない大きさに驚嘆し、「すばらしく発達」していると評した。進化生物学の父から贈られた、大いなる栄誉だ。

クジラは時に3Pに興じ、とくにコククジラで頻繁に見られる（組み合わせはオス2頭にメス1頭）。その方がやりやすいから、というわけではない。オスたちは向きを変え、体をすり寄せ、かなりの体力を消耗させながら、ヒレを駆使して「強要」しようとするが、それでもメスから拒まれる。メスは何日も拒絶しつづけることさえある。彼女は背泳ぎに体勢を変え、腹と腹を合わせるクジラの交尾体勢をとれなくして、（少なくとも視覚的に）メッセージを送る。読者のみなさんのなかにも、この行動の裏にある明確な意味を読み取れる人は少なくないはずだ。

クジラはそもそも、なぜ2頭のオスが参加する状況をつくるのだろう？　じつは、オスのどちらかが交尾している間、もう片方はサポート役と物理的な支えを兼ね、そのあと役割を交代するのだ。このように、クジラのオスたちは交尾をめぐり、争う代わりに協力する。

ダーウィンの取り調べ

すでに述べた通り、ダーウィンは途方もなくフジツボに魅了され、4部もの長大なモノグラフを書き上げた。[*1] どこかの誰かがフジツボについて何かを知っていそうな気配を察するたび、彼はあらゆる情報をかき集めようと手を尽くした。ダーウィンの憑かれたような関心を、彼自身の言葉で物語るのが、フジツボのセックスを観察した知人に宛てた質問攻めの書簡だ。目を見張るような質問リストのなかには、挿入が「事実上のレイプ」だったのかを問う、次のような文章があった。

長吻状のペニスは複数の個体に挿入されていましたか？　挿入時間はどれくらいでしたか？　深く挿入されていましたか、また殻のどちら側に挿入されていましたか？　挿入中、受け入れ側の個体の蔓脚は出たままでしたか？　蓋板を大きく開いて挿入器を受け入れていましたか？　わたしは受け入れ側が自発的に関与していたのか、姦通者だったのか、それとも行為が事実上の強姦だったのかを、ぜひとも知りたいと願っています。わたしが思うに、受け入れ側が健康であったなら、同意なしに何かを挿入することは不可能です。交尾していた個体は水中にいましたか？

ダーウィンは答えを（Eメールのない当時にしては）長く待たされずに済んだ。友人はすぐに、数々の質問に余すところなく丁寧に答えた返書をダーウィンに送った。この友人は、唯一の後悔は「過程をもっと厳密に観察」しなかったことだと述べつつ、「かれらの好色な性質を再び気の済むまで」観察できる機会があることを願った。この回答のおかげで、ダーウィンの好奇心はある程度満たされた。挿入の深さ（「わたしの見るかぎり、さほど深くありません」）や、同意の有無（「受け入れ側には……挿入側を歓迎している証拠が見受けられます」）に加え、挿入時間は数秒だったことがわかったのだ。

「小さいやつ」の発見

時は1835年1月中旬。25歳の若きチャールズ・ダーウィンは、チリ南西部の沖合に浮かぶグアイテカス諸島のある島の浜辺を歩いていた。彼を含めビーグル号の乗員たちは、ハリケーン並みの暴風により数日間の停泊を余儀なくされていた。ダーウィンは荒天の合間を縫って、何よりも好きなことに取り組んだ。二度と戻らないであろう場所での自然探索だ。ナチュラリストの鋭い観察眼は、地味なロコガイ *Concholepas concholepas* の殻をとらえた（この巻貝はチリアワビとも呼ばれるが、じつはアワビの1種ではない）。何か変だ。その貝殻は、大陸で見たものとは見た目が異なり、無数の小さな穴があいていた。ダーウィンでなければ気にも留めなかっただろう。

興味をもったダーウィンは、貝殻をビーグル号に持ち帰り、針で穴を突いてみた。古今東西、好奇心旺

＊1　ひとつのテーマで途方もない仕事に没頭した経験のある人がみなそうであるように、ダーウィンにもフジツボに絶望し嫌悪した瞬間があった。1852年10月のある手紙で、彼はこう述べている。「わたしは人類の歴史において類を見ないほどフジツボを憎んでいます。船の航行を邪魔されている船乗りでさえ、わたしには及びません」。同じ手紙で、彼は妻についても言及した。「エマには近頃すっかり無視されていて、わたしたちには1年以上も子どもが生まれていません」

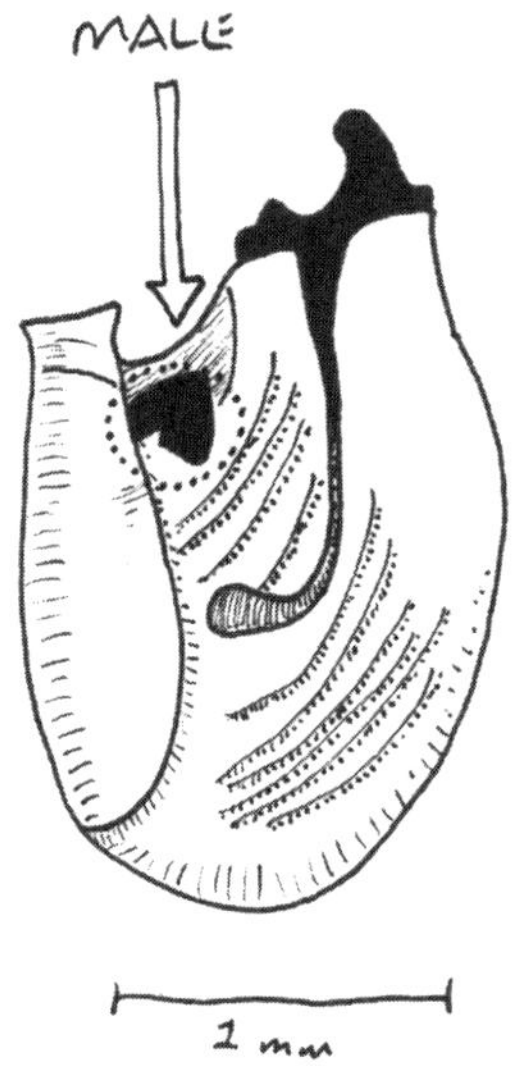

図 6-1　メスの *Cryptophialus minutus* に付着している「小さいやつ」（破線囲い）。Darwin 1854 に基づく W. G. Kunze によるスケッチ。

盛なヒトに棒を持たせたら、こうせずにはいられない。そして顕微鏡で観察すると、穴に棲む黄色っぽい極小の動物が何十匹も見つかった。これには彼も喜んだに違いない。この動物に殻はなかったが、ダーウィンはフジツボとの類似性に気づいた。それにしても、なんとも理解しがたい生物だった。フジツボといえば、ふつうは硬い殻で体を覆い、物体の側面にしっかり貼り付いているものだ。ほかの動物の殻にあいた穴の中に縮こまっている、蠕虫めいた生き物ではない。考え事はほかにもあり、旅路はまだまだ続く。[*2] 大事な標本を保存して収蔵すると、ダーウィンの関心はよそへと移った。

それでも、このフジツボ似の動物が彼の記憶から消えることはなかった。イングランドに帰国した直後、彼は標本を見直した。この動物にはちょっと遊び心のある愉快なあだ名がふさわしいと思ったダーウィンは、これを「ミスター・アルスロバラヌス」〔arthro は「節」、balanus は「フジツボ」を意味する〕、あるいは「小さいやつ」と呼んだ。

10年後、ダーウィンはフジツボに関する大著に着手した。1846年から本格的に執筆を開始し、1854年にようやく全4巻が完成する、1200ページを超えるこの著作は、数百種に及ぶフジツボそれぞれにつき最低ひとつの挿画が添えられていた。フジツボへの彼の献身、というより執心の理由のひとつが、あのチリ沖の島の浜辺で見つけた「小さいやつ」だった。あの極小の生き物の正体を突き止め、フジツボの分類体系のどこに位置するかを解明したいという思いが、すべてのフジツボの詳細な検討へと彼を突き動かし、彼は少しずつ分類群全体の理解を深めていった。本当に、ダーウィンは何をするにも徹底している。

幸運な偶然により、ありふれたもののなかに並外れた何かを見出し、ありとあらゆる知見を総動員してその探究にあたった結果、2つの重要な洞察がもたらされた。第1に、この逸話を教えてくれた海洋生物学者のファン・カルロス・カスティーリャいわく、ある生物の巨大なグループをまるごと綿密に分類し検討するというアプローチをとらざるを得なかったこのフジツボ研究を通して、ダーウィンは『種の起源』における分類に関する議論の進め方を会得した。[*3] つまり、地球の裏側の浜辺でたまたま見つけた貝殻は、四半世紀後、科学史上もっとも重要な書物のひとつの完成へ、そして自然淘汰を通じて生物集団が変化するという理論と根拠の確立につながったのだ。ありがとう、「小さいやつ」!

第2の重要な洞察は、「小さいやつ」そのものから得られた。結局ダーウィンは、ミスター・アルスロバラヌスはフジツボの1種だが、独立した(当時は)未知のグループに属すると判断した。こうしてミスター・アルスロバラヌスは新種の生物、*Cryptophialus minutus* として記載された。また、「彼」の性別も訂正しなければならなかった。ダーウィンが貝殻の穴からほじくり出した小さいやつは、じつはメスだったのだ。この種は既知のフジツボの最小種で、2~7頭のオスが大型のメス1頭に付着し、数十個の卵を受精させる。

そして、この小さいやつ(とチャールズ・ダーウィン)が、人類に最大級の小さな贈り物を与えてくれた。

*2 ビーグル号がイングランドに帰国したのは1836年10月だ。
*3 ただし彼は、「この仕事にこれほど時間をかける価値があるのかどうか」に疑問を抱いてもいた。

体サイズとの比率において、地球上のあらゆる動物のなかで最大のペニスだ。なんと全長の9倍にも達する。もっとも、オス自身の大きさは1ミリメートルの3分の1にも満たないため、ペニスのサイズも絶対値としては3ミリメートル以下と、ほとんど顕微鏡レベルなのだが。ヒトに換算すると、成人男性にザトウクジラの全長に匹敵するペニスがついていることになる。明らかにやりすぎだ。[*4]

Limax のクライマックス

次のエントリーにして、銀メダルを獲得するのは、*Limax* 属のナメクジだ。基準はこちらも相対サイズで、かれらのペニスは全長の7倍に達する。12センチメートルしかないナメクジが、84センチメートルもの長さのペニスをもつのだ。しかも、けっして見かけ倒しではない。かれらはペニスで驚異のスペクタクルをやってのける。

相対サイズは *Limax* 属のなかでも種によってさまざまだ。最長記録保持者は *Limax redii* で、*Limax corsicus* はそれより少し短い。属内最大種であるマダラコウラナメクジ *Limax maximus* は、ペニスの大きさでは王座を譲るものの、かれらのペニスもまた全長を優に上回る。そして、奇抜なペニスの使い方(と使用場所)では、十分に特別賞に値する。

マダラコウラナメクジはヒョウのような斑点をもち、ぬるぬるして、ナメクジらしく動きはスローだ。けれども、魅惑的な香りの粘液に惹かれ、痕跡をたどって1匹が枝の上の別の個体に出会う時、マジックが起こる。最初、かれらはぬるぬるの体と体を密着させて絡みあう。そして巻きついたり身をよじったりを繰り返しながら、2匹は一体となったまま、ぎらつく濃厚な粘液の糸を垂らして降下しはじめる。その間かれらは、19世紀の動物学者ライオネル・E・アダムズの記述によれば、「お互いの体から生じた粘液をせっせと食べている」。懸垂降下の最中も、ナメクジたちは動きを止めず、何カ月も離れ離れだった恋人たちのような熱い抱擁を続ける。[*5]

粘液のロープにぶら下がって回転しながら、2匹は長く分厚い半透明の青いペニスを頭の側面から伸ばし、アンテナで周囲を探るように、空中でゆらゆらと動かす。ペニスは時折、先端がフリル状になりながら探索と伸長を続け、ついにはナメクジ本体と同様、ペニスどうしもお互いを包むように絡みあう。まるで別種の生物の2つがいが共同作業をしているようだ。

2本のペニスはきつく結ばれ、あたかも発光する球根状の物体がひとつ、交尾中のつがいの下に垂れているようだ。このペニスの塊は、長時間にわたって膨張し、雲のようになんとも形容しがたく変形を重ねる。ただし、じつはこの形状変化はきわめて固定的で、順番通りに起こる（図6－2参照）。

すべてが終わるとペニスは収納され、粘液ロープを維持している個体がもう1匹を引き離し、ぶっきらぼうに地面に落とす。落とされた個体は最大15分ほど「疲れ切った様子で、微動だにせず」[*6] そこにとどまるが、まだ空中にいる方は粘液を食べながら上昇しはじめる。試合終了だ。アダムズは、屋外トイレから突き出た梁に、交尾中のペアがぶら下がっているのを見たことがあると述べている。そんな経験をしたら、次から屋外トイレに入るのを躊躇してしまいそうだ。[*7]

いったいどうしてぶら下がる必要があるのか、ふつうのナメクジのように地面でセックスできないのか

＊4　これらのフジツボは雌雄同体ではない。
＊5　この抱擁の際、ナメクジは必ず反時計回りに回転する。
＊6　本書の執筆中、わたしはたくさんの動物のセックス動画を視聴したが、マダラコウラナメクジの動画はダントツに奇妙で記憶に残るものだった。星5つ。

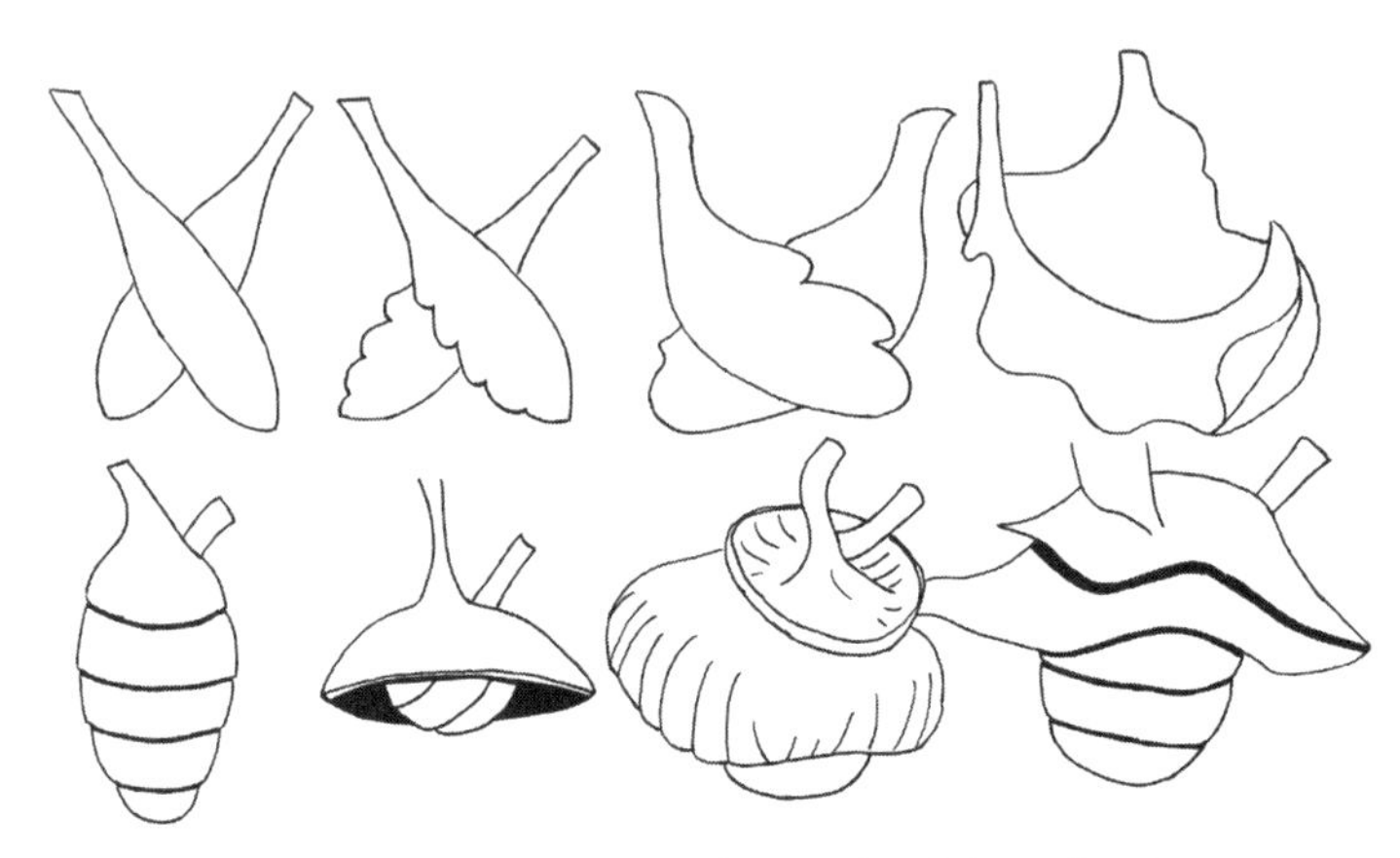

図 6-2　マダラコウラナメクジの交尾の過程で突出し、絡みあうペニスがとる形状。順序は左→右、上→下。Adams 1898 の原画に基づく W. G. Kunze によるスケッチ。

と、不思議に思う人もいるだろう。[*8] ひとつの可能性として、ペニスが並外れて大きいために、重力の助けを借りる必要があり、ぶら下げた生殖器を絡めあいながら精子を交換し、双方の卵を受精させるのだろうと考えられている。粘液の紐に吊るされたままの空中セックスに、重力の助けを借りたペニス団子？　パーティーにぴったりのペニス小噺部門では、このナメクジが文句なしの優勝だ。

海辺の大勝負

２０１９年１月、ポイント・レイズ国立海浜公園の駐車場が占拠され、近隣住民たちは未曾有の事態に震撼した。35日間にわたる連邦政府閉鎖により、駐車場と周辺地域の警備が手薄になっていたことが、侵入者に絶好の機会を提供し、占拠事件に発展したのだ。

しかし、侵入者がヒトにもたらす脅威は、ヒトが１５０年にわたっておこなってきたかれらへの迫害と比べれば、じつに瑣末なものだった。19世紀に狩猟によって絶滅寸前に追い詰められた、このキタゾウアザラシ *Mirounga angustirostris* のコロニーは、ただ自分たちのなわばりの所有権を主張しただけなのだ。アスファルトの駐車場と、そこから太平洋に続くドレイクス・ビーチの砂浜は、われわれのものであると。どのアザラシも、ヒトが実行した大量殺戮により、一時は総勢わずか数十頭まで減少した、個体群ボトルネックの生存者たちの子孫だ。

占拠が起こる前、公園のレンジャーたちは長年、人でごった返すビーチとビジターセンターからアザラシを追い払っていた。ヒトとアザラシの望まぬ接触は、けっしていい結果にはつながらないからだ。オスのゾウアザラシはきわめて攻撃的で、体重2・5トンに達し、メスでも1トン近くになる。この時のグループは50頭のメスと、彼女たちを支配する1頭のオス、それに周辺を徘徊する数頭のオスからなり、かれらは連邦政府閉鎖で人の気配が薄れた機に乗じ、駐車場とビーチに居座った。やがて40頭の子アザラシも誕生した。

駐車場とビーチの全面閉鎖期間のあと、公園当局は規制を緩め、少数の来園者を受け入れはじめた。かれらの多くは、ポイント・レイズ国立海浜公園内で実施されてきた、哺乳類への接近に関する厳しい規制に慣れていた。というか、ヒトがキタゾウアザラシにこれほど接近できるのは、過去数十年で初めてのことだった。そんなわけで、わたしたち家族はもちろん観察会に参加した。

氷の針と砂で顔を痛めつけるような強風のなか、わたしたちはキタゾウアザラシの交尾をじかに目の当

＊7　英国のナチュラリストたちは、地下室や排水溝にいるこのナメクジに感謝を示している。家の中の暗がりに潜むかれらは、「パイプにたまったべとべとした油汚れ」を食べ、排水溝をきれいに保ってくれる「もっとも役に立つ住人」とされた。
＊8　ナメクジについて言いたいことはまだまだある。かれらに「ふつう」は存在しない。

たりにした。1頭のメスが突然、脅威を感じとり、ぎこちなく砂浜から海に向かって逃げだした。わたしたちは、フェンスの後ろから彼女を見守りつつ、目の前にあるゾウアザラシの死体のような砂丘の正体について、15分ほど意見を交わしていた。その間に、2頭の劣位オスがむくりと起き上がり、逃げたメスを追いかけてドタドタと動きだした。メスはヒトには感知できない何らかのシグナルに反応していたようだ。

2頭はメスの前で鉢合わせし、彼女にマウントを試みた。メスはどうにか逃げ切ろうともがき、騒々しい叫び声が風に乗って響き渡る。彼女がまだ強制交尾を免れているのは、2頭のオスが唐突にいがみ合い、乱闘が勃発したからでしかない。

オスたちがメスに交尾を強いるのを見るのは気が滅入る。わたしたちは2頭の注意がメスから外れたことに安心した。ところが、そんな話をするやいなや、目の前の砂丘が塵を巻き上げて崩壊し、巨大なオスのゾウアザラシが姿を現した。正真正銘の本物で、ちっとも死んでなどいなかった彼は、ヒトでもきっと追いつかれるくらいの猛スピードでメスに迫った。彼女はもちろん逃げ切れない。メスに追いついたオスは、波打ち際で交尾を完遂した。

公園を去る直前、勤務中だったレンジャーと話したところ、前日にも同じようなことが起こったという。ただしこの時は、駐車場のゴミ箱のすぐ隣だったそうだ。「そこらじゅう血だらけでした」と、彼女はオスたちの死闘に言及した。「子どもたちは泣き叫んでいましたよ」

キタゾウアザラシは鰭脚類であり、アザラシ、アシカ、セイウチの仲間だ。鰭脚類の一般的な傾向として、1頭の優位オスが多数のメスを囲うハーレムを形成し、劣位のオスたちはその周辺になわばりを構えるものの、順位が下がるほどメスたちから遠くなる。ここから、優位オスは交尾を狙う劣位オスの脅威にさらされており、やかましい獣たちの間で板挟みになったメスたちには、回避する力はほとんどないと考えられる。

求愛と呼べるものは存在せず、交尾に至るプロセス全体において、オスはサイズと体重、さらに時には牙でメスを圧倒する。こうした事実を考慮すれば、ゾウアザラシのペニスは武器化を極めているか、少なくとも顕著に太くて長く、逃げようとするメスの抵抗をねじ伏せるものになっていそうに思える。

だが、鰭脚類の研究者によれば、オスを拒むメスは最終的には逃げ切るという。逆に、交尾を受け入れたメスははるかに受動的で、じっと寝そべり、お尻をあげて挿入を助ける姿勢まで取る。メスの協力を受けて挿入したオスは、哺乳類の交尾の典型であるスラスト（腰を前後に動かす反復運動）をおこなう。

わたしたちがビーチで目撃したぞっとするような光景は、ゾウアザラシの研究論文における記述とほぼ完全に一致する。メスは交尾を試みる劣位オスに対し、声と行動で反応して、ほかのオスの注意を惹き、オスたちはお互いを相手に闘争を開始する。交尾するのは最優位のオスだ。言い換えれば、メスはオスどうしの闘争をけしかけ、配偶相手の候補者をふるいにかけて、みずから選択しているのかもしれない。

オスを拒絶するメスは、さまざまな戦術を駆使する。大声をあげてほかのオスの関心を集めるのもそうだし、迫り来るオスの顔に砂をかけることもある（正直に言って、ヒトとほかの動物の類似には、時に本当に驚かされる）。メスが拒絶するかどうかは、自身が発情している（つまり繁殖の準備ができている）かどうかによっても変わる。非発情メスはマウントしようとするオスを例外なく拒絶するが、発情の段階が進むにつれ、メスはますますおとなしくなり、受動的反応を示すようになる。

そんなわけで、わたしたちがビーチで見た光景は、一見メスにとってトラウマになりそうに思えた（そして帰りの車内では人間目線で振り返らずにはいられなかった）が、実際はわたしたちが考えるよりも、メスが状況をコントロールしていたのかもしれない。彼女は持てるツールを（声をあげ、砂をかけ、それに立派な下半身を左右にスイングして）フル活用してオスを拒絶し、また拒絶のために応援を呼んだ。応援に来てもらうこともまた、ふるいにかける手段のひとつであり、優位の座をめぐるオスどうしの闘争をお膳立てする。

ゾウアザラシのオスにはゾウの鼻のような巨大な吻があり、この部分がふくらんで屹立し、耳をつんざくトランペットのような声を響かせる。このパフォーマンスと攻撃性は、かれらがメスを獲得するためのツールであると同時に、ほかのオスとの闘争にも使われる。オスは交尾に関連するリソースの大部分を交尾前の段階につぎ込んでいて、交尾後に重要になる形質、例えば生殖器にはわりあい無頓着だ。

受動的に受け入れるメスに対してしか使われないとなれば、鰭脚類のペニスがあまり武器化しておらず、ピンク色で武装のない、見慣れた形をしていることは、なんら不思議ではない。

ゾウアザラシの陰茎骨は鰭脚類で最大級であり、30センチメートル弱に達する。ペニスもそれに見合ったサイズだ。これより長い陰茎骨をもつ鰭脚類はセイウチだけで、50センチメートルを優に超える。だが体重比で見ると、ゾウアザラシの陰茎骨は鰭脚類としては小さい部類であり、1センチメートルあたり81キログラムとなる。[*9] 陰茎骨が長いほど、陸上での交尾中に折れるリスクが増大するのではないかと考える研究者もいる。[*10] このように、巨大なゾウアザラシは、ペニスとその骨に関しては小さい（といっても絶対値ではヒトのそれより大きい）のだ。

センセーショナルなクジラ

とどのつまり、巨体を誇る鰭脚類は、ペニスに関してはどの賞も獲得できない。では、別の「超大型海生哺乳類（MMOUS）」[*11]、すなわちクジラはどうだろう？

まず注目すべきは、かれらの骨盤だ。

そう、クジラには骨盤がある。だが、そこに接続するはずの後肢はない。なぜ骨盤があるのか、疑問に思うのも当然だ。あらゆる特徴に適応を見出すのを嫌う人なら、まあ、ただあるだけなんじゃないの、と答えるだろう。盲腸と同じで、痕跡器官だと。だが、盲腸が「痕跡」器官と考えられていたのは昔の話で、今では免疫系の一部としての機能を裏づける証拠が豊富に見つかっている。

クジラの骨盤は、わたしの知るかぎり、免疫系に重要な役割を果たしてはいない。だが、現生のクジラ94種のうち92種に見られること[*12]から、何らかの理由があって存続しているのだろう。ただし、骨は非常に小さく、骨盤を形成する複数の骨[*13]のうち、どれにあたるのかは不明だ。

どの骨かはともかく、研究者たちはクジラの骨盤が、ペニスを小回りのきかない重量級の爪のように操る能力を左右することを突き止めた。細かく操作してトリックができるタイプの爪を、みなさんも見たことがあるだろう。このような爪の持ち手には、左右に糸がついていて、角度を自在に変化させ、宙返りや急降下やツイストができるようになっている。

クジラのペニスは爪ではないが、列車の車両並みに大きなパートナーに合わせて動く際、水中でかなり妙な角度をとる。爪を操作する持ち手のように、クジラの骨盤にはペニスを自在に動かす筋肉が結合しているのだ。ここで曲がって、そこで下げて、横に反転してといった具合に、繊維質で円錐形のペニスの動きは自由自在だ。この筋肉はほかの哺乳類においても重要で、ヒトではここに麻酔をかけると勃起が弱まる。ラットでは効果がさらに劇的で、筋肉のはたらきを阻害すると「ペニスフリップ」(上向きに反転する

＊9　比較のために、平均的なヒトの男性のペニスの長さを16・5センチメートル、体重を77キログラムとすると、1センチメートルあたり4・7キログラムとなる。
＊10　最長の陰茎骨をもつセイウチは、交尾のほとんどを水中でおこなう。
＊11　『プリンセス・ブライド・ストーリー』にならった略称。この作品のネタはこれで最後だ。
＊12　残りの2種は骨ではなく軟骨をもつ。
＊13　選択肢は坐骨、腸骨、恥骨だ。

動き）が不可能になり、膣に挿入できない。

ほかの哺乳類の骨盤のはたらきを知ることで、謎に満ちたクジラの繁殖行動を解明する手がかりが得られる。これまで研究された種については、性淘汰が強く作用している（メスが複数のオスと交尾する）種の方が、骨盤がやや立派で、ペニスも大きい傾向にあるのだ。研究者たちは、肋骨を比較対象として、これらの大きさが単に体のサイズに応じて変化しているだけでないことを確かめた。また、このような種は精巣も相対的に大きく、受精をめぐる熾烈な競争に備え、大量の精子をつくる必要があることが示唆された。

これらの発見の重要性は、直感的に明らかとまでは言えないかもしれないが、こういうことだ。クジラの骨盤は、ほかの何にも接続していない。ほかに役割があるわけでもない。ペニスをぐるぐる動かすことがすべてだ。つまり、骨盤はペニスのアシスト役であり、生殖器の延長とみなすことができる。したがって、ペニスがくぐり抜けた淘汰圧は、骨盤にも反映されているはずで、実際にそうなっているらしいのだ。

クジラにはなぜフリップするペニスが必要なのだろう？　この章ですでに学んだように、一部のクジラのメスは色ぼけしたオスの追跡に対し、上下反転して水面近くを背泳ぎし、探りを入れようとする陰茎から生殖孔を遠ざける。骨盤でペニスを爪のように操るオスは、それでも巧妙に角度を変えて、交尾をやりとげるのかもしれない。

みなさんが本当に知りたいのは、どのクジラのペニスが最大なのかだろう。それではお待ちかね、クジラのペニスについての事実の発表といこう。

セミクジラ *Eubalaena japonica* は、2つ合わせて約1トンに達する巨大な精巣と、約2・7メートルのペニスをもつ。後者については、最長記録保持者のシロナガスクジラ（長さ3・7メートル、直径30センチメートル）には及ばない。だが、セミクジラの精巣の重さは、シロナガスクジラのそれの約10倍だ。

体サイズと比べた相対長では、セミクジラとホッキョククジラ *Balaena mysticetus* のペニスは全長の14

パーセント以上で、すべてのクジラのなかで最大だ。体サイズ比でのペニスの大きさからも、これらの種が繁殖をめぐる熾烈な競争にさらされていることが示唆される。ほかのクジラでは、この数値は8～11パーセントの範囲に収まる。

エアバッグ挿入器

わたしの博士研究の対象はミシシッピアカミミガメだった。わたしはこのカメの繁殖システムのさまざまな側面を調べあげるのに、5年の歳月を費やした。そんなわけで、カメのペニスの動画があると聞けば、わたしは見ずにはいられない。時にはそれで後悔することもある。

と言いつつも、やはり魅了されてしまう。カメの陰茎には、わたしたちから見るとてもペニスには見えないものもある。例えばアカアシガメ *Chelonoidis carbonarius* のペニスは大きく、長く、紫色で、先端にコーヒーカップほどもある巨大なカップ状の構造があり、息苦しそうにぱくぱくと開閉する。怒り狂ったオスのアカアシガメが、裏返しに突出させたペニスをぱくぱくさせながら、犬用のおもちゃのボールにのしかかって挿入しようとするところを収めた動画がネットに出回っているので、ぜひご自身で確かめてほしい。赤い足跡がプリントされた緑色のボールがメスに見えて興奮したのか、それともシューシュー息を吐く彼はただ唐突に理由もなくムラムラしたのか。最後には、彼はボールから足を滑らせてひっくり返る。このカメの全長はせいぜい30センチメートルだが、「見事に咲いた花とその茎」のようなペニスは、全長の半分ほどもある。[*14] 一般に、カメはかなりの巨根だ。

*14　カメは使わない時、ペニスを二つ折りにして総排出腔の中にしまっている。

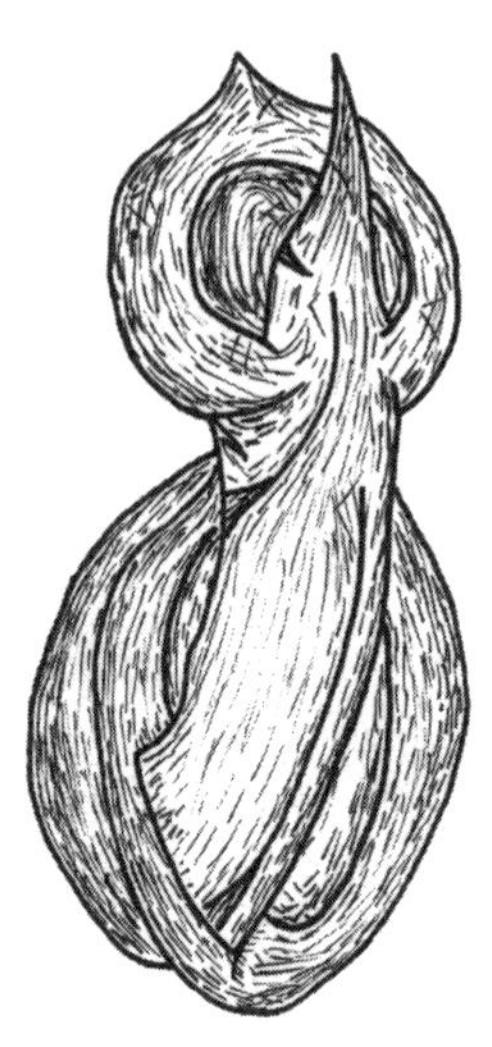

図6-3　典型的なカメのペニス。Sanger et al. 2015 に基づく W. G. Kunze によるスケッチ。

アオウミガメ *Chelonia mydas* も、ペニスの長さでは陸生種に負けていない。そもそも全長が１５０センチメートルに達し、ペニスは平均で30センチメートルだ。ヒトに換算すると、身長１８０センチメートルの男性に、35センチメートルのペニスがついているようなものだ。

奇妙なことに、カメの雌雄を判別するのは簡単ではない。かれらのペニスは使わない時は器用にしまい込まれているからだ。種によっては防御反応としてペニスを突出させるものもいて、シャンハイハナスッポンの最後のオスのそれが傷物になったのはそのせいかもしれない。

ワニのペニスは常に硬直していて、筋収縮によってエアバッグのように飛び出す。目を見張るほどの早技だが、サイズは思ったほどでもなく、せいぜい5センチメートルだ。ペニスの大きさ比べで、ワニがメダルを獲得することはない。

ヒトの「堅い」データ

ヒトのペニスの大きさに関する、本当の堅いデータはというと、少なくとも米国人男性に関しては、コンドームの装着感のために実施された（したがってサイズの過大申告の可能性が低い）調査がある。これによると、長さは平均14センチメートル、周径は12センチメートルだった。周径は長さよりも一貫性が高く、長さよりも太さに厳しい淘汰がかかってきたことが示唆された。ただし、オンラインで数値を入力させる方法でデータを収集した、自己申告方式のたったひとつの研究でしかないことには留意が必要だ。

ところで、この研究からひとつ豆知識が得られた。測定前にパートナーから口で刺激してもらったと答えた男性は、性的妄想によって準備した男性よりも、ペニスをより長いと申告する傾向にあったのだ。親密な接触に1点追加。本当に勃起力を高める効果がありそうなのだ！

平均ペニスサイズを調べた研究結果にはばらつきがあり、その原因のひとつは、ペニスの扱いが異なるためだと考えられる。ある研究者は、ペニスと靴のサイズは相関するのかという重要な疑問に取り組んだ（答えはノーだった。それに、ペニス自体が大注目のシグナルであるなら、靴との相関なんて必要だろうか？）。かれらが報告した「伸長状態のペニスの長さ」の中央値と、別のある研究のデータにはずれがあったが、これはおそらく、先行研究では測定のために亀頭を「3回引っ張って」いたせいだろうと、論文で述べられている。気になるあなたにお教えしよう。この「足とペニス」の研究では、ペニスの長さの中央値は13センチメートルだった。

ヒトのペニスは「見かけ通り」だったり「伸びしろ」があったりする。萎えた状態の（つまり、誰もが裸で歩き回っていたら始終見かけるはずの）ペニスのサイズは、必ずしも勃起時のサイズを予測する手がかりにならない。英国保健局が（なぜかは知らないが）実施した調査によると、脱力状態のペニスが小さめの男性は、勃起時の「伸びしろ」が大きく、萎えた状態で大きい人をサイズの増加率で上回る。

メキシコのサルティーヨに住むロベルト・エスキベル・カブレラという男性は、現代におけるペニスの最長記録をもつとされている。彼自身による（動画で記録された）測定によれば、その長さは48センチメートルだ。しかし、こうした話題が大好きなタブロイド紙の報道によると、彼の主張には疑問の余地がある。

記録の一部は包皮やその他の柔軟な組織によるもので、カブレラは長年これらの部分に重りをぶら下げて引き伸ばしているそうだ。現在の非公式認定記録をもつのは、ニューヨークシティ在住のジョナ・ファルコンで、未確認ながら勃起時のサイズは34センチメートルとされる。ギネス世界記録は賢明にも、この長さ比べのカテゴリーを設けていない。一定の値を超えると、長さは短所にもなる（と、並外れて長いペニスをもつ男性たちは言う）。ヒトのペニスがどんどん長くなるように進化してきたことを示す証拠が乏しいのは、そのためかもしれない。太さについては、ペニスだけを見て男性のそれ以外の部分を無視した場合、女性が求める要素のナンバーワンであるにもかかわらず、ランキングのデータがまったく存在しない。

もちろん、これまで地球上にはペニスをもつ人々が無数に存在してきたので、誰が長さや太さの面で最大のペニスをもっている（あるいはもっていた）かは知りようがない。それでも、ヒト基準でとんでもないサイズのペニスは、数千年前から注目を集め、古代ローマではおおっぴらに賞賛された。ローマの詩人マーシャル（マルクス・ヴァレリウス・マルティアリス、紀元38年頃－102年頃）は、冗談交じりに名づけた主人公を起用して、そんな反応について記している。「浴場で拍手が聞こえたら、それはマロの一物が登場した証拠だ[*15]」

＊15　この引用はマーシャルの有名なエピグラムの一節だ。「マロ」という名前は、ほかのローマ詩人へのあてこすりか、あるいは「輝く、きらめく、発光する」といった意味の動詞との掛詞になっていて、巨根で露出好きな男性にふさわしい称号として選ばれたのかもしれない。ローマ人の思考は重層的だったのだ。

第7章　小さなペニスの大いなる力

2019年が終わりに近づくにつれ、多くの媒体が毎年恒例の年末リストを発表しはじめた。そのなかのひとつが、女性向けオンラインメディアのBustleが選ぶ「2019年もっとも革新的なセックストイ17選」[*1]だ。このリストには、わたしのように小さな挿入器を延々と眺めてきた人にとって、見慣れたものも含まれている。手のひらサイズの振動デバイスの多くは、節足動物や甲殻類の挿入器の装飾を思い起こさせ（カニのはさみのような製品のひとつは「マンタ」と名づけられており、「ペニスをバイブレーターに変える」そうだ）、あるいは隆起や突起のついた表面テクスチャーにより、2つの場所を同時に刺激できるようになっている。

この17種類のセックストイのリストから、ほぼ完全に欠落しているものは何だろう？　それは古典的な意味でいかにもな形をしたディルド、あるいは言い換えるなら「3Dプリントした青いサイロ」だ。どの

＊1　ところで、こうしたイノベーションを生み出しているのは誰で、どうやって毎年新しいものをつくりだす創造性を呼び起こしているのだろう？　もしかしたら昆虫からインスピレーションを得ているのかしれない（本書を見ての通り、昆虫たちは刺激的で、お好みに合わない方には脅威かもしれない）。

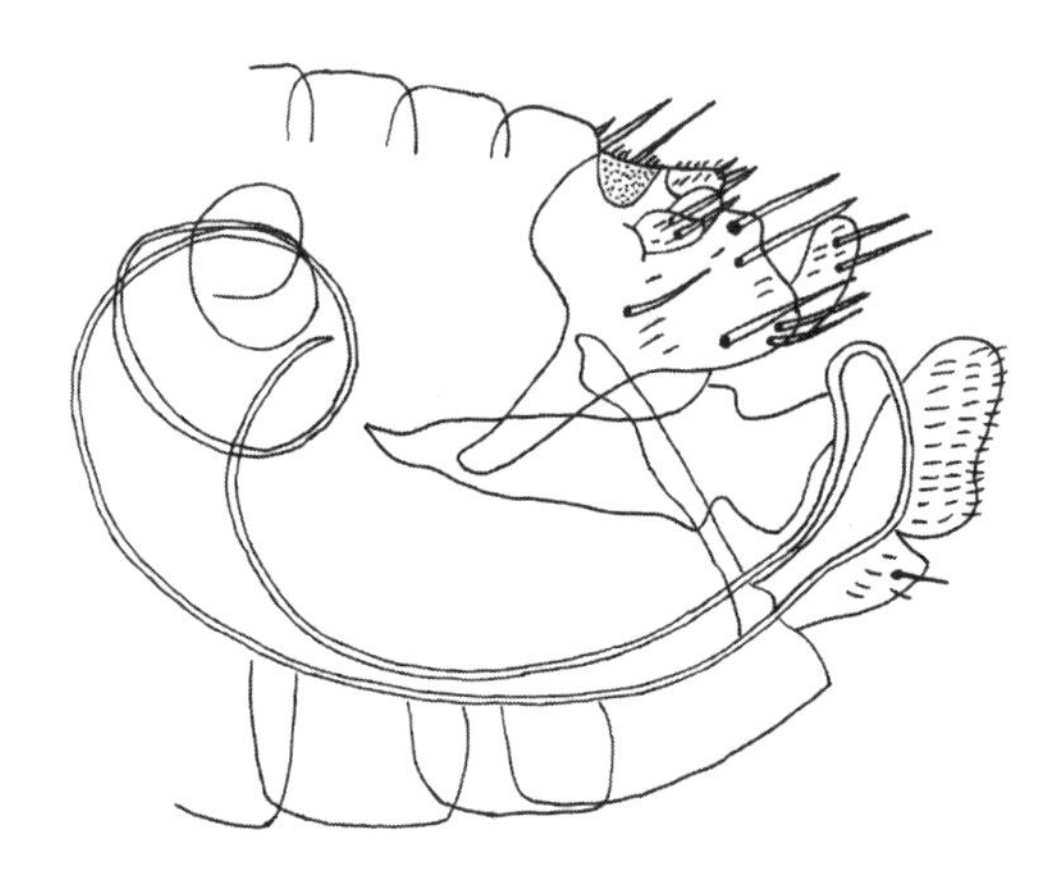

図 7-1　長く、カールし、コイル状になったノミのペニス。透明な下半身の内部に収納されている。T. B. Cheetham の 1987 年の博士論文（Iowa State University/Entomology Commons）に基づく W. G. Kunze によるスケッチ。

デバイスも例外なく小さく、クリトリスとその周辺（肛門を含む）を刺激するための形状や柔軟性を備えている。唯一の例外は、吸着カップ付きのサイズ調整可能なディルドで、カップを平らな面にくっつけて使い、本体が回転するようになっている。Bustle では以下のように説明されている。「この器具は360度回転する。想像だが、ペニスをもつ人のほとんどはこんな真似はできないだろう」[*2]。どこからどう見ても、このセックストイのリストは、パートナーへの刺激に関して自分が何をしているかわかっている（あるいはもっと学びたい）大人のためのものだ。ここには明確なメッセージがある。セックスに重要なのはおもちゃのサイズではなく、適切な場所を刺激する能力なのだ。

ノミの驚異

哲学者ロバート・ボイル（1627-1691）は、自然の（そして神の）驚異を讃える文章のなかで、彼自身はゾウを見るよりも「解剖されたモグラ」を観察する方が好きだと述べた。大きさに注目して、モグラなど「取るに足らない」と思う人もいるだろうが、ボイルによれば「自然の驚異は置き時計よりも、むしろ腕時計に宿る」。地球上のありとあらゆる生物の小さな挿入器に秘められた巧妙な仕掛けは、小は大に勝るという、ボイルの考えには有利な証拠だ。昆虫やクモ、カタツムリやナメクジ、それに小型哺乳類は、体の内外に小さくも驚異的な生殖器を備えている。もしもかれらがヒトと同じサイズなら、[＊3]わたしたちはおおいに畏敬の念を抱き、自画自賛の考えを改めざるを得ないだろう。

例えばノミだ。この寄生性昆虫の目を見張るような下半身について、多くの人々が驚くほどポジティブな反応を示してきた。裕福な銀行家財閥に生まれ、ノミを研究したミリアム・ロスチャイルド（１９０８－２００５）は、大英博物館に展示された一家のノミコレクションに添えた文章のなかで、次のように語っている。「これほど現実離れした非実用的な装置を客観的に観察したエンジニアなら誰でも、こんなものがうまく動作するはずがないと断言するでしょう。これが問題なく機能すること自体、驚きの事実なのです」。図７－１を見て、ご自身の目で確かめてみてほしい。

ノミとその生殖器に触発され、コロンビア系オーストラリア人のアーティスト、マリア・フェルナンダ・カルドソは、多くの科学者たちを魅了してやまないノミの「贅沢な」生殖器を題材に、大学院の修了制作をおこなった。カルドソは本物のノミのサーカスまでつくりあげ、１９９５年にサンフランシスコの体験型博物館エクスプロラトリアムで展示された。彼女はこれらの作品をさらに発展させ、２０１２年に「交尾器官博物館」と題したインスタレーションを発表した。昆虫の生殖器や精包の電子顕微鏡画像を正

＊２　その通り。自在に動き回るイルカのペニスの圧勝だ。
＊３　セックストイのなかには、実際にそうしてノミのそれを拡大したものもありそうだ。

図 7-2 *Phallomedusa solida* のペニス。*The Aesthetics of Reproductive Morphologies*（Maria Fernanda Cardoso, 2012）の Figure 112 に基づく W. G. Kunze によるスケッチ。

確に再現し、実物よりはるかに大きい、これらの構造の3次元像を生み出したのだ。

彼女の作品には、ザトウムシの想像を絶するペニス、マメゾウムシの挿入器[*4]、さまざまな種のイトトンボのフック構造に加え、それまで詳細に調べられたことのなかった、オーストラリア原産のありふれた巻貝のメデューサのようなペニス[*5]が含まれていた。ボイルの言う「自然界の小さな腕時計」をかたどった作品群は美しく刺激的で、眺めているうちに、わたしたちが途方もない時間と無数の言葉、莫大な資金を費やして、ほかの生物の生殖器を調べてきた理由がよくわかる。あなたがこの本を手に取ったのも、きっと同じ理由からだろう。

言うまでもないが、これらの器官は構造的にも美的にもまさに驚異そのものだ。わたしたちは昆虫とその生殖器に魅了され、計算したり（ノミのペニスは全長の2・5倍を超える。ヒトに4・5メートルのペニスが生えているようなものだ）、装備について書きとめたり、セックス動画を見たり、生殖器どうしの接触と相互作用を調べつくしたりする。いつもは冷静な科学者でさえ、「ノミは昆虫界でもっとも複雑な交尾器をもつ」などと、大げさな言葉を使うほどだ。昆虫界がいかに並外れた交尾器であふれているかは、すでにたくさん見てきた通りなので、こうして断言するのがどれだけ大胆なことかはおわかりいただけるだろう。

わたしたちが観察してきたのは、この世界のごく一部でしかないことを考えても、この言い回しは大胆だ。先の修了制作で、カルドソはこのことを裏づけるような生き物に出くわした。オーストラリアに住む彼女にとっては身近な、シドニー湾の浅瀬に生息するドングリほどの大きさの海生巻貝だ。カルドソは、オーストラリア博物館の顕微鏡学部門で調べ物をしていた時に、かつて *Salinator solida* と呼ばれ、今は *Phallomedusa solida* に名前が変わった、ありふれた巻貝のペニスを目の当たりにした。この小さな貝のペニスはあまりに奇妙で予想外であり、学名変更を提唱した分類学者のひとりであるローズマリー・ゴールディングでさえ、はじめはただの寄生虫だと思っていた。[*6] どうして巻貝のエキスパートが、ペニスと寄生虫を間違えたのだろう？ 図7－2で納得してもらえるはずだ。

カルドソは、このペニスの外見にとてつもない衝撃を受け、すぐに拡大スケールで制作しようと決心した。「世界は *Phallomedusa solida* のペニスの見た目をできるかぎり正確に知る必要があると思いました」と、彼女は述べる。こうしてその姿を知ったあなたも、きっと異論はないだろう。

超精密レーザー手術

昆虫の生殖器を規格外のサイズに生まれ変わらせることに魅力を感じるのはカルドソだけではない。[*7] また、

＊4　マメゾウムシのペニスは拡大版をつくるに値すると考えたのはカルドソだけではない。次節「超精密レーザー手術」参照。
＊5　植物愛好家にとっては嬉しいことに、彼女の作品には花粉も含まれていた。
＊6　著者たちはまた、かれらが *Phallomedusa* に分類した種が、生殖器を単純に反転させ突出させるだけでなく、決まった位置で屈曲できることを示し、イソギンチャクのような付属器はおそらく、交尾の際に姿勢固定の役割を果たすのだろうと主張した。

アーティストのモチーフのなかには、*Phallomedusa solida* よりずっと有名なものもある。英国人アーティストのジョーイ・ホールダーの作品には、昆虫の挿入器をもとにした「ヒト規格のディルド」[*8]があり、もうおなじみのマメゾウムシもそのモデルになっている。彼女は「貯精嚢の進化」と題したインスタレーションも制作した。貯精嚢とは、皮下精子注入を受ける動物が多数の世代を経て時に獲得する、ちょっとしたへこみのお堅い正式名称だ。

ホールダーの作品のひとつに、金色に輝く巨大なマメゾウムシの挿入器がある。先端の二叉に分かれたスチールブラシに、交尾の際に重要な役割を果たす引き立て役の副節、これなしでは交尾ができない必須アイテムのフックまで勢ぞろいだ。オンラインで閲覧できる作品[*9]は、ヒトの「それ」のサイズに3Dプリントされた挿入器の周囲全体を、とてつもない大きさに引き伸ばされた2D画像のパネルが取り囲んでいて、鑑賞者は四方八方から恐ろしげな生殖器を向けられる没入体験ができる。まるでスター・デストロイヤーに狙われたXウィング・スターファイターだ〔いずれも『スター・ウォーズ』シリーズに登場する宇宙船。前者は旗艦、後者は戦闘機に分類される〕。

ラボで甲虫を研究する人々にとっては残念なことに、生体を実物以上のサイズに引き伸ばして実験的操作を加えることはできない。そのため、マメゾウムシの挿入器にある棘だらけの顎のような構造の役割を解明しようと考えた研究チームは、レーザー宇宙銃ではなく、レーザー手術という方法を用いる必要があった。くすんだ見た目の *Callosobruchus subinnotatus* は、*Callosobruchus maculatus* の親戚で、この甲虫を研究するオランダのグループは、虫たちを手術のために夢のパリ旅行に連れ出した。かれらの目的は、問題の部分を覆う棘の一部を除去して、交尾成功にどんな影響が及ぶかを調べることだった。

そう聞くと、極小サイズの器用な手が必要そうに思えるが、実際には小さな甲虫に挿入器を反転させたままじっとしていてもらうだけでよかった。チームは麻酔をかけてマメゾウムシの動きを封じた。そしてペニスを反転させるため、真空管、極細のチューブ、それにピペットの先端を使ってペニスポンプをつくった（ビール樽が必要だったクジラの陰茎とは大違いだ）。不運なマメゾウムシが勃起したまま気を失ったら、あとはコンピューター技術におまかせだ。レーザービームの照準を合わせるコンピュータープログラムを利用し、研究チームは甲虫の秘所に狙いを定めた。専用のマウスポインターで切断箇所を指定したら、あとはクリックするだけ。棘よさらば。この方法で、かれらはごく短時間に、好きなだけ棘を除去することができた。

第5章で見たように、*Callosobruchus maculatus* が生殖器のフックを失うと、交尾の成功率は急落する。だが *Callosobruchus subinnotatus* の場合、顎のようなパーツの棘をレーザーで除去しても、オスの繁殖成功に影響はないようだった。ただし、レーザー手術済みのオスと交尾したメスは、産卵数が減少した。これもまた、ダメージを与える（「顎」はメスの体内に傷をつくる）一方で、繁殖上の「勝ち点」を増やす構造のようだ。この成功がものを言う。また、マメゾウムシにとっては、オスがどれだけ「婚姻ギフト」を提供し、そのうちどれだけを「事後」にメスが排出するかも重要だ。

＊7　ほかの動物の生殖器が注目を浴びていないわけではない。キャロル・K・ブラウンは1988年、4種の哺乳類（ブタ、ネコ、ウシ、ヒツジ）のペニスを巨大化させたインスタレーションをゲインズビルのフロリダ大学で展示した。同大学は生殖器研究の中心地でもあり、的確なチョイスだった。

＊8　オンラインメディア Vice のインタビューのなかで、ホールダーは自分の作品を自分で使ったことはないとしつつ、「皮膚に無害な」シリコンでつくられており、「もちろん快感を得る目的で使用できる」と述べた。まったく、ヒトはとてつもなく奇妙な生物だ。

＊9　eBay で自分だけのバージョンを購入することもできる。

鏡のなかのペニス

ヒトの身体は右側と左側からなり、両者は完全には一致しない。左右の乳房で大きさが違うことはよくあるし、精巣にも同じことが言える。節足動物の生殖器にもこのような非対称性が見られ、ひとつの挿入器の右半分と左半分が異なる場合がある。ただし、クモではこうしたことはまれだ。なぜなら、すでに見たように、かれらには2本の触肢をどちらも挿入可能な状態にしておき、半処女で終わらせずにダブル交尾を完了させるという「目標」があるからだ。[*10]

昆虫では、クモよりも形態の非対称性が多く見られる。クモは対になった生殖器をもつのに対し、昆虫はひとつなので、どちらかに偏りやすいのだ。[*11] 昆虫は、挿入器をパートナーの体の適切な場所に挿入するだけでいい。問題は、腹部やその他のパーツを、挿入器が機能を果たせる適切なポジションに据えることだ。

非対称性の原因に関する仮説のひとつが、鍵と錠前の概念に沿って、昆虫の種認識を支えているというものだ。すでに述べたように、昆虫における生殖器の差異のすべてを種の定義に用いることには問題がある。この仮定からは、ひとつの種のなかにある程度の個体差が存在する可能性が排除されているのだ。また、一部の昆虫は生殖器の違いを気にもとめず、異種間の交尾にふけるため、現実によくあてはまるとも言えない。

カマキリの例を見てみよう。*Ciulfina* 属のカマキリは、オスの生殖器が右向きまたは左向きになっているという、興味深い特徴が見られる。研究者がこの属のカマキリの種ごとに生殖器の向きを比較したところ、左向きと右向きは鏡像関係にあるとわかった。右向きの生殖器は、左向きの生殖器を鏡に映したものと同じ非対称性をもっていたのだ。

その後の研究で、この属のカマキリは向きに無関心であり、メスは逆向きの生殖器をもつ異種のオスと問題なく交尾できることが明らかになった。挿入器の「利き」は、「鍵と錠前」仮説では説明がつかないのだ。理由は定かではないが、このカマキリは忠告に耳を貸さず、オスが「逆方向」から攻めた時も、交尾に応じて時間を無駄にした。研究チームは、向きの違いが繁殖成功に影響するかどうかも調べたが、期待通りの結果は得られなかった。鏡像関係にある生殖器は、進化的に見てプラスにもマイナスにもならず中立なのだろうと、研究チームは結論づけた。反適応主義者に1点追加、というわけだ。

セックス狂いの死のスパイラル

困惑するほかない適応進化の謎をもうひとつ。ネズミに似たアンテキヌス属 *Antechinus* の有袋類では、オスがセックス狂いの死のスパイラルに飛び込み、やがて餓死に至る。かれらは要するに、死ぬまでヤりつづけるのだ。産卵のために川をさかのぼったサケが、たとえグリズリーに食べられなくてもそのまま死に至るのと同じで、この小動物は決定的瞬間への準備に全生涯を費やしている。その適応は、サケとの平行進化とも言える。

1歳にも満たないうちに、オスのアンテキヌスは一生分の精子をつくって貯め込み、それを送り込む相手を探す。ちょうどいいメスを見つけると、オスは彼女との交尾を長時間（平均6～8時間）維持する。タ

＊10　ただし、クモも時には「対称性を崩す」。次章で取り上げるが、そのために時には物理的な手段をとる。
＊11　一部の哺乳類にも非対称性が見られる。ネズミイルカの生殖器は非対称で、オスはメスが息継ぎのために浮上するタイミングを見計らって、常に左からアプローチする。オスが左から接近するのは、正しい角度で挿入し、ペニスの先端の小さなフックを子宮頸に到達させるためだ。膣には10カ所以上の屈折箇所があり、ペニスは目的地に至るまでにこれらを通過しなければならないことから、同意のうえとは言いがたい状況であるとわかる。

ントラ・セックスを実践する人たちも、かれらにはまるで歯が立たない。オスは寿命が終わりに近づくなか、パートナーからパートナーへと渡り歩き、交尾以外のことは何ひとつしない。毛が抜け落ち、内出血し、組織が腐りはじめても、けっしてやめない。崩壊寸前のドン・ファンは、だんだん乗り気でなくなってくるメスを死の瞬間まで追いかけ回す。ちょうど1歳になる頃、飲まず食わずの彼はついに絶命する。だが、メスのお腹にいくらか子孫を残し、この苦闘を次世代に引き継ぐという目的は、しっかりと果たされる。

何がアンテキヌスのオスを狂騒のセックスマラソンに駆り立てるのかは、おおむね解明されている。一度きりの短い繁殖期が近づくにつれ、アンテキヌスの日常の行動に変化が起こる。どこかで発表を聞いたかのように、オスは自身の行動圏を放棄し、集団の巣に集まってくる。メスにはこの行動は見られず、変わらず採食を続け（なにしろ、メスは交尾をしたあと、子アンテキヌスを養わなくてはいけない）、定期的にオスの集団を訪ねて交尾する。すでに見てきたように、オスが集まり、メスがそこを訪れる同様のパターンはカエルにも見られ、生物学者はこれをレックと呼ぶ。アンテキヌスの哺乳類らしからぬ行動は、これだけではない。

2、3週間しかない繁殖期は、厳密なシグナルに従って開始する。アンテキヌスの宴の開幕を告げるのは日長の変化率であり、増加率の閾値は種ごとに細かく決まっている。アジルアンテキヌス *Antechinus agilis* の場合、増加率が127〜137秒／日になるとスイッチが入るが、チャアンテキヌス *Antechinus stuarti* では97〜107秒／日だ。ここでの自然界の時計は秒刻みだ。こうして号砲が鳴らされると、アンテキヌスはマラソンをスタートする。

2つの内部要因がこの小動物をセックスマニアに仕立て、最終的に死に追いやる。その正体はテストステロンとコルチゾールであり、どちらもホルモンだ。テストステロンの急増は交尾欲求を高める。そしてストレスホルモンであるコルチゾールの急増により、彼の死は確実なものとなる。実際、この効果を説明したある論文のグラフは、コルチゾールレベルが急激に上昇したあと、唐突に終わり、そのあとにこう書かれている。「オス死亡」

コルチゾールは免疫反応と炎症反応を抑制するため、小さなオスの哺乳類は多大なストレスと、病気や感染の脅威にさらされ、餌も食べず、猛烈な性欲に突き動かされる。死亡時のオスはたいてい胃の中がからっぽで、最期の日々を完全に交尾に捧げたことがわかる。

高レベルのストレスホルモンにさらされ、空腹を抱え、死ぬまで交尾しつづけることに、いったいどんな進化的な利点があるのだろう？　かれらの生活史は、川をさかのぼり、放卵・放精したあと死に至る、サケの死地への旅を思い起こさせる。そして実際、アンテキヌスは一回繁殖（semelparity）と呼ばれるこうした繁殖戦略をとる、数少ない哺乳類だと考えられている。サケと同様、アンテキヌスのオスは小型哺乳類としてはそれなりに長く生きるが、交尾のタイミングは一度きりで、そこにすべてを賭けるのだ。

アンテキヌスは有袋類のなかのフクロネコ科〔現在の分類では有袋類は複数の目から構成されるため、科のひとつ上の分類群はフクロネコ形目となる〕の一員だ。同じ科に属するアンテキヌスモドキ *Parantechinus apicalis* は、異例づくめのこのグループのなかでも際立っている。なにしろ、ペニスに場違いな突起がひとつ生えているのだ。アンテキヌスモドキは生息地のオーストラリアで「ディブラー」と呼ばれるが、かれらのディックには何かがブラブラしている。

研究が進むにつれ、ペニスに突起があるのはアンテキヌスモドキだけではないことや、この器官にはペニス本体と同じように海綿体があることもわかった。アンテキヌスモドキやその他の種については、これが挿入器として使われているのかどうか、研究者たちもまだ確証をもてずにいる。ただし、親戚にあたるフクロネコでは、この突起を使うところが観察された。

だが、フクロネコは交尾中に2つの挿入器をひとつの穴に同時に挿入していたわけではない。ペニスの突起は、直腸に挿入されていたらしいのだ。[*12] この配置は、配偶子を輸送する尿道ペニス（突起部分と区別するための呼称と思われる）を狙い通りの場所に挿入するのに役立っているのではないかと、研究者たちは考えている。これがあるおかげで、ディブラーやその近縁種は「誤爆」をせずに済むのだ。[*13]

口の使い方

ペニスの突起を直腸に挿入する話を聞いても、まだお腹いっぱいでないなら、ダニのオーラルセックスはいかが？　この行動はさまざまな種のダニに見られる。オスは口器でメスの生殖器内部をこすり、これがふくらんだ開口部を弛緩させる引き金になっている。この段階が完了すると、オスは精包を受け渡す。生殖器に出入りするのは、ヒトを刺す時に使うパーツとまったく同じだ。

交尾のある段階で口を使う、小さいけれども強烈な動物は、もちろんダニだけではない。一部のクモには、挿入器として使う前に触肢を念入りに磨きあげ、潤滑剤で覆う行動が見られる。クモはとくに衛生に気を遣っているわけではなさそう（そもそも付属肢を舐めまわすのはあまり衛生的とは言えない）なので、この職人気質はおそらく触肢を挿入しやすくすることに関係しているのだろう。ヒトと節足動物の共通点として、セックスの際の潤滑剤を思いつく人は、あまりいないはずだ。

挿入そのものの最中に注目すると、ザトウムシのなかには、挿入器をメスの生殖器の内部だけでなく、口にも挿入する種がいる。さらにユウレイグモの1種は、生殖器の挿入中に眼柄をメスの口に入れる。結果として、眼柄に対して性淘汰がはたらく。かれらはこの部分に珍しい特徴をもっていて、眼柄がきわめて長いだけでなく、フックや毛まで備えている。メスの口がオスの眼柄をつくるのだ。

ある種の海生扁形動物（ヒラムシ）は、口を使ったパートナーとの接触を、交尾のあとにとっておく。

なんともぴったりな「These Worms *Suck*」というタイトルの論文で、研究者たちはこの「吸引する」扁形動物について詳述した（suck は「つまらない」「ウザい」といったネガティブな意味の俗語でもある）。１・５ミリメートルしかない小さく透明なこの蠕虫は、実験室環境で「容易に」交尾し、ぐるぐると旋回してヒラムシ版の陰陽太極図をつくる。旋回している間（もちろん動画がある）[＊14]、雌雄同体のこの動物の雌性生殖開口部からは、精包の房が飛び出している。顔に何かついてるよ、なんてレベルではない。ヒラムシは開口部に向けて体を曲げ、精包を吸引する。著者らは *sucking* と、わざわざイタリックで強調している。さらに吸引の回数も数え、８８５回の交尾のうち、67パーセントでどちらかの個体が吸引したと述べている。

吸引の理由について著者らは、できるだけたくさんの精包を取り入れて（つまり精子を食べて）いると説明した[＊15]。かれらによると、ほかの動物にもこの行動は見られ、また風変わりなやり方で精子を体内に取り込む。透明な海生ヤムシの一種 *Spadella cephaloptera* の場合、単に精子をメスの体表面に貼り付けるだけだが、精子は自力で開口部まで移動することができる。ヒルの一種 *Placobdella parasitica* では、貼り付

＊12　２０１９年のベスト・セックストイの一部もそうだった。

＊13　アンテキヌスの研究が人類にもたらすものは、パーティーの沈黙を破るトリビアだけではない。アンテキヌスは自然状態でアミロイド（複数の認知症との関連が知られる、脳内プラークをつくる物質）の沈着が起こる動物であり、プラークが形成される理由や、プラークを標的とした治療薬の効果を検証するためのモデル動物になるかもしれない。奇妙なことに、トランスジェニックマウスを除けば、自然状態でプラークの沈着が起こり、現在モデル動物として利用されているのは、サケ科の魚の1種だけだ。

＊14　“these worms suck” と検索すればすぐに見つかる。

＊15　２０１９年の論文の著者たちは、これをメスが精子の行く末をコントロールする「対抗適応」とみなしたが、吸引を誘発する遺伝子発現が特定されていることから、この行動は淘汰の対象であると考えられる（Patlar et al. 2019）。

けた精子が体表面を溶かして体内に侵入する。精子を食べた方がマシ、と受け取り側が思うのは無理もない。

外傷(トラウマ)とトレードオフ

「外傷的精子注入」と呼ばれる方法でパートナーに配偶子を受け渡す動物はとても多いので、もはやそこまでショッキングには思えなくなってきたかもしれない。トコジラミはパートナーの腹甲を突き通し、マメゾウムシはパートナーの生殖器の内壁を破壊し、ウミウシは棘だらけの2本のペニスを振るい、カタツムリがキューピッドのように放つ「恋矢」には性的受容性を高める物質が含まれる。[*16]

それぞれのケースで、矢や皮下注射やスチールブラシのような棘の標的になる側はコストを背負っていると、わたしたちは推測しがちだ。けれども、すでに見てきたように、当の個体の立場から見れば、そしてこうした構造が経てきた変化（あるいは変化のなさ）を考えれば、外傷を負う側にも利益があるのかもしれない。例えば精液に含まれる栄養や、受精のためにより多くの精子を得られることが考えられる。こうした動物たちの感覚体験がどんなものかは、わたしたち自身の感覚体験の投影からは判断できない。

ところで、お互いの頭に皮下注射をしあって精子を注入するウミウシをご存知だろうか？　雌雄同体の*Siphopteron*属のウミウシ5種にこうした皮下注射が見られるのだが、どこに注入するかは種によって異なる。無差別にどこでもいいから刺す種もいれば、後頭部への精子注入を好む種もいる。そのなかで、まだ学名のついていないある種は、一貫して「常に交尾相手の眼の付近」に注入する。挿入器の先端は「深く挿入され、いったん引っ込めて再度挿入することもある」という。

ウミウシが注入しているのは前立腺の分泌物なので、このプロセスは「頭部外傷的分泌物輸送」と呼ばれている。こう聞くとぞっとするが、その光景はじつに美しい（やっぱり動画がある）[*17]。この未記載種のウミウシは鮮烈な配色をもち、純白の体は鮮やかな黄色で縁取られ、両端付近はトマトのように赤い。ペアは交尾を開始すると、まずお互いの周りを旋回し、そのあと二又に分かれたほぼ透明な挿入器を突出させる。一方の先端はパートナーの頭に、もう一方は生殖開口部に向かう[*18]。頭を探る側の先端は鋭く尖り、画鋲の針の側のようだ。この間ずっと、ペアはゆっくりと回転しつづけていて、時折お互いの背中をかじっているが、攻撃的には見えない。最後にお互いの挿入器がゆっくりと穏やかにお互いの体内に潜り込み、両者は開口部を隠すように体を折り畳む。挿入が完了すると、体壁が透明であるため、体液の輸送がはっきりと目視できる。動画には、挿入箇所のすぐ隣にあるウミウシの眼も映っている。かれらも気を配りつつ観察しているのだろう。

ここまでくると、ペアは回転をやめる。液体をこぼさないように、かもしれない。輸送が終わると、挿入器のパーツを両方とも引っ込める。すべての段階が完了するには1時間ほどかかる。研究者たちは3個体で交尾をおこなった事例も一度観察している。

この種がなぜ、常にパートナーの眉間に皮下注入するのかについて、研究チームは頭部にある神経節が前立腺分泌物の体内の標的であり、神経系に未知の影響を与えるのかもしれないと考えている。この仮説について、かれらは寄生虫が宿主の行動をコントロールすることとの類似性を指摘している。頭部外傷的分泌物輸送によるマインドコントロール。まるでホラー映画だ。

＊16　ある種のカタツムリは、同じ恋矢でパートナーを平均3311回刺した（Chase 2007b）。
＊17　“Siphopteron sp. 1 mating with head injections” と検索すれば見つかる。
＊18　またもや2019年のベスト・セックストイのいくつかを思い起こさせる。

檻の中のやわらかいカニ

クモが触肢という特殊化した肢を使うのは何度も見てきた通りだが、では序章で登場した、わたしたちのよき友ロブスターはどうだろう？　じつはかれらも肢を使って精子を輸送する。ロブスターは生殖孔から精液を吸い上げて、腹肢（pleopod）や遊泳肢（swimmeret）と呼ばれる付属肢の最初の2対に充填し、それを挿入器として用いて、精子溝（sperm groove）に精子を送り込む。カイアシと呼ばれる小さな甲殻類の場合、使うのはもっと下の方についた肢だ。

尿をかけるという奇妙な行動に加えて、一部の種のロブスターは独立した生殖器構造をもたず、かといって特殊化した付属肢に頼ることもしない。代わりにかれらは精管（パイプカットで切るあの管）を「ペニス」として利用し、精包を輸送する。ロブスターやカニのなかには、精包を外骨格にある小さなポケットにしまい込むものもいる。

一部のカニやザリガニは、精子の入った袋を送り出すための「プランジャーとシリンジ」タイプの挿入器をもっている。かれらはまず、体外に伸びた精管を、自分の付属肢の根本に挿入する。そして対になった反対側の肢をプランジャーとして使い、精液を押し出すのだ。おいしそうなカニの肢への見方が変わりそうだ。

お口直しに、アカテノコギリガザミ *Scylla olivacea* に目を移そう。このカニは交尾という結果を得るまでに、数日間にわたる段階を踏む。交尾体勢をとると、60時間以上もそれを維持するのだ。オスは交尾に応じるメスを体の下に隠し、肢で囲い込む（この行動は「ケージング」と呼ばれる）。かれらはこうして重なったまま餌を食べ、オスはかごの中の美女に求愛するほかのオスを追い払う。

この段階が終わると、メスは脱皮する。そう、メスはパートナーと知り合ってから60時間ほどが経過して、ようやく外骨格を脱ぎ捨てるのだ（オスが脱皮を手伝うこともある）。[*19] 5時間ほどかけて脱皮（カニの生涯におけるひとつの節目だ）が終わると、メスは交尾可能になる。外骨格が新しく、やわらかい時にしか交尾ができないのだ。するとオスがメスを裏返し、メスは腹部を開いて挿入箇所（生殖孔）を露出させ、オスが肢を挿入して精子を注入する。みなさんもご存知の通り、オスがメスを再び裏返して元通りにしたら、交尾終了だ。

このカニの交尾は6時間以上も続く。オスは少なくともあと半日、メスのそばに付き添って、交尾直後のやわらかく傷つきやすいメスをガードする。メスが硬化すると、オスは立ち去る。だが、メスがこの過程のどこか、例えば脱皮の最中に死んでしまった場合は、オスはメスを捨て、死骸はほかのオスに食べられる。甲殻類はやはりヒトの模範にはなり得ない。

ちぎれた肢とさまよう腕

『海底二万里』で、ジュール・ヴェルヌは、タコがまるでタコらしくない行動をとる様子を描写した。海底の岩の上を滑るように泳ぎ、隙間に潜り込んで孤独に生きるどころか、アオイガイ（*Argonauta* 属）は体に「帆」をまとって海面を漂い、数百頭の集団をつくって旅をする。この「帆」はメスが第1肢から分泌する物質でできていて、オウムガイの殻を薄くしたような見た目から、かれらは時に「paper nautilus（紙のオウムガイ）」とも呼ばれる。海面近くで波に揺られるさまは確かにオウムガイそっくりなのだが、共通

＊19　このような「脱皮待ち」は甲殻類では珍しくない。

点はそこまでだ。

メスは紙のような殻の中の空気の量を調節し、バラストとして使う[*20]が、あまり防御を固めているようには見えない。アオイガイはタコとしては小型で、メスは殻を含めてもせいぜい30センチメートル程度だ。一方、オスはわずか3センチメートル足らずで、重さはメスの100分の1しかない。そのため、オスのアオイガイは、巨大な恋人に配偶子を渡す際、危険な状況に陥る。おやつにされないためには、どうすればいいだろう？

腕が試される瞬間だ。食べられるのを回避しつつ、繁殖欲求を満たすため、アオイガイのオスは「ペニスは3本目の脚」という冗談をどこまでも本気に受け取った。あらゆるタコの例に漏れず、アオイガイにも8本の腕がある。また、これもすべてのタコに共通だが、腕の1本に吸盤の先までトリックが仕込まれており、細い溝を通して精包を放出できるようになっている。先端がまるでペニスのように充血することも含め、この腕はメスに挿入するための特別な付属肢なのだ。文字通り腕の届く距離から、タコのオスは精包を届ける。

しかしアオイガイのオスには、この種に特有のトリックがもうひとつだけある。かれらはメスに交接腕(hectocotylus)[*21]を挿入したあと、体から切り離し、自分は安全な場所に逃げ去って、まだ動いている残った腕に、配偶子輸送という危険な仕事を任せるのだ。メスのアオイガイは、しばしば複数の交接腕をため込んだ状態で見つかる。初期の博物学者たちはこうして見つかったミミズのようなものに困惑し、寄生虫ではないかと考えたほどだ。残念、それは繁殖という大仕事を自力でこなしている、ただの独立型挿入器でした。

挿入器の切り離しはアオイガイの専売特許ではない。ナメクジからクモまで、多くの小動物がこうした「挿入後分離」するペニスを使い、危険な代償を伴う交尾に対処している。雌雄同体のバナナナメクジの場合、交尾後にお互いのペニスが抜けなくなると、片方が体内に入り込んだもう片方の挿入器を嚙み切ってしまう。こうして去勢したあと、嚙み切った側はまだ体内に残る相手の挿入器を食べるようだ。栄養がそう簡単に得られない時は、毒にならないかぎり、どんなものでも貴重な食料なのだ。

オキアミの海中演習

オキアミと呼ばれる、小さく透明な甲殻類の話題といえば、たいていクジラが濾過食する餌だとか、あるいはその個体数減少が海の食物連鎖の崩壊につながる、といったものだ。オキアミの繁殖は、個体群の崩壊と健全な海洋生態系をつなぐ重要なトピックだが、つい最近まで、オキアミがどんなセックスをするのかについて掘り下げて調べる人はいなかった。なかなかの見ものだというのに、残念な話だ。オキアミの海中演習はおおまかに5段階からなる。追跡、探索、抱接、屈曲、そして押し込みだ。この間のどこかで、精包が輸送される。

オキアミのセックスを観察するのは簡単なことではない。世界でもっとも寒い場所の海底付近に棲む、小さな[22]ナンキョクオキアミ *Euphausia superba* の場合はなおさらだ。しかし、ナンキョクオキアミは南極

＊20　ヴェルヌはこの行動について、同じ文のなかで次のように描写している。「その後、理由は定かではないが、かれらは突然恐怖にかられた。信号に従うかのように、すべての帆を唐突に降ろし、腕を畳み、体を縮め、殻の重心を変化させてひっくり返り、集団全体が波の下に消えた。一瞬のことだった。これほど統率のとれた演習行動は、どんな艦隊にもできたためしがないはずだ」

＊21　この腕は最初、オスの左眼の近くの嚢の中で発達するため、腕が7本しかないように見えることもある。8本目の腕を使ったあとは、実際にそうなる。

海の生態系の基盤であり、地球上の多細胞生物のなかで最大のバイオマスをもつ生物なので、その研究はきわめて重要だ。そんなわけで、オキアミには多大な労力をかける価値がある。[*23]

極地研究者たちは、低温、海水、深海の水圧に耐久性のある自動ビデオカメラを海底の16カ所に沈め、オキアミの繁殖行動の瞬間を収めようと試みた（この時点では交尾がどこでおこなわれているのか、かれらも知らなかった）。プロセスを捉えた質のいい動画の撮影に首尾よく成功したかれらは、一般人にも何が起こっているのかわかりやすいように、特定の個体を追跡する形で編集を加えた（やっぱり動画があるのだ）。

この研究が発表されるまで、オキアミの交尾はありふれた退屈なもので、海の浅いところでおこなわれるのだろうと考えられていた。だが実際は退屈する暇もなく、それにいつも海面付近が会場になるわけではない。そこで深海カメラが投入されたわけだ。

産卵前のメスは、たいていの妊娠中の生き物の例に漏れず、体が大きく膨らんでいる。オスはそんなメスを追跡する（オキアミの海中演習の第1段階だ）。この段階では、オスはおそらくまだ挿入器を「充塡」していない。つまり、第1腹肢にある交接器（petasma、複数形はpetasmata）と呼ばれる構造にまだ精包が詰められていない。追跡中に充塡していたら、遅れをとってしまうからだ。精子のロリポップを肢にくくりつけたままメスを追いかけるのは得策ではないだろう。

追跡を終えると、次のステップである、探索と抱接に入る。この抱接の段階で、腹肢にある交接器がロックされ充塡されると考えられている。腹肢は抱接に使わないからだ。オスは片方の交接器を使って生殖孔から精包を取り出し、もう片方の交接器に渡す。片手で脱いだ靴下を、もう片方の手に持ち替えるようなものだ。オスはそのあと、交接器にあるフックを使い、メスの胸部にある専用の場所に精包を収める。「抱接」から「屈曲」（オスが腹部で器用な操作をする）に移る間のどこかの時点で、精包の輸送が完了する。両段階に要する時間は合わせても約5秒。オキアミは海の「高速車線」で生きている。

オキアミの交尾の最終段階は「押し込み」だ。これまでの段階がエビなどほかの甲殻類にも見られるのとは異なり、これはオキアミに特有の行動だ。オスは頭をメスにぶつけ、2匹はT字型をつくって、ぐるぐる回転する。

研究者たちは、この「押し込み」がメスの体内で精包を破裂させ、精子の放出を促すのではないかと考えている。つまりオスは、精子入りの風船をメスに送り込んだあと、頭突きをして風船を割るのだ。

オキアミの海中演習は、開始から終了まで約12秒。こうして文章にしたものを読む時間と比べれば、短時間にずいぶんたくさんのことをやり遂げるものだ。

発射されるハチ

小さいながらも大いなる力を秘めた剣が、交尾のために捧げる最大の犠牲、それは剣そのもの、あるいは生命までも差し出すことにほかならない。オスのミツバチの交尾飛行は、飛行機の中でのセックスのようにファンタジーめいて始まるが、唐突な死によって幕を閉じる。最初に膨大な数のオスバチが集合し、この集団は「drone comet」と呼ばれる〔droneは本来「オスの(ミツバチ)」を意味する〕。これに惹かれた処女女王は、巣から飛び立ち、ブンブンと羽音を立てるオスバチの集団の中にまっすぐ飛び込んでいく。一匹、また一匹と、幸運な(?)

＊22　長さ約6センチメートル。
＊23　オキアミ目には85種が知られるが、どの種についても繁殖行動に関する知見は乏しい。とりわけ野生での繁殖行動についてはほとんどわかっていない(この区別は重要だ。あなただったら、飼育下と野生下で同じような繁殖行動をとるだろうか?)。

オスたちがメスとの交尾を果たす。

ことを終えたオスは、爆発的な射精によって女王から弾き飛ばされ、挿入器は体から分離して、メスの体内に残る。メスは飛びつづけるが、オスは死ぬ。すぐさま次のオスがやってきて、前のオスが残した分離したペニスを取り除いたあと、同じことを繰り返す。こうした爆発的交尾を何度か済ませると、女王は集めた精子をため込んで、のちに産卵するたびに取捨選択して使う。

オスのミツバチのペニスはとても小さいので、電子顕微鏡でなければよく見えない。それでも、射精の威力は体を吹き飛ばすほど強烈だ。ミツバチは、小さいながらも想像を超える力を秘めたペニスの代表例だ。

子孫繁栄のために自身を犠牲にするのは、ミツバチのオスだけではない。ミツバチの場合、みずから致命傷を引き起こすと考えられる。ただしおそらく、魅惑的なメスが放つフェロモンの影響で、オスは我を忘れているだろう。

ミツバチのこの行動には、不可解な部分がある。というのも、残された挿入器がライバルのオスを遠ざけることもないし、最後に交尾したオスがより高い繁殖成功を収めるわけでもないのだ。一方、ミツバチの親戚である、マルハナバチ（*Bombus*属）[*24]では事情が異なり、オスは交尾栓を残して、メスがほかのオスと交尾するのを妨げる。もしかしたら、かつてはミツバチでもこうした効果があったが、何らかの理由で失われたのかもしれない（そう、機能の喪失もまた進化なのだ。あなたにしっぽがないように）。

挿入器の分離が織り込み済みである例をもうひとつ。美しく雌雄同体のチリメンウミウシ（*Chromodoris reticulata* または *Goniobranchus reticulatus*）は、深紅の体に網目状の模様からこの名で呼ばれる。見た目はびしょ濡れのフラウンスを着た水中の雄牛のようで、頭にある角のような1対の触角（rhinophore）でにおいを感知し、ふさふさした二次鰓がお尻を飾りたてる。[*25]

チリメンウミウシは交尾の際、挿入器の一部が折れてしまっても、まだ2回は再利用できると研究者が報告した結果、この生き物は世界に名を知られることになった。挿入器はいざという時まで体内にらせん状に圧縮収納されていて、折れた部分は徐々に再生し、次のペニスになる。

一方、挿入器が折れることは、以前に交尾したライバルの精子を除去するのに役立っているのかもしれない。研究者によると、チリメンウミウシが挿入器の欠損から回復するには丸1日かかるらしい。これほど唐突ではない、もっとスローなプロセスとして、海生巻貝やフジツボのなかには季節ごとにペニスを脱ぎ捨てて、次の繁殖期にまた新しく生やすものもいる。

1億年前のスパイダー・オブ・ザ・イヤー

クモもまた、挿入器やその一部を折り取ることで知られる。このやり方が出現したのは、多くのオスのクモにとって交尾が、パートナーに捕食され、自分自身が究極の婚姻ギフトになってしまう危険と隣り合わせであるからだろう。長年の課題に対する、昔ながらの解決法であることは、2015年の「スパイダー・オブ・ザ・イヤー」を見ての通りだ。すばらしい標本にこの賞を授けたのは、自分だけの研究室でクモの化石の研究に数十年を捧げてきた、ヨルグ・ヴンダーリッヒだ。

*24 トーマス・ハーディの『キャスタブリッジの町長』に登場するマルハナバチへの言及は、J・K・ローリングの『ハリー・ポッター』シリーズのキャラクター名の元ネタになったようだ。「彼女はもう「マルハナバチ（ダンブルドア）」とは呼ばずに、「おとなしいハチ（ハンブルビー）」と呼び、眠れなかった日の翌朝には、使用人に「うなされていた（ハグリッド）」とは言わず、「消化不良を起こしていた」と言うだけになった」

*25 『フォーブス』のオンライン記事でも使った表現だ。

2015年のスパイダー・オブ・ザ・イヤーを受賞した*Burmadyctyna excavata*は、1億年前、現在のミャンマーにあたる場所に生息していた。2・8ミリメートルしかない小さな標本で、絶滅したコガネグモの一種だ。ヴンダーリッヒがこのクモを選んだ理由は、挿入器である触肢の先端にある、栓子と呼ばれる精子輸送を担う構造にある。

ヴンダーリッヒは、現生のコガネグモの行動をもとに、1億年前のこのクモが、樹液のしずくに飲み込まれるまで、どのように生きて繁殖していたかを推測した。彼は栓子に「きわめて珍しい構造」を見出した。12本のらせん構造がひとつの円筒形をなしており、引き伸ばすと長さはクモの体の3・5倍に達する。クモの構造に精通したヴンダーリッヒは、基部が細くなっている点に目をとめた。現生のコガネグモの挿入器には、あらかじめ決まっている破断箇所があり、その先は交尾後にメスの体内に残される。ヴンダーリッヒは、琥珀の中のこのクモの例のくびれも、同じ機能を果たしていた可能性があると考えた。

ヴンダーリッヒはこのクモの標本を3つ保有しているが、どの個体も性交渉の経験がなかったと、彼は結論づけている。3個体とも、栓子をひとつも失っていなかったからだ。触肢はどれも無傷で、破断箇所が確認できた。交尾に至る前に樹液に飲み込まれたのだ。

このような交尾栓は、現代のクモに広く見られるが、かつて分類学者たちはその使用頻度を過小評価していた。構造が確認しやすいよう、メスの内部生殖器を「洗浄」する処理が一般的だったためで、この処理で交尾栓も失われていたのだ。「洗浄」された物体のほとんどは、おそらく挿入器のかけらだったのだろう。

ヒメグモ科の*Tidarren cuneolatum*の場合、オスは交尾のポジションにつく前に、挿入器を完全に喪失する。自分で自分の触肢を折り取ってから、自分よりはるかに大きなメスに近づくのだ。

切断のプロセスはかなり痛そうだ。オスはまず、触肢と脚を念入りに掃除し、続いて片方の触肢を「特別な姿勢で」上方に掲げる。もう片方の触肢でこれを支えつつ、上げた触肢により糸を絡め、8～15回転する。こうして縛り上げて、触肢を折るのだ。1度目でうまくいかない時は、折れるまでこれを続ける。[*26]

そのあとはメスの番だ。メスは求愛可能であることを、「第2脚による振動（twanging）」と呼ばれる方法で知らせ、体を振動させる。メスが「第2脚」で振動させるのは、オスが生成した交尾糸だ。しばらくすると、オスはメスの脚に糸を付着させ、急いで離れたあと、この糸を引っ張る。メスはこうして刺激されると弱いらしく、交尾姿勢をとり、脚を投げ出して横向きになる。オスはスプーンで食事するように、折り取った触肢を挿入し、こうして交尾がおこなわれる。そのあと、オスは腹部を47～246回にわたって拍動させ、そうするうちに体はしぼんでいく。オスはまさに、体から生命を絞り出すのだ。

メスはことが済んだと認識すると、オスを押しのけ、彼を糸で包んで、まだ残っている中身を吸いつくす。一連の行動を記述した研究者によると、「オスはまったく抵抗しない。死因は明らかに過労だ」。交尾の最中に命を落とすオスもいる。

一方、メスはまだもう片方の生殖開口部を使って交尾ができ、最初のオスをまだ食べ終わらないうちから、新しい交尾糸を揺らして次の交尾にとりかかることさえある。オスの自己犠牲にはまだ上がある。セアカゴケグモ *Latrodectus hasselti* のオスは、交尾中に宙返りしてメスの口に近づき、わざわざメスに食べてもらいやすい姿勢をとる。まさに究極の婚姻ギフトだ。

＊26　触肢を折り取る理由は、体重を減らして、より速く、より長く移動できるようにするためかもしれない。片方の触肢を捨てたオスは、両方が揃ったオスよりも約50パーセント速く走り、3倍の距離を移動する。オスたちはメスを発見するため、長い距離を垂直移動しなければならないことがよくある。

第8章　ペニスフリーからあいまいな境界へ

ここまでわたしたちが出会ってきたペニスは、複数の同種個体の間でどのような求愛と交尾がおこなわれるかを示すものだ。武装の有無、装飾つきか地味かといった特徴から、その用途に関する情報を読み取ることができる。膣については、ペニスに比べてあまり探究が進んでいないが、それでもわかっているかぎり、その生物種がどのような求愛をするかの手がかりが得られる。だが、挿入器が未発達だったり、完全に欠けていたり、あるいはメスが挿入器をもっていたりして、それでも体内受精を必要とする種の場合はどうだろう？　これから紹介していくが、こうした動物の求愛と交尾においては、複雑な動作、新しい専門用語、それにあの手この手での姿勢の安定が必要になる。

すばらしき胚発生標本

ヘンリーはさまざまな経験をしてきた。彼は世界記録保持者であり、数十年にわたる独身生活に終止符を打ったあと子を残し、王子にも会った（英国のヘンリー王子）。彼はおそらく、世界でもっとも有名なムカシトカゲだ。彼の種である*Sphenodon punctatus*は、独自の系統の最後の生き残りだ。トカゲに似た（だがけっしてトカゲではない）このグループのほかのメンバーは、中生代（2億５２００万～６６００万年前）には40種以上を数えたが、この種以外はすべて死に絶えた。

ヘンリーと仲間のムカシトカゲたちは、のちにニュージーランドと呼ばれる島々に人類が上陸して以来、絶滅の淵に立たされてきた。ヒトが捕食者や競合種を持ち込んだせいだ。数百年にわたってこうした苦難をくぐり抜けた、この風変わりで長生きな爬虫類たちは今、飼育下繁殖プログラムのおかげで生きながらえている。ヘンリーが世界的に有名になったのもこのためだ。

彼が飼育下繁殖プログラムに組み込まれたのは１９７０年のこと。ヘンリーは当時70代で、寿命が優に１００年を超えるかれらとしては中年だった。その後39年にわたり、人々はヘンリーにさまざまなタイプのメスを紹介してきたが、彼の反応は決まって無視か攻撃で[*1]、一度として交尾を試みることはなかった。

ところが２００８年、御年１１０歳のヘンリーのなかで何かが変わった。生殖器周辺にあった腫瘍を除去する手術を受けたあと、彼は唐突に、メスもそう悪くないと思うようになったらしい。以前にヒトがミルドレッドという名のメスと彼を一緒にした時、彼は彼女の尾の先を嚙みちぎった。ところが２００９年にミルドレッドとの再開を果たすと、ヘンリーは彼女に魅力を感じ、ついに交尾に至った[*2]。

こうして十数カ月後（ムカシトカゲは孵化に要する時間も長い）、彼とミルドレッドの間に11頭の子どもたちが誕生した。ムカシトカゲに子育ての概念はなく、孵化した子を食べてしまうことさえあるので、子どもたちは両親から引き離された。だがもちろん、飼育を担当する人間たちは、かれらに細心の注意を払った。そのひとりがムカシトカゲのエキスパートであるリンジー・ヘイズリー[*3]で、彼女は孵化の知らせを受けて休暇先からとんぼ返りした。

ヘンリーはムカシトカゲのオスとして、いかなる挿入器も一切使わずに子種を仕込んだ。ペニスも、陰茎も、エデアグスも、唇舌も、腹肢も、栓子も、交接腕も、触肢も、偽陰茎も、精包も、輸精管も、皮下注射針も、恋矢も、ヘッドギアも、陰茎状器官もなしだ。彼とミルドレッドは、挿入を伴わない体内受精方法である「総排出腔キス」で、繁殖成功を達成した。彼には総排出腔があり、彼女にも総排出腔がある。何をどうするかは言わずもがなだ。

　総排出腔どうしの接触と、オスからメスへの精子の輸送には、ほんの数秒しかかからない。キスというより、ちょっとつつくだけだ（つつくための棒はないのだが）。１ミシシッピ、２ミシシッピ、３……はい、完了！〔英語ではMississippiという単語を言い終わるのに1秒かかるとされ、秒数を数えるのに使われる〕

　この交尾法に加え、全体にいろいろと昔気質なところからして、ムカシトカゲに挿入器がないことは、有羊膜類がペニスを進化させる前のやり方を貫いているためだと考えられてきた。さらに、すでに述べたように、ムカシトカゲはペニスのない祖先系統から進化してきたという前提に立てば、有羊膜類においてペニスの獲得は複数回あったことが示唆された。ヘンリーがこの世に生まれた頃に起こった、いくつかの偶然のめぐり合わせがなければ、わたしたちは今でもそう考えていたかもしれない。

＊1　彼はとても怒りっぽく、人々は彼を「偏屈じいさん」と呼んで、ほかの個体から隔離した。

＊2　ミルドレッドは反対にとても辛抱強かった。

＊3　ヘイズリーはムカシトカゲ飼育下繁殖の専門家で、サウスランド博物館に在籍して数十年になるベテランだ。地元のマオリの指導者たちとの合意のもと、プログラムで誕生した１０５頭のムカシトカゲのほとんどは、現在は近隣の島々の自然のままの生息地に暮らしているが、ヘンリーは今後も飼育下で過ごす。

100年の秘密

20世紀がまもなく幕を開けようという頃、英国の動物学者であり、卓越した発生学研究で知られるアーサー・デンディー[*4]が、ニュージーランドのクライストチャーチに渡った。カンタベリー大学の講師として採用された彼は、引き続きカイメンの分類に取り組みつつ、カギムシ[*5]（詳しくは後ほど）にも手を出そうかと考えていた。滞在中、彼は同僚からムカシトカゲを調べてほしいと促されたが、その時は興味がもてず、断っていた[*6]。

ムカシトカゲは注目に値すると彼が考え直したのは、オーストラリアのスキンク（トカゲの一系統）の胚を調べていた時だった（スキンクから得られた啓示なんて、いいものに決まっている）。彼がそう考えたのは、スキンクの胚に「頭頂眼」を発見し、さらに後頭部の中央に位置するこの眼のような構造が、ムカシトカゲにもあることに気づいたためだった[*7]。

興味をもったデンディーは、スティーブンス島の熱心な灯台守のサービスを利用することにした。ムカシトカゲが広く分布していたこの島は、動物「保護区」に指定されていたが、実際は名ばかりだったようだ。P・ヘナガンという名の灯台守は、この島で家族とともに暮らし、家畜を育てつつ[*8]、ムカシトカゲの巣穴を片っ端から壊してかれらの生活をかき乱し、デンディーに数百個の卵を送った。節操なしに増えるドブネズミとの競合を強いられ、ヒトが持ち込んだ捕食者に襲われ、島をのし歩く牛たちに踏み潰されと、ムカシトカゲはそれまでも散々な目に遭ってきた。にもかかわらず、ニュージーランド政府はデンディーがヘナガンを卵の採集人として雇うことを認めた。

この計画は十分に討議されたものではなかったようだ。最初の卵は6週間に一度しか来ない本土との連絡船で輸送され、しかも梱包方法はまちまちで、どれをとっても卵が生存できるとは思えなかった。最初の何度かの発送は失敗に終わり、これだけでもムカシトカゲの個体群にはかなりの打撃になったはずだが、そのあとヒトはようやく、島の砂を詰めたブリキの缶に卵を入れるとうまくいくことに気づいた。それでも砂が湿りすぎていればカビで、乾きすぎていれば脱水で、卵は死んだ。デンディーに送られた初期の標本のなかで「かなりの価値があり、十分に良好な状態」だと彼が認めたものは、たったひとつだった。

デンディーはこの卵をめぐって、ある「ドイツ人収集家」と熾烈な競争を強いられたらしい。この人物は島の所有権を主張し、みずから島を訪れて、デンディーより先に卵を手に入れようとした。彼の失望についてデンディーの文章には、ちょっとしたシャーデンフロイデ〔他人の不幸を喜ぶ感情〕がにじんでいる。「この夏に採集されたほかの卵はすべて彼に送られたが、わたしの聞いたところによると、輸送中にだめになったそうだ」。前門の名もなきドイツ人、後門のデンディーで、板挟みになったムカシトカゲに切り抜け

＊4　1865年1月20日、英国マンチェスター生まれ。「慢性虫垂炎」の手術後、1925年3月24日ロンドンにて死去。

＊5　彼はこの仕事に本格的に取り組み、同国の約2000体もの標本を同定し、海綿動物門の分類体系全体を再検討し、この分類群の世界的権威となった（B. Smith 1981）。彼はまた、動物が光を避けて生き、見つけにくいことをさす"cryptozoic"という言葉の考案者としても知られる。

＊6　のちにムカシトカゲに魅了されたデンディーは、自身の研究の集大成として『回想——ムカシトカゲの発生の概要（*Memoirs: Outlines of the Development of the Tuatara, Sphenodon (Hatteria) punctatus*）』を著した。

＊7　デンディーは「頭頂眼」についても論文を発表した。眼によく似たこの構造は、脳部位のひとつである松果体の機能との関連が知られている（M. Jones and Cree 2012）。

＊8　灯台守がデンディーに送った手紙のなかに、次のような記述がある。「わたしの助手のひとりは、斜面を削って羊の囲いに続く小道をつくりました。道をつくるうちに、彼はトカゲの巣穴を壊したようなのですが、その時は気づきませんでした。1月半ばのある日、わたしたちが屠殺する予定の羊を連れてこの道を歩いていると、わたしの子どものひとりが、掘削面から突き出ている卵に気づきました。調べてみると、以前ここに巣穴があったことがわかりました」。ムカシトカゲからすれば、ヒトの占領下の生活は穏やかとは程遠かったようだ。

る術はなかった。

結局、デンディーは数年間かけて、胚発生のさまざまな段階にある170個の「使える」卵を手に入れ、これらをアルファベットで区別した発生段階に分類していった。灯台守との文通のなかで、デンディーはこの卵泥棒から、ムカシトカゲの生態についても多くを学んだ。

ムカシトカゲは島に棲む地上営巣性の鳥がつくった複雑な巣穴に居候し、その中に卵を産み、時には鳥のヒナを食べた。鳥からすれば迷惑な入居者に思えるが、何らかのメリットがあるのかについて、デンディーは何も述べていない。また、デンディーはヘナガンに、さまざまな発生段階を見られるよう、卵の採集時期を分散させてほしいと頼んでいた。この要望が、1世紀以上の時を経て、同じようにムカシトカゲに関心をもつ研究者たちに、決定的に重要な役割を果たすことになる。

デンディーは、自身の「すばらしい胚の数々」のうち4点の標本を、ハーバード発生学コレクションの管理責任者であるチャールズ・マイノット（1852-1914）に送る役目を買って出た。マイノットは、この貴重な標本を図示し、そのあと顕微鏡観察のためにスライスしてプレパラートをつくったが、こうしてできたスライド標本は収蔵され、詳しい観察がおこなわれないまま、1世紀にわたって忘れ去られた。

21世紀に入っても、生殖器の進化を研究する人々はまだ、有羊膜類においてペニスが何回進化したかという問題に答えを出せずにいた。ムカシトカゲ目最後の生き残りであるムカシトカゲは、基幹的形質を備えているとされ、挿入器をもたないのが祖先状態と考えられた。総排出腔キスによる体内受精が昔ながらのやり方だと、ムカシトカゲは告げているようだった。それはすなわち、陰茎をもつほかの有羊膜類の系統（あるいは二次的に喪失した鳥類）において、ペニスが複数回進化したことを意味する。

この謎を解く方法のひとつは、シンプルにムカシトカゲの胚発生を観察することだ。個体発生は系統発生を繰り返す、とは必ずしも言えないのだが、大まかな示唆は得られる。ヒトの発生過程では、尾の基本プランが生じるが、のちに消失する。発生過程である構造がいったん形成され、そのあと失われる場合、その構造（ここでは尾）が祖先には存在し、のちに適応の結果として退化したと考えられる。自然淘汰はふつう、ある構造をつくる仕掛けを完全に消し去ることはない。胚の時期に起こるできごとは、歴史の深淵を読み解く鍵なのだ。

けれども、20世紀初頭すでに未来に暗雲が立ち込めていたムカシトカゲは、21世紀に入る頃には風前の灯だった。雑なやり方で卵を手に入れるどころか、すべての採集が厳格に法で禁じられていた。数年に一度しか繁殖せず、しかも性成熟までの期間がきわめて長い（約14年）という、じつにスローな繁殖サイクル（ヘンリーとミルドレッドを見ての通りだ）のせいで、飼育下繁殖プログラムも絶好調とは言えなかった。生殖器の発達を調べるためにムカシトカゲの胚を手に入れることは不可能だった。

本当にそうだろうか？　１９９２年、ハーバード比較動物学博物館は、マイノットによる創設のあと管理が行き届かず混沌をきわめていた胚標本コレクションを引き継ぎ、秩序をもたらす標本の整理作業を開始した。こうして整頓されたなかに、１世紀近く前にデンディーが地球の裏側から発送した標本をもとに、マイノットが作成したスライドがあったのだ。この記録の存在を知って、フロリダ大学のトーマス・サンガー、メリッサ・グレドラー、マーティン・コーンは光明を見出した。もしかしたら、この標本のどれかは、発生上のタイミングも構造の保存状態も完璧で、胚発生の過程でムカシトカゲの生殖器に何が起こるのかを示す、決定的瞬間を収めているかもしれない。

４つの標本のうち、有望な候補は標本番号１４９１のひとつだけだった。角度が少し傾いていて、注目のエリアは危うく肢芽に隠れそうになっていた。だが、サンガーたちは現代の先端技術の助けを借りて問題を解決した。ＣＴスキャン画像を使ったモデリングの要領で、かれらはスライスされた胚をデジタル化し、胚全体の３Ｄ復元像を作成したのだ。

全体像を完成させたチームは、四肢を消し、胚のカーブした胴体をまっすぐにした。すると、そこには紛れもなく、1対の生殖隆起があった。ほかの有羊膜類ではのちに生殖器へと発達するパーツが、確かに存在したのだ。ムカシトカゲはペニスをつくりはじめるが、その後、孵化までのどこかの時点で、発生プログラムに基づいて消去する。この古風な動物の祖先にもペニスはあった。すなわち、すべての有羊膜類の祖先にもペニスがあり、胚のコードに書き込まれたそのレシピを、使うも使わないも母なる自然の思うがままだった可能性が高い。幸運な偶然のめぐり合わせによって、120年前に受精し、標本となって米国に送られたムカシトカゲの胚の肢芽の部分が、有羊膜類の生殖器の系統樹を書き換えることになったのだ。

挿入代わりのおいしい一口

1世紀以上も謎のままだったムカシトカゲの生殖隆起だが、その知見はわたしたちが鳥についてすでに知っていたことと一致する。第2章で取り上げた通り、鳥類の97パーセントの種にはペニスがないが、胚の段階ではムカシトカゲの胚で見つかったのとそっくりな隆起を形成する。その後、遺伝的プログラムが発動し、隆起は消滅する。ニワトリなら、コックなしの雄鶏になるわけだ[*9]〔cockは「雄鶏」の意味だが、俗語では「陰茎」を意味する〕。研究者たちは、ムカシトカゲでも同様のプログラムが作用するのだろうと考えている。

　また、これもムカシトカゲと同様に、ニワトリやその他の挿入器をもたない鳥たちも、総排出腔キスで配偶子をパートナーの体内に送り込む。キスにかかる時間はわずか数秒だが、それに至るプロセスは、ジェーン・オースティンの小説に出てくる形式ばったダンスも顔負けの複雑さだ。

　体内受精に親密で暴力的でない接触が必要な動物たちが、その達成までにどれだけ苦労しているかを見てみよう。コガネグモのオスは自分の触肢を折り取って、生命力のすべてをつぎ込んだが、ここでの準備はそれとは異質だ。少なくともヒトの目には、鳥たちの求愛は、穏やかで平和な方法で感覚的・身体的な同意を確立するものと映る。

ここではニワトリを紹介しよう。見出しの「おいしい一口」も、雄鶏の求愛の一部だ。オスはこの段階で、おいしい餌のかけらや、身の周りにある食料以外の何かを、あこがれのメスにプレゼントする。さらに彼は、決まった振り付けでダンスを踊り、彼女がその一連の動きに魅了され、うずくまってマウントを許してくれるよう願う。

順番はこうだ。まず、オスが意中のメスに近づく。オスはワルツを踊るようにステップを踏み、そして翼を低い位置で、地面に触れるように広げる。まるでルイ14世の廷臣のダンスだ。この段階で、メスはうずくまって関心を示すか、一歩引き下がるか、あるいは全力で逃げ出す。どれになるかは、求愛するオスのダンスをどれだけ気に入るか次第だ。

ステップと翼の動きを何度か繰り返し、高揚してきたオスは、メスにマウントを試みる。メスの頭を後ろから翼の下にたくし込み、足を彼女の背に乗せて、体を持ち上げる。成功した場合、オスは両足をメスの背に乗せて、自転車に乗っているように足を動かしつつ、総排出腔キスをする。メスの尾を避けるようにオスが尾の向きを変えていれば、交尾は成功だ。

再びムカシトカゲに話を戻そう。ニワトリと同じで、かれらが採用するのも総排出腔キスによる交尾だった。精子を輸送するのに総排出腔どうしの接触が必要となると、ただ走り寄ってぽんと当てるだけ、とはいかない。なにしろ、どちらの総排出腔もほとんど地面に接しているような位置にあるのだ。幸い、た

＊9　ペニスをさす多くの言葉の元ネタになっている鳥にペニスがないのは、じつに皮肉だ。

くさんの動画と大いに参考になる1本の論文のおかげで、かれらが何をどうするかはよくわかっている。研究者たちは求愛の一部始終を観察し、そわそわしながら待っている世界に向けて、詳細を報告してくれたのだ。

ムカシトカゲの求愛行動を記録するため、研究チームはオスとメス1頭ずつを専用水槽（トゥアタリウム）*10に同居させ、照明を調整して日没後のムードを演出した。それまでの6時間、2頭はほとんど不動だったが、偽の「夕暮れ」シグナルを感じとるやいなや、オスはメスから30センチメートルほどの距離まで接近し、ディスプレイを開始した。彼は体を起こし、クレストと呼ばれる背中の突起を雄鶏のとさかのように直立させた。次に彼は、研究チームいわく「誇示的ディスプレイ歩行」に入った。かれらはこの動作を、ドイツ語で威張って歩くことを意味する「ストルツァー・ガング」とも呼んでいる。オスは行進しながら、四肢を回し、前半身を起こした。もし翼があれば、ニワトリの翼ウェーブ・地面タッチ・ステップの組み合わせにそっくりになるところだが、代わりに彼が使うのは4本の肢だ。このオス（名前はない）は1分間に25・8回もこの動作を繰り返しつつ、じわじわとメスに近づいた。

メスは最初、手足の動きにあまり魅力を感じなかった、あるいは惑わされなかったらしく、はっきりと逃げ回っていた。オスは彼女を追い、今度は飛びかかって彼女の首に噛みつくと、誇示的歩行を再開した。当然ながら、メスはまた逃げる。求愛途中のこのペアは、同じ流れを12回も繰り返した。ムカシトカゲはきっと、自分たちはとてつもなく長生きなのだから、じっくり時間をかけた方がいいと、本能的に知っているのだろう。

13回目が決め手だったようで、この時オスは突進したが噛みつかず、代わりにメスの腰によじ登った。メスは這いすすんだが、オスはそのまましがみついた。メスはそのまま、小さな円を描いて這いつづけた。オスはずり落ち、またよじ登った。これが8回続いたあと、メスが動きを止めた。この小休止を利用して、オスはメスの肩まで前進し、短い前肢と後肢でメスを抱きかかえ、自分の尾をメスの尾の下に差し入れて、総排出腔キスをした。交尾は15秒で終了した。2匹はお互いから離れ、水槽の両端に陣取ると、そのまま2時間じっと静止した。長い生涯におけるこの選択の意味を考えていたのかもしれない。

特別な精包輸送

精包については本書で何度も取り上げてきたが、その輸送手段がいつも何らかの挿入器であるとは限らない。自律的に移動するもの、頭に高く掲げられるもの、地面に貼り付けられるもの。相手の体表面にぶちまけられて、そのあと吸収または摂取されるものもある。挿入器は必須ではないのだ。

むしろ、多くの場合に必要なのは、決まった振り付けの求愛ダンスだ。そこでは、メスがリードすることも珍しくない。

トビムシの精包サンバ

トビムシを見たことがない人もいるかもしれないが、かれらは一説によれば、地球上でもっとも個体数の多い動物とも言われている。わたしたちがかれらに気づかないのは、ヒトが大柄で不器用で、小さく（例えば全長1・8ミリメートル）、跳躍する（名前の由来）、ほぼミクロの世界の動物を観察するのに慣れていないせいだ。

＊10　この言葉はわたしの創作だ。

トビムシにはいくつかの繁殖様式が見られ、なかにはオスを完全に廃止した（詳しくは後ほど）種もいるが、精包を使う種は、そのやり方を極めている。かれらのスタイルには、頭突きやスイングダンスがたくさん登場する。もちろん動画もある。とびきり楽しいものが。

求愛動画のトビムシは *Deuterosminthurus bicinctus* という種で、ポーランドのワルシャワで2002年に撮影された。研究者たちはこの儀式を、ワルツとチャチャという、古典的なダンスの用語で説明しているが、フレッド・アステア（米国の俳優・ダンサー。1930年代から1950年代にかけて多くのミュージカル映画に出演した。1899－1987）のように機敏なオスの動きはすべて、足元に置いた精包にメスを誘導して、適切な角度で回収させるためのものだ。オスにとってやっかいなことに、メスは自分より大きい。だからこそ正確さが何より重要だ。

研究者によると、この求愛儀式の最大の「見せ場」は、オスが置いた精包をメスがどうするかにある。注目すべきは、メスが「拾ってくれるかどうか」ではない。「どこで」拾うかが問題だ。

最初にオスはメスに接近する。彼は小柄で、金色の体に2つの暗褐色の斑点が、眼の周りに黒い模様がある。彼女はずっと大きく、膨張しているように見える。おそらく卵がたっぷり詰まっているのだろう。[*11] オスが近づくと、メスは彼を捕まえて、ぶんぶんとスイングしはじめる。振り回されているオスは、必死でつかまる以外に何もできない。このパートが終わると、[*12] いちゃつくような頭突きの押し合いへし合いを180往復も繰り返し、そのあとオスは次の動作を考えはじめる。そう言えるのは、オスがときどき頭突きを避けてそっぽを向くからだ。精包のベストな置き場所を探しているのかもしれない。

こうしてついに、オスにとっての決定的瞬間がやってくる。彼はお尻をメスの頭に向け、精包という名の小さな宝物を排出する。そして向きを変え、柄のついた精子のパッケージがどうなったかを、心配そうに見守る。ここが肝心だ。オスは触角で精包に触れ、まっすぐ立てると、触角と口器の間に粘液のロープをかける。このねばねばのロープは、オスがメスを適切な場所に誘導し、生殖孔から回収させるのに役立ているのかもしれない。[*13]

2匹はまたもや頭突きの押し合いを始めるが、今度はオスはメスの体を物理的に動かして、彼女がちょうど精包の上にくるように計らう。万事うまくいったら、オスの贈り物の残りをどちらが食べるかをめぐって、ちょっとしたいさかいが生じる。勝者はたいてい、大柄なメスだ。

オスにとって避けたいのは、精包を置いた直後に、メスがそれに口器を近づけることだ。オスは触角を使ってどうにか宥めようとするが、いつもうまくいくわけではない。メスは時に、貴重な彼の精包を生殖孔に納めずに、ただ食べてしまう（あるいは論文の言葉を借りれば、「精包のすべてを吸い取る」）。オスは触角と口器の間のねばねばの糸でメスの注意をそらそうとするが、彼女は全部を食べつくすまでやめない。

求愛のじつに3分の1が、こんな結末を迎えるのだ。研究チームによると、「求愛ゲームの最終段階において、精子の扱いの決定権はおそらくメスにある」。

ただし、排出されたばかりの精包を食べてしまうのはメスだけではない。別のある種のトビムシ（*Orchesella cincta*）では、ライバルのオスどうしがメスの生殖器の内部ではなく、実際の地面で精子競争を繰

＊11　研究者はこの種の雌雄を判別する際、生殖器ではなく、相対サイズ、触角の長さ、行動に注目する。

＊12　この動画では、オス2頭が争う様子や、オスがメスに求愛しようとしたところに別のメスが現れてオスをさらう様子も収められており、後者には「競合するメスによるオスの連れ去り」との字幕が添えられている。

＊13　ダンスをしながらメスを適切な位置に連れていき、精包を回収させるのはトビムシだけではない。英語では「pseudoscorpion（偽サソリ）」と呼ばれるが、実際はサソリではないカニムシもそうで、かれらはダンスの時にもトリックを使う。一部の種のカニムシは、オスが触肢を使ってタンゴを踊りつつ、慎重に配置された精包の上へと、巧みにメスを誘導する。双方の同意に基づく親密な行為であり、最後は精子注入で終わるが、ペニスの出番はない（Eberhard 1985）。

り広げる。化学的シグナルをたどって、ほかのオスが置いた精包を見つけ、自分の精包と取り替えるのだ。

この種のオスは、メスが以前にいた場所よりも、ほかのオスが以前にいた場所に、好んで精包を排出する。かれらの繁殖行動は、目当てのはずのメスよりも、ライバルのオスに影響を受けるのだ。複数のオスを一緒に飼育すると、かれらはお互いの精包を食べて破壊する（だが、間違って自分の精包を食べることはけっしてない）。また、オスどうしの激しい競争があることが明らかな状況では、オスがつくる精包の数は少なくなる。つまり、これは非隠蔽的な、白昼堂々おこなわれる精子競争だ。これならメスを責める人はいないだろう。

突起のフィット

ウィリアム・エバーハードは、精包をディルドのように使うダニについて記述したが、[*14] それはオスが口器を使ってメスの膣を「そこで採食するかのように」[*15] 30分以上も刺激したあとに起こることだ。この耐久レースを完走したあと、オスはピンセットのような鋏角を使って、精包を適切な場所（膣、付属的な貯精嚢、脚など）に挿入する。この方法では、刺激と精子注入が独立している。

カギムシの1種 *Florelliceps stutchburyae* は、ほかのカギムシにしか愛せないような見た目だが、この2つのプロセスを再び結合させた。属内唯一の種であるこの動物は、ロイヤルアスコット（毎年6月に開催される英国王室主催の競馬レース）で英国王族がかぶる帽子も顔負けの、派手な頭部の構造をもつ。誰かが毛糸で編んだヤギの角を、とうもろこしの穂にかぶせたようだ。珍妙だが、それでもカギムシのメスにとっては重要だ。

研究者たちは、一部のカギムシが頭に精包を乗せることに気づいた。ふつう頭に生殖器官はないので、このような観察事例からは、いろいろと疑問がわいてくる。幸い、*Florelliceps stutchburyae* が答えを教えてくれた。

　この種のカギムシの繁殖行動の研究で、精包の使い方が明らかになったのだ。オスはニット帽とヤギの角の雑種のような構造を突出させつつ、メスの生殖開口部に頭を密着させる。メスは積極的にかぎ爪でオスの頭を押さえ、離れるまでそうしている。研究により、2匹が離れたあとで、メスの生殖開口部には中身が空になった精包が残されることがわかった。精子はすでに内部生殖器の中というわけだ。カギムシのオスは頭の突起を使い、配偶子をメスに受け渡す。メスは全面協力し、むしろ力ずくでオスにそうさせているようにさえ見える。

処女受胎

底冷えする1月のある午後、ボストンにあるニューイングランド水族館の飼育担当者たちは、いつも通り給餌と清掃の作業を始めようとしていた。その時、スタッフの1人があるはずのないものを発見した。アナコンダの飼育場に、いつもよりたくさんの入居者がいたのだ。どれも小さく、生まれたばかりのようだった。

　間違いなく子ヘビだった。全部で18匹で、どれも1メートルに満たなかった（最終的に生き延びたのは2匹のみ）。母親はアナという名の（たぶんラストネームは「コンダ」だろう）アナコンダで、同居していたほかの3匹もすべてメスだった（名前は不明だが、「コニー」「オンダ」「ダー」だろうか）。アナはオスに会ったことが

＊14　もちろん、彼がディルドと呼んだわけではない。
＊15　こちらは彼自身の言葉だ。

なかった。彼女は精子注入を受けず、挿入器にも触れないまま、[*16]全長60センチメートルほどの生きた子へビたちを産み落としたのだ。

アナがしたことは、有鱗目（トカゲとヘビ）における前代未聞の大事件、というわけではない。生殖能力をもちながら、メスばかりに囲まれた彼女は、未受精卵の中で完全な発達プロセスのスイッチをオンにした。未交尾で出産した飼育下のアナコンダですら、彼女が初めてではない。

有鱗目には、野生下で単為生殖（英語ではparthenogenesisといい、「処女出産」を意味する）をおこなう種もいる。ハシリトカゲの1種*Aspidoscelis uniparens*は、単為生殖をするのもそうだが、祖先種と同時に存在している点でも異例の生物種だ。かれらの親にあたる、同属の*A. inornata*（母親）と*A. burti*（父親）は今も健在だ。2種が交雑し、交雑個体が*A. inornata*と交尾して、2本ではなく3本ずつの染色体セットをもつ新たな種、*A. uniparens*が生まれた（種小名は「ひとり親」を意味する）。独立を果たした*A. uniparens*は、卵の有糸分裂によるクローン生殖で王位を継承した。通常の減数分裂ではない、生殖細胞以外の体細胞と同じ方式であり、そこには新しいトカゲの個体を発生させるプログラムが組み込まれている。

*A. uniparens*は、何のインプットもなしに、ただ自力で子トカゲをつくっているわけではないようだ。メスたちは偽交尾と呼ばれる段階を踏む。1匹がもう1匹にマウントし、そのあと横から体を巻き付ける。1匹がドーナツの真似をして、もう1匹がその穴に刺さっているような状態だ。もちろん、ここに挿入器の出番はなく、プロゲステロンというホルモンがこの行動を誘発しているらしい。だが、これにより細胞分裂のプロセスが開始し、卵が新しい*A. uniparens*へと発達するのだ。[*17]

繁殖という厄介ごとを、単為生殖によって解決している動物は多い。[*18]もちろん、単為生殖で生まれる子は、確率的に生じる突然変異を除いて、親のクローンだ。そして、なかには細菌感染により、この繁殖形式に切り替える動物もいる。

トビムシは少し前にも取り上げたが、このグループにも単為生殖する種がいる。だが、その原因は興味深い種間交雑でもなければ、異性が見つからない場合の非常手段でもない。これらの種における単為生殖の引き金は、ボルバキア *Wolbachia* と呼ばれる細菌に感染することなのだ。

この細菌は宿主の生殖器官、そしてここが重要なのだが、卵に好んで定着する。卵を狙うのがボルバキアにとって有利である理由は2つある。第1に、卵の内部に快適な細胞内環境があること。そして第2に、卵には初期発達段階を進めるための遺伝的プログラムがすべて揃っていることだ。

ボルバキアは卵にトリックを仕掛け、ふつうの体細胞のように振る舞わせて、分裂を開始させる。卵はもとからあるプログラムを利用して、新たなトビムシの個体へと成長する。これだけでも十分に狡猾だが、ボルバキアは遺伝的なオスの繁殖能力を低下させたり、感染したメスに体内の遺伝的なオスの子を殺させたりして、宿主にメスのみによる繁殖を促す。ボルバキアと宿主の関係は非常に強固で、抗生物質を使ってボルバキアを殺すと、そのあと産んだ卵はひとつとして正常に発達できなくなるほどだ。

クリトリスはクリトリス

クリトリスはペニスの劣化版という考えは世にはびこっていて、わたしもかつてその罠にはまった。この

*16 アナコンダのオスはヘビの例に漏れず、ヘミペニスをもつが、いつも必要というわけではないようだ。

*17 単為生殖するトカゲはほかにも数十種が存在する。また、アナコンダのアナが示したように、ヘビも必要とあらばこの手段を選ぶ。

*18 例えば一部のザトウムシがそうだ（Tsurusaki 1986）。サラマンダーにも有性生殖を放棄した種がいる。

アイディアの強みは、胚発生の途中で両者が同じ部分、つまり生殖隆起を端緒として形成される点だ。とはいえ、腕と脚がどちらも同じ肢芽から形成されるからといって、腕は二次的な脚だとか、「脚に似た付属器官」だと言う人はいない。

研究者も例外ではない。ふつうは女性のものである、クリトリスに関するこの説明を読んでみよう。「陰唇の端に位置する小さな肉質の突起で、男性器に似る」。やれやれ。

こうしたことは、ブチハイエナのように、クリトリスが非常に長い動物にヒトが遭遇した時に起こりがちだ。ブチハイエナの産道は、見るからに痛そうなカーブを描き、明らかに無理がありそうな細長いチューブ、つまりクリトリスの中を通っていて、実際に出産時には裂けてしまう。それでもまだ、ハイエナが子づくりを敬遠するほどの苦痛ではないらしい。

ハイエナのメスのこの構造は、もちろんクリトリスなのだが、単純に「特殊なクリトリス」とか「驚異の巨大クリトリス」と呼ぶわけにはいかないようだ。著名なブチハイエナ研究者たちでさえ、「大型のクリトリス性偽陰茎」と呼ばずにはいられなかった。ご想像の通り、そう呼んだ研究者たちはみな男性だ。逆に考えてみよう。もし女性が数百年にわたって科学界を牛耳っていたら？　平均以下のサイズのペニスはきっと、「小型のペニス性偽陰核」とでも呼ばれていたことだろう。

ハイエナだけではない。ある種のモグラでも、メスが非常に発達した外部生殖器をもち、研究者たちはこれを「ペニス型クリトリス」と呼ぶ。オス／男性と結びついた構造こそ、あらゆるものの完全版であるという、根強い先入観を維持してきた要因のひとつは、過去の分類学の慣習にある。多くの昆虫のタイプ標本はオスで、ある種とほかの種を区別する特徴を備えているのはオスだとされてきたのだ（ただし例外もあり、一部の甲虫や真社会性昆虫については、メスがタイプ標本となっている）。この前提に立つと、メスとメスがもつ構造は二次的なものとみなされ、「タイプ」であるオスの構造との比較によって語られる。このような慣習は、生物学の分野全体に広くはびこっている。そして社会にも。

メスの体の一部も含めたすべての物事について、オスとの関連ばかりを重視する風潮のせいで、メスとメスの生殖器、そしてメスの繁殖行動は「配偶のブラックボックス」として置き去りにされてきたのだと、生殖器研究者のパトリシア・ブレナンは述べている。

メスのペニス

1984年、コリン・R・〝バニー〟・オースティンは生殖器に関するレビュー論文のなかで、次のように述べた。「メスではなく、オスの器官と行動により注目したのは、オスの特徴がより顕著で、分類群間の差異がより大きいためである」

調べてもいないのに、差異を見出せないと言っているのは、なんとも奇妙だ。

オースティンのレビューが刊行されたのは、ウィリアム・エバーハードが性淘汰とメスによる選択を包括的に取り上げた著書の1年前だ。学術的で先見性に長けたエバーハードの著書でさえ（1985年の時点では、メスの動物についてわざわざ本を書くのはきわめて先進的だった）、挿入器をもつ性ともたない性の間には、確固たる境界線が引かれていた。「メスの形態にきわめて「侵襲的」、あるいはオス的な特徴が見られるグループもいくつかあるが、こうしたメスの器官の機能的意義はいまだ明らかになっていない」と、彼は述べている。

当時から、エバーハードはいくつかの動物の分類群（といっても、ダニのなかの4つのグループではあるが）のメスに「交尾管」がある事実を認めていた。だが、彼はそれらをオスの観点から解釈し、メスにあるにもかかわらず「外部精管」と呼んだ。

エバーハードの著書の刊行当時は、まだ知られていないことも多かった。だからこそ、彼は「把握と挿入を担う生殖器はオスに限られる」と、ためらいなく言い切ることができた。一方で彼は、オスとメスの目的が同一で、受精（そして子孫の誕生）という最終結果を目指しているとすれば[*19]、メスが把握と挿入をおこなう種も皆無ではないはずだと考えた。「なぜメスは一貫して挿入器を欠いているのか?」「なぜメスは常に配偶子を受け取る側で、送る側ではないのか?」と、彼は問いかけた。

今では、どちらも絶対ではないことがわかった。しかもそうした動物種はあまりに多く、あまりにさまざまな分類群に存在するため、単なる例外でむしろ法則性を証明するもの、とみなすわけにはいかない。

タツノオトシゴ

エバーハード自身、これは法則を証明する例外であるとして、タツノオトシゴに言及している。それどころか、仲睦まじいタツノオトシゴのつがいの写真はこの本の初版のカバーに採用されていて、2匹は顔の触れあう距離で向きあいながら、互いの尾をからませている。タツノオトシゴはオスが抱卵する「法則の例外」であることは、小学生でも知っている話だ。メスには管があり、これを使ってオスの育児嚢に卵を送り込む。お分かりの通り、この構造はペニスの基本的定義をあまり満たしていない。メスはこれを生殖器に挿入するわけではないし、育児嚢の中は厳密には体内ですらなく、一部は海水に触れている。

タツノオトシゴは管を使って卵を産むので、この構造は産卵管と呼ばれている。オスの育児嚢のすぐ上、メスが産卵する位置にもまた管があり、オスはここから絶妙のタイミングで配偶子を放出し（6秒ほどの間に完了させないと、すべてが無駄になってしまう）、即座に育児嚢にしまい込む（カンガルーのそれと同じで、英語では marsupium と呼ばれる）。

一連の流れを秒刻みで観察した研究者たちは、この繁殖形態は厳密には体内受精ではなく、「物理的な体内環境で起こると見られる体外受精」であると結論づけた。産卵と放精のタイミングがきわめて近接しているため、ほかのオスの精子が混入し受精をめぐって争う、精子競争は起こり得ない。6秒の勝負、というわけだ。

そんなわけで、タツノオトシゴの受精は実際のところ、どの法則の例外でもない。真の体内受精をするわけでもなければ、一方の生殖器を他方のそれに挿入することもないからだ。タツノオトシゴの産卵が示すのは、管と容器の使い方次第で、他人の配偶子が受精をめぐる競争に乱入する機会を制限できるということだ。

交尾のコントロール

一部の種のダニは、挿入器の機能を備えた「交尾管」をもち、「パッド状の」器官で交尾中のペアの姿勢を固定する。節足動物としては比較的ノーマルだ（かれらにノーマルがあるとすればだが）。ただし、意外な要素もある。「パッド状」器官を使う種は、今では化石として、琥珀の中に囚われているのだ。かれらは始新世前期（約3720万〜3390万年前）に生きていた、すでに絶滅した科のダニだ。この種の化石は「例外的にすぐれた保存状態の交尾中のペア」（うらやましい最期だと思う人もいるだろう）で、パッド状の把握器があるのはメスだった。また、挿入の機能をもつ交尾管は現生種のダニにも見られ、こちらもメスのもの

＊19　抱卵あるいは妊娠する側の性は繁殖により多くコミットするため、こちらにとっての利害は、抱卵や妊娠をしない側の性の利害とは一致しないこともある。

だ。メスはオスの生殖開口部に交尾管を挿入し、精子を吸い上げる。本物の体内受精であり、変わっているのは管が精子を送り出すのではなく、取り込むことだ。

このような吸引式挿入器は多くのダニに存在し、柔軟なホースのようなタイプから、硬くて「本物のエデアグス（オスの交尾器官）によく似る」ものまである。そう、またしてもオス中心のたとえだ。こうしたメスの構造は17の目（種ではなく、高次分類群である目なのだ）のダニに見られるというのに（ちなみに「非常に短い」交尾管をもつ種をふくむひとつの目はここでは除外されている）。これらの目は合わせて数千の属で構成されており、メスが交尾管をもつ種の数は、数十種は下らない。

同じような論調で、1985年のエバーハードの本には、甲虫の1種キタクロチビマルハナノミ *Cyphon padi* についても言及されている。この種のメスは、把握器（prehensor）と呼ばれる構造をオスに挿入し、花を摘むように精包を回収する。エバーハードはこれを「挿入性把握器」と呼び、配偶子を提供するのではなく受け取る側だという理由で、真の挿入器と区別した。もちろん、タツノオトシゴの場合はオスが配偶子を受け取っていたわけだが、誰も「産卵管」という名前を変えるべきだとは思わなかったようだ。

蝶のなかにも、メスが挿入器をオスに挿入し、配偶子を収穫する種がいる。ミドリヒョウモン *Argynnis paphia* は「不可解な器官」をもち、その外見は「ロゼット状のアコーディオン」というインパクトのある描写をされている。あるいはクリトリス、「豊穣の角」、コルヌコピアとも呼ばれている。研究者たちをこうした詩的表現に走らせた行動とは、メスがこの器官を「勃起させ」、オスの体内にある精包から精子を吸引するというものだ。オスの体内には一種のフックがあり、これを展開させてメスを精包のある位置に誘導する。観察記録は次のように締めくくられている。「このように、メスがオスに挿入するシステムは、一見したところ過剰装備だが、完全に問題なく機能する」

メスが挿入器をもつ動物に関する、ある総説の著者が述べたように、「この概念自体にさらなる検討が必要だ」。しかし、この著者で昆虫に関する一般書も書いているピエール・ジョリベも、メスによる挿入器の使用を、完全にメスの行動として受け入れることをためらったようだ。彼が執筆した総説は、『昆虫学事典（*Encyclopedia of Entomology*）』に「逆転交尾（Inverted Copulation）」という項目名（実際に起こっていることとは違うようだが）で掲載されており、そこではメスはオスに「軽く」挿入すると、なぜか強調されている。印象は人それぞれだろうが、ついさっき説明した蝶の行動は、それほど「軽い」ものだろうか。ともかく、彼の結論は「おそらくメスの勃起はまだ発見されていないだけで、ほかにも存在するだろう」というもので、この章の終わりまで読めば、この点で彼が正しかったとわかる。

固定観念を揺るがすトカゲ

わたしの家族の一員に、フトアゴヒゲトカゲ *Pogona vitticeps* のペトレイアスがいる。トゲトゲした生き物である彼の名前はうちの子がつけたもので、その意味が「岩場に生える、または生きる」であると知っていたかは怪しいが、確かにペトレイアスは岩を入れた水槽の中で暮らしている。日中の彼はじっと日光浴しているか、コオロギを食べているかで、見ていてそんなに面白い存在ではないし、彼もわたしたちにあまり関心がなさそうだ。けれども、ペトレイアスの仲間たちの生殖器の秘密を知ったら、興味を惹かれずにはいられない。

研究者たちは、フトアゴヒゲトカゲのすべてのメスがヘミペニスを発達させることを明らかにした。これらのヘミペニスは、メスが卵の内部で成長する過程で小さな構造（ヘミクリトリスと呼ばれている）に変化し、孵化の直前には完全に消失する。研究者たちはこの現象を「一時的雌雄同体」と呼んでいる。ほかのトカゲ、例えば胎生のメキシコアリゲータートカゲ *Barisia imbricata* では、この「一時的」な状態が誕生後1年以上も続く。
こうしたトカゲの胚発生から見て、進化の歴史において、ヘミペニスが生殖器発達の端緒となるプログラムであり、「メスの」発達シグナルの影響下では退縮することが示唆される。興味深い知見だ。というのも、長きにわたって、メスの発達は受動的な「デフォルト」であり、一方でオスの発達には遺伝子やホルモンや細胞シグナルの全面的な介入が必要で、これらが揃ってはじめて「自然の驚異」が形成されると考えられてきたからだ。ペトレイアスと同種の仲間たちの場合は、いったん形成されたヘミペニスが退縮する段階こそ、本当にアクティブな部分だったというわけだ。
オスとメスの生殖器がこれほど近い関係にあると、どこで線引きすべきか判断しがたく、また単純に個体の性で区別するわけにもいかない。というのも、多くの種のヘビやトカゲはオスもメスもヘミペニスをもち、しかも場合によってはメスの方が立派な構造を備えている。といっても、これ以上のことはよくわかっておらず、それはある研究チームいわく、オスを対象とした研究が「はるかに詳細」であるためだ。かれらは２０１８年の論文で、「今後の研究ではメスの発達を考慮すべき」だと指摘している。まったくその通りだ。

クマ、モグラ、ブタ……

それに、発達の連続性も考慮すべきだろう。リアリティ番組『サバイバー』のファンなら、２００４年のシーズン9が、バヌアツ共和国（旧名ニューヘブリディーズ）のある島でのサバイバルという設定だったのを覚えているかもしれない。２つのエピソードには現地の「部族」が登場し、ブタを追い回して、その牙を得るためのさまざまな技術を披露した。シーズンの幕開けでは、キャストを歓迎するバヌアツ住民たちが儀式のためにブタを殺し、このシーンは物議をかもした。

バヌアツにブタがいるのは、リアリティ番組のやらせではない。一方、シーズン中（わたしの知るかぎり）触れられなかったのは、バヌアツのブタのなかには生殖器に珍しい特徴をもつ個体がいて、それらが神聖視されていることだ。この島々には2系統のブタがいて、一方はアジアから約３２００年前にヒトが持ち込んだもの、もう一方はのちの時代にヨーロッパから来たものだ。古い系統であるナラヴェは、「tusker（牙あり）」とも呼ばれ、人々はその牙を丁寧に手入れして、カールさせたり、時には二重に渦を巻き顎を貫通する形に育てる。見た目はけっして美しいとは言いがたく、まばらな黒い剛毛と、不格好と評されがちな体型をもち、それに牙が顎を突き抜けている。それでも、このブタは現地住民にとって重要な存在であり、理由のひとつが、かなりの割合で半陰陽の特徴をもつ個体が見られ、それがおそらく遺伝性の形質であることだ。

バヌアツがまだ植民者たちにニューヘブリディーズと呼ばれていた頃、オックスフォード大学の動物学者ジョン・ベイカーは、農民たちが「ウィルデュー」または「ウィルギル」と呼ぶブタの調査という仕事（タスク）に取りかかった。彼は9頭を解剖する機会に恵まれ、これらの内外の生殖器について気づいたことをすべて綿密に記録した。結果をまとめた１９２５年の論文で、彼は理解しやすいよう、9頭を「もっともメス的」なものから「もっともオス的」なものまで並べた。

9頭のブタは、卵巣、卵精巣（卵巣と精巣の両方の特徴をもつ組織）、精巣をさまざまな組み合わせで備え、さらに未下降の精巣、大型のクリトリス、膣、前立腺、子宮、子宮頸があったりなかったりした。これらの器官の見慣れない組み合わせは個体によってまちまちだった（例えば個体3には膣、前立腺、子宮頸、精巣があった）が、全頭に共通していたのは「へその後方にある錐形の突起」だ。この突起の意義はよくわかっていない。

行動面では、ブタたちは「オスの性的本能」を示し、発情中（交尾を受け入れ可能な、いわゆる「盛りのついた」状態）のメスの存在を感じ取ると、猛烈な興奮状態に陥った。クリトリスがある個体では、それがメスに反応して勃起した。ベイカーは、遺伝学と進化学の「現代的統合」以前の、誰もDNAとは何かを知らない時代にありながら、これらのブタの内外の生殖器の形質には「遺伝性があるはずだ」と結論づけた。9頭のうち少なくとも2頭の父親が同じだったことが、その有力な証拠だった。

彼は正しかった。1996年におこなわれた研究で、一部のメスが産んだ子ブタの約20パーセントに、一貫して半陰陽の特徴が見られたのだ。この研究をおこなったジェームズ・マッキンタイアは、半陰陽の個体は通常の個体よりも顕著な攻撃性を示すと述べている。攻撃性はオスの特権、という固定観念からの逸脱だ。

ひとつの性別に特有とされがちな器官をミックスで備えている例は、ブタだけではない。一部の種のモグラは半陰陽であるだけでなく、どちらにも分類しがたい生殖器をもつ。1998年、カナダの野生生物学者マーク・カテットは、その60年前にジョン・ベイカーがブタにしたことを、クマを対象におこなった。アメリカグマ *Ursus americanus* とヒグマ *Ursus horribilis* の内外の生殖器を詳細に調べ、意外な特徴を記録したのだ。カテットがメスと判断した個体のなかには、「軽度のオス的発達」をとげ、尿道の通ったペニスと陰茎骨をもつものがいた。そのうちの2頭は姉妹で、いずれも陰茎骨を備えていた。ふつうのメスのクマに見られる陰核骨はせいぜい3〜4ミリメートルなのに、これらの個体の骨は53ミリメートルもあったのだ。

ヒグマの1頭には長さ30ミリメートルのペニスがあったが、それでも妊娠・出産の経験があったらしく、特有の傷跡が対になった子宮の内壁に残されていた。アメリカグマの1頭は2頭の子を産んで授乳中だったが、同時に120ミリメートルの尿道（アメリカグマのペニスはふつう165〜180ミリメートル）と95ミリメートルの陰茎骨を、ペニスの内部の「解剖学的に正しい位置に」備えていた。尿道は子宮にも接続していたので、このクマは尿道を通じて出産したのだろうと、カテットは結論づけた。

カテットはこうした特徴の原因として、ホルモンによる発達の誘発を攪乱する物質、例えばホルモンに似た構造をもつ殺虫剤などにさらされた可能性をあげた。この仮説に問題があるとすれば、オス的な構造の発達を妨げる物質はほとんど知られていないことだろう。ほとんどはエストロゲン類似物質、もしくはアンドロゲン抑制物質に分類されていて、いずれも、解剖学的特徴の連続体のなかで「メス」の側に見られるような構造をつくりだすと考えられるのだ。

日の下に（も、洞窟にも）新しいものなし

「交尾の際にパートナーの生殖器に挿入し、配偶子を輸送するもの」

第3章のこの言い回しを覚えているだろうか？　この定義では、配偶子がどちら向きに輸送されるかは指定されていない。つまり、ダニやその他の動物のメスが、挿入器をオスに挿入して配偶子を吸い上げ、体内にある卵の受精に使うのは、厳密な意味で完全にこの定義を満たしている。挿入――あり。パートナーの生殖器内――あり。交尾中――あり。配偶子の輸送――あり。

2018年、洞窟に棲むある昆虫に関する報告が、研究者と一般大衆に衝撃を与えた。この新種の昆虫は、生殖器と交尾におけるシナリオを逆転させていた。トリカヘチャタテ属 *Neotrogla* および *Afrotrogla* 属に分類される虫たちは、極小サイズの眼のない生き物で、洞窟の地面を覆うコウモリの糞からかろうじて栄養を得ている。メスは挿入器をもち、その形状は2属で大きく異なるものの、オスの精子を吸引するのに使われるのは同じだ。「オスの精液贈呈」と研究者が呼ぶこの行動には、2つの目的があるのかもし

れない。コウモリの糞ではない栄養の供給と、配偶子の受け渡しだ。

論文著者を含め、この動物について書いた人々はみな、「生殖器の逆転」といった言葉で状況を説明する。メスの器官には「gynosome」という新名称が生み出されたが、よく使われたのは「メスのペニス」の方だ。また、論文では「性淘汰の従来の向き」の「逆転」についても言及されている。といっても、従来の状況についてわかっているのは、片方がもう片方に比べてあまり注目されてこなかったことだけなのだが。

これらの昆虫において起こる事態には、聞き覚えがあるかもしれない。すでに紹介したダニや蝶や甲虫の例と同じく、トリカヘチャタテでもメスが挿入器を使い、オスから自身へと配偶子を輸送する。だが、この洞窟性昆虫をめぐる大騒ぎでは、「ペニス状構造」「メスのペニス」ばかりが話題にされた。ほとんど同じものをもつ昆虫は、すでに数百種が知られていたというのに。

トリカヘチャタテに関する真の発見は、ニュースの見出しに踊ったメスの挿入器ではない。本当の新規性は、オスに挿入器が欠如していると同時に、メスにそれがあるという組み合わせにあったのだ。この種のオスは、膣のように陥入した袋状の構造をもつだけでなく、属内の異なる種はそれぞれ、対応する同種のメスの挿入器と相補的な形質を進化させているようなのだ。

論文の著者たちは、「オスによる隠蔽的選択」（今度はオスの番だ！）が、メスの挿入器の特徴に対する淘汰圧として作用した可能性を指摘している。ほとんど報じられなかったが、この「従来の性淘汰」の「逆転」は、精子を吸引するメスの挿入器よりもずっと新規性のある発見だ。

この発見について解説するにあたり、研究者もそうでない人も頭を悩ませたのは、問題の構造を何と呼ぶかだ。器官と動物の性別を結びつけ、メスの挿入器にはオスの挿入器とは違う名前をつけるべきだろうか？　それとも、名称はあくまで機能、すなわち交尾の際にパートナーの生殖器に挿入し配偶子を輸送することに対応するものと考え、性別とは独立とみなすべきだろうか？

雌雄同体の生物は数えきれないほどいるし、半陰陽を示す種もたくさんいるのだから、構造は機能に基づいて命名するのが理にかなっていると、わたしは思う。誰が使うかにかかわらず、脳を脳と呼ぶように。

そうはいっても、トリカヘチャタテの挿入器は、典型的なオスの挿入器とは逆向きに配偶子を輸送するじゃないか、と言われるかもしれない。確かにその通り。要するに、挿入器には2種類あるのだ。トリカヘチャタテのような吸引型挿入器と、ヒトのような排出型挿入器だ。

12歳のペニス

ヒトの脳のもっともヒトらしい特徴は、その可塑性だ。わたしたちは途方もない行動の多様性を発現し、「普通」の境界線を精力的に拡張しつつ、それでも生き延び繁栄している。わたしたちはこの贈り物を、良い方にも悪い方にも使うことができる。「男」か「女」かという二者択一的な解釈に沿わない生殖器発達をとげる子どもたちが、異なる社会においてどう受け止められるかに関して、その両方の例を見ることができる。生物学者（なかでも内分泌学者）の研究のおかげで、子どもたちの発達の生理的基盤はよくわかっているが、かれらが社会にどのように扱われ、そのなかでうまくやっていけるかどうかを理解するのは、人文学の範疇だ。どれだけ科学研究が進んでも、それを文脈に位置づける人文学の仕事がなくなるわけではない。

1940年代、ドミニカ共和国の小児科医だったシスト・インチャウステギ・カブラル、ニロ・エレラ、ルイス・ウレニャは、クリニックで診察した珍しい症例に目を留め、1946年に医学会で発表した。1951年、かれらは初の症例報告論文を刊行し、これがのちに重要な新薬開発につながった。かれらが診た子どもたちは、出生時には外部生殖器の形状に基づいて、女性と判断された。女の子として生活し、女の子として育てられたが、なかにはそれに反抗する子もいた。

ところが、思春期が近づくと、劇的な変化が起こった。生理が始まり乳房が膨らむのではなく、子どもたちの声が低くなり、胸や顔に毛が生えるようになったのだ。筋肉のつき方や体型はテストステロン優位の思春期の特徴を示し、広い肩幅などの身体的形質が発達しはじめた。こうした変化は12歳前後の年齢で起こったため、現地の人々はこの現象をグエベドセス、すなわち「12歳のペニス」[*20]と呼んだ。その問題の子どもたちの精巣も、それまで体腔の中に隠れていたが、同じくこのタイミングで下降した。構造は通常の位置に生じ、長さは数センチメートルで、興奮時に勃起するという機能も通常通りだった。

友達や家族の反応には2段階があり、困惑しつつも、完全に受け入れているようだった。この現象は該当する地域ではきわめてありふれていて、子どもの90人に1人の割合で見られた。子どもたちは幼少時の名前をそのまま使うこともあり、そのため今でもラス・サリナスには、社会文化的に通常は女性名とされる名前をもつ男性たちが暮らしている。

エレラたちが1951年にいくつかの症例を『レビスタ・メディカ・ドミニカーナ（ドミニカ医学ジャーナル）』上で発表すると、米国北東部の何人かの研究者の目に留まり、かれらはこの特殊なクラスターで何が起こっているのかの調査に乗り出した。コーネル大学の研究チームはその後20年間にわたって、現地の医師で研究者のテオフィロ・ゴーティアとの協力のもと、子どもたちを診察し、どんな生理的プロセスによってこのような発達経路をたどるのかの解明に取り組んだ。

のちに発表されたいくつかの研究論文で、ジュリアン・インペラート＝マッギンリー率いるコーネル大学の研究チームとゴーティアは、ついに原因を突き止めた。例の子どもたちは、5-アルファ-レダクターゼと呼ばれる酵素を生成できなかったのだ。この酵素は、テストステロンと結合し、その小さな断片を切り取って、別の男性ホルモンであるジヒドロテストステロンをつくりだす。名前からして2つの分子の作用はきっとそっくりだろうと思うかもしれないが、実際は違う。胎内でのヒトのペニスの発達は、ジヒドロテストステロンが標的組織である生殖隆起[*21]に作用するかどうかにかかっている。この作用がなければ、生殖隆起は伸長せず、出生時にはクリトリスのように見える。

だが、それとは別に、胎児はテストステロンを生成して、腹腔内で精巣を発達させている。そして思春期が訪れると、精巣でテストステロンがつくられはじめる。テストステロンはさまざまな形質に作用して、子どもを大人へとつくり変え、思春期に見られる身体変化の原因となる。最終的に、研究チームは数十人の子どもたちがこのような成長パターンをたどったことを裏づけた[*22]。

チームも医学界も、原因となる酵素の特定をこの逸話の核心と考えた[*23]が、じつはもうひとつ、医学的介入を押し付けがちな西洋文化圏から見ると、驚くべき側面がある。最初に意外な展開をもたらしたのは生化学的メカニズムだが、それに対する健全な反応と、こうした特性をもつ人々の充実した人生をつくりだすのは社会なのだ。ドミニカ共和国はリベラリズムの砦であり、型にはまらない人々に対して寛容だ、などと言うつもりはない[*24]。けれども、多くの家にこうした子どもたちがいることが同調圧としてはたらき、

＊20　無理もないことだが、誰もがこの呼び名を敬意に基づくものと考えているわけではないようだ。
＊21　この説明はすべての哺乳類にあてはまるわけではないが、ヒトの場合はこの通りだ。
＊22　この酵素が特定されたことが、フィナステリドという薬剤の開発につながった。この薬はテストステロンの変換を抑制し、ジヒドロテストステロンの作用によって生じる、前立腺肥大や頭髪の減少を抑えるために用いられる。
＊23　製薬会社にとっては大成功をもたらす発見になったが、サントドミンゴの症例患者たちがその恩恵を得ることはほとんどなかった。

またこの社会で男性の地位がより高いことも、受容を促す要因となっているようだ。現地の人々は子どもたちの思春期の変化が始まると、通過儀礼のお祝いまでするほどだ。

このように育ったひとりであるドン・ホセは、皆に好かれている村人のひとりで、洒落者で無類の女好きとしても知られていた。彼は挿入を伴うセックスのために、冴えたやり方を考案した。人工ペニス（2本所有していた）を上下に動かす滑車装置を自作したのだ。

彼のような社会に溶け込んだ生活ぶりは、パプアニューギニア東部高地のシンバリ・アンガ語族[*25]や、トルコの別集団に見られる同様のクラスターに対する社会の反応とは対照的だ。[*26]インペラート＝マッギンリーと共同研究者たちは、パプアニューギニアの集団を調査し、「知られているかぎりもっとも厳格なジェンダー隔離」が見られるこの社会で、こうした異質な子どもたちは、先の例ほど柔軟に受け入れられていないことを示した。具体的には、少年たちは最初の通過儀礼のあと、少女たちとの接触を禁止される。女性が目撃した場合は死刑に処されるこの儀式では、同性間のオーラルセックスが、結婚前の男性たちの間でおこなわれる。思春期に予想外の変化をとげる子どもたちに対するこの社会の反応は「激烈」だと、研究者たちは述べている。１９９０年代には、このような激烈な反応は沈静化した。出生時の助産師により子どもの性別判定の精度が上がり、半陰陽の男児として育てられるようになったためだ。

ドミニカ共和国とパプアニューギニアで、特定の酵素を欠いた子どもたちに見られた特有の身体的特徴は、かれらの社会生活の質とは何の関係もない。生殖器の形状や、それをどう使うかが、かれらの人生を左右したわけではないのだ。周囲の人々の心と、その心がつくりだした文化が、かれらの運命を定めた。コミュニティは、受容か「激烈」な反応かを選択できた。そして、よりよい結果をもたらしたのは、明らかに受容の方だった。

＊24　サントドミンゴの地元紙『*Diario Libre*』が詳しく報じている。２０１６年、『保健当局が無視する深刻な人間ドラマ』と題した記事のなかで、ジャーナリストのマルガリータ・コルデロは、現地の医師や公衆衛生当局の声を拾いあげ、現状は必ずしもバラ色とは言えないことを示した。一部の人々は、思春期に起こる変化がもたらす社会的あるいは法的な影響から、手術を望んだり、心理的ストレスを経験している。

＊25　これらのクラスターの子どもたちの一部には、別の酵素の欠損も見られる。

＊26　ほかのクラスターはトルコ（al-Attia 1997）とレバノン（Hochberg et al. 1996）で見つかっている。トルコのクラスターでは、養育環境は類似しているにもかかわらず、思春期後のジェンダーアイデンティティに大きなばらつきが見られた。レバノンでは、ドミニカ共和国と同様に、思春期の変化が認められたあとは、社会のなかで優位に位置づけられる男性としての特権を手にしていた。

第9章　男根の盛衰

多くの人々は、生物学的な性は固定的で、挿入器はオスのものだと考えている。自然はこうした思い込みを、ヒトを含めたさまざまな種において覆し、生殖器だけに基づいて「オス」と「メス」を区別しようとするわたしたちの試みを、ことごとくぶち壊す。この章では、人類がこのような思い込みをもとに、いかに自分自身をただの生殖器に、なかでも男根、すなわち勃起したペニスに矮小化してきたかを振り返る。地味な形をしたヒトのこの器官には、性的対立を示唆する特徴は見られないにもかかわらず、わたしたちは男根を脅しと攻撃の表象として、または対立の根源として祀りあげ、人間性を排除する過ちを犯してきた。このようなペニス中心主義は、ペニスをもたない人々から力を奪うだけでなく、ペニスをもつ人々の人格や人間性をも否定するものだ。もうそろそろ、ペニスを玉座から降ろし、ヒトが誇るべきもうひとつの器官、すなわち脳を中心に考えるべき時だ。

ペニス博物館

本書の執筆準備をしていた時、アイスランドペニス博物館を訪問しなければ、読者もわたしもきっと体験として物足りないだろうと思った。ここは大規模施設ではなく、小さめのバンガローくらいで、正面から歩道が続いている、信用組合と間違えそうなよくある様式だ。だが建物の中には、さまざまな保存状態のペニスが所狭しと並んでいる。皮を剝がれて蝶ネクタイに加工されたものから、シリンダーの中で透明な保存液に浸かっているものまで（ちなみにiPhoneで後者の写真を撮ると、よりによって「飲み物」のカテゴリーに自動分類された）。

見上げると、剝製にされたシャチとシロナガスクジラの陰茎が壁から垂直に突き出している（円錐形で、幅の狭い頭巾のようだ）。下を見ると、興奮の冷めきったマイルカ *Delphinus delphis* の3パーツからなる生殖器が、長い柄のついた酢漬け唐辛子のように瓶に収まっている。横を向けば、細長いイノシシのペニスが、保存液の瓶の中で真上を向いて浮かんでいる。先端が軽くフック型になっていて、小さく生々しく、少し曲がった杖のようだ。ヤギのペニスも瓶詰めで、付属肢のような細い先端部が渦を巻いている。展示物の多くは鯨類のものなので、当然ながら大きい。前述の通り、乾ききってカーブしたゾウの陰茎は、壁に下向きに掛けられている。小さなケナガイタチのものなど、陰茎骨の展示もある。

2、3分も見ているると、どのペニスも大差ないように思えてくる。要するに、どれをとっても柄の長い唐辛子、カモメの横顔、しわの寄った頭巾のバリエーションじゃないか、と。鰭脚類やその他の哺乳類の青白い陰茎骨も、それを包み込むペニスと一緒に展示されている。全体的な印象は、とにかくリアルだ。保存処理を施された体の一部でいっぱいの部屋。しわだらけで、血の気もなく、無機質で、しばらく眺めたらもう、どれも同じにしか見えない。[*1] 標本展示を取り囲むように、バカバカしい、あるいはシュールなアート作品や、もっと実用的な男根アイテム、例えば木製だが機能には何の問題もないランプなども並んでいる。というか、この博物館にあるなかで、機能を果たしている男根はこのランプだけだ。
2つの小部屋はヒトのペニスに関する収集品に特化していて、ここはちょっとしたカオスだ。博物館への寄付の精神で、ペニスの写真やペニスをかたどった作品を送らずにはいられない人々がいるようだ。もっとも熱心なのはコロラド州のトム・ミッチェルで、自身の強い意向により、彼のペニスをかたどったらしいディルドがコレクションに加えられている。とはいえミッチェルは、自身が「エルモ」と呼ぶ自身のペニスそのものではなく、代役で我慢するしかなかった。本当は生きている間に自身のペニスを献体するつもりだったらしいが、実現不可能と判断されたのだ。[*2]
日常ドラマのエキストラのような、ありふれた見た目のミッチェルは、自身の男根に宇宙飛行士やバイキングのコスプレを装備した写真も博物館に送っている。彼のTwitterアカウント（@elmothepenis）は、Twitterの規制に違反したために停止されていて、白人男性アカウントの停止が実在したことに驚かされる。「エルモ」の持ち主は、エルモをスーパーヒーローに仕立てて一山当てようとも考えたらしい。目論見は外れたものの、『エルモ――スーパーヒーロー・ペニスの冒険』の表紙イラストが証拠として展示されている。[*3]
この博物館は、まともな展示と幼稚で卑猥なおふざけの間のあいまいな境界線の上を歩こうとしている

*1　カオグロインパラのペニスは奇妙なことに先端が毛でふさふさだったが、体のほかの部分が残存したのではないかと思う。
*2　究極の展示のために愛国心を示すべく、ミッチェルはペニスに星条旗のタトゥーを入れた。
*3　博物館への初のヒトペニス寄贈をめぐる、ミッチェルと彼に打ち勝った別の男性の間の競争については、『最後の1本――ペニス博物館の珍コレクション』というドキュメンタリー作品で（知りたくなかったことまで）知ることができる。

ようだ。ゲストブックに書かれた来館者のコメントにも、この分断が現れている。「巨大なペン（ニス）で書きました」というダジャレは、おそらくノートの隣の木彫りのペニス型ペンのことを言っているのだろう。テキサスからの来館者は困惑した様子で、「いいダジャレを書けたらよかったんだけど、思いつかない。楽しんで」と書いている。そして、この場所に足りないものを見抜いた、賢明な誰かもいる。「この展示には男根幻想（ファラシー）がまったくない（残念ながら）」

解説は傷んでいて数も少ないが、来館者は数カ国語で書かれた古びた展示品リストで、ちょっとした説明を読むことができる。満足した来館者が出口に向かうと、そこにはペニス型のキーホルダー、栓抜き、カップ、塩胡椒入れといった、陽気でチープな小物が売られていて、家族や自分へのお土産を持ち帰ることができる。木製ペニスのキーホルダーに車の鍵をぶら下げておけば、高齢の親族の受けは抜群だろう。

シャチのペニス、あるいはヒトのそれの展示を[*4]（事細かに書かれた正式な同意書と倫理的配慮に関する記述とともに）見ることが、何かしらのポジティブな感覚をもたらしたと言いたかった。もしかしたら、わたしは男根を見すぎたのかもしれない。だが、訪問が味気ない印象に終わったのは、おそらくペニス疲れのせいではない。たくさんの動物の動物たちの同じ体のパーツをかき集めたこの博物館は、不気味でグロテスクでありながら、妙に退屈だった。動物自体がまるで不要であるかのように切り離され、生物個体が経験する文脈も消し去られていたからだろう。加えて、昆虫の挿入器がまったくなかったせいで、ペニスの多様性も狭いものだった。

それぞれのやり方で生きている動物を、性別と結びついたたったひとつの器官に還元してしまうのは、残酷で有害なことに思える。本書で何度も見てきたように、持ち主（クモの場合は手放すが）の個性、感覚系、行動とセットでなければ、ペニス単体では何の意味もなさない。このことはヒトにもあてはまる。瓶の中に保存されたり、干物になって壁に掛けられたり、あるいはもっとゾッとするが、衣類に加工されたりしたペニスには、畏怖（クジラの場合）も面白さ（ペニスアート）も感じない。ほかの来館者を見ていても、思春期前の少女たちでさえ、何ひとつ強い感情は抱いていないようだった。ただ眺めては去っていくだけだった。

いったいどうして男根は、そして男根とヒトの関係は、こんなふうになってしまったのだろう？

男根の台頭

ロレッタ・コーミアとシャーリン・ジョーンズは、楽しい著書『飼い慣らされたペニス』[*5]のなかで、斬新ではないが説得力のある主張を展開している。農業、土地所有、動物の家畜化の開始に伴って、人類は男根を豊穣と権力の象徴とみなすようになった、というものだ。彼女たちによると、人類の歴史の大半において、わたしたちは狩猟採集民だった。ヒトは協力し、集団生活し、全員に食料が行きわたるよう努力した。

だが、農業の開始とともに、世界の一部地域で状況が変わった。それまでは一時的に利用するだけの土地にほとんど所有意識をもっていなかったのが、土地をめぐる（当時はまだ食料が争点だっただろう）大規模な衝突が発生するようになった。そして同時に、ペニスが力と権威を帯び、また土地の豊かな恵みの守護

＊4　伝えられるところによると、博物館の創設者はこの標本に失望していたそうだ。生前の持ち主はかなりの女たらしだったという話なのに、死後のそれが迫力に欠けていたせいらしい。

＊5　わたしは著者たちの主張すべてに同意はしないが（例えば、彼女たちはヒトのペニスは複雑だと述べている）、それでもいい本だ。

者の役目も負うことになった。巨大な男根型のかかしが、悪霊や捕食者やよその集団など、収穫を脅かすものを追い払うために建立された[*6]。

こうしてペニスは、作物の豊かな実りに由来する力と、繁殖の成功を通じた集団の防御が渾然一体となった、新たな任務を背負うことになった。世界各地でカルトが発生し、信者たちは祭壇を訪れては、自身の安全や子孫繁栄を願った。

無理もないことだ。多くの社会において、ペニスとそこから出てくる液体、つまり精液は、ヒトにおいてもヒト以外の動物においても、新たな生命をつくりだす重要なものとして、あいまいながらも理解されてきたのだから。のちの時代には、このプロセスが模式化して描かれ、精子ひとつひとつの中に小さなホムンクルスが縮こまっていて、女性の胎内に植えつけられ、そこでフルサイズのヒトに成長するとされた。一部の集団が、ここで食料用の動植物を育てようと考えた土地の所有権を主張する時に、豊饒のシンボルであるペニスを建てて見張り番を任せたとしても、そう驚きはしない。あの勃起した巨大な男根の神、プリアポスも、もとは作物を守るかかしの人形が起源だ。

こうして男根崇拝が始まった。だが、出発点と終着地はまるで違っている。最初のうち、ペニスが象徴するものには実際に力があった。豊かさや身体的な強さと結びついていたからだ。けれども、生殖に関する理解が深まり、宗教儀式が変化するにつれ、崇拝の対象はペニスが象徴するものではなく、ペニスそのものになった。言ってみれば、もとは愛の象徴だった心臓を、身体的・機能的な能力をはるかに超えた、権力や影響力をもつものとして扱いはじめたようなものだ。

そして今、現代社会においても、男根崇拝はペニスをもつ人々ともたない人々を分断しつづけている。ペニスの大きさ、力強さ、外見に対する現代人の執着は、象徴として利用されたかつての文化の残り香であり、もはや意義を失っている。文化の重荷を背負わされてきたのは、ペニスのせいではない。わたしたちの脳がそうしたのであり、脳にはそれを取り除くこともできる。わたしたちは頭を使って、ペニスに対するもっと現実的で健全な見方を培うことができるはずだ。それをもつ人物と切り離すことなく、同意に基づいて、もっと身近に、深く知る価値のある器官として。

「ペニスが誰かを傷つけることなんてある?」

1985年9月、インドネシアのゲライ集落で、若い未亡人が末っ子を抱いて蚊帳の中で眠っていた。家には彼女の母親と妹、上の子たちも住んでいた。その夜、暗闇に隠れて、集落に住むひとりの招かれざる男が窓から侵入し、蚊帳に潜り込んだ。目を覚ました彼女の肩に男は手をかけ、「静かにしろ」と言った。しかし彼女は黙らずに、男を突き飛ばした。男はやかんに尻をぶつけ、蚊帳が脚にからまった。逃げようとする男を彼女は追いかけ、悪態をつきながら男の名前を叫んだ。男はほうほうの体(てい)で窓から逃亡して闇に消え、周囲には好奇心に満ちた隣近所の人々の声がこだました。

翌日、この顛末は村中の知るところとなり、米を選り分ける女性たちの間で、不安げなひそひそ話ではなく、にぎやかな笑い話になった。彼女たちは、腰布(サロン)がずり落ちて性器が丸見えになったまま窓から逃亡する、ぶざまな男の様子を再現までした。西洋の人類学者クリスティーン・ヘリウェルによれば、この話

*6　ヒトのペニスがじつにシンプルで「特徴がないのが特徴」であることを考えれば、こうした像は単に「ここには人がいるぞ、用心しろ」というメッセージを伝えるだけのものだったのかもしれないと、わたしは思う。人の存在を伝えるのに、威圧感があり、わかりやすく、巨大化させやすいシンボルだからだ。例えば女性器よりも。

を見聞きした誰もが、笑えるできごとだと思っていたという。

ヘリウェル自身は、あまり面白がることができなかったと書いている。彼女は男の行為をレイプ未遂と解釈し、村の女性たちに、どうしてこれで笑えるのかと尋ねた。女性たちの意見は違った。「悪い」ことではなく、「ただ間抜けだった」のだという。襲われた女性（ヘリウェルは名前を伏せている）はこのように軽く流していたわけではなく、この日のうちに公の場で、男は慰謝料を払うべきだと主張した。ヘリウェルはこの女性にインタビューをおこない、怖かったか（イエス）、腹がたったか（イエス）、もしそうなら、なぜ窓から逃げようとする男を、周りにあるもので殴りつけなかったのかを尋ねた。質問された女性はぽかんとした様子で、あの男にわたしを傷つける気はなかったのだから、わたしもあの男を傷つける必要はない、と答えた。今度はヘリウェルが混乱する番だった。ヘリウェルは彼女にこう説明したという。「彼はあなたとセックスしようとしたでしょう。あなたは嫌だったのに。彼はあなたを傷つけようとしていたんですよ」。女性は憐れむように、こう答えた。「ただのペニスでしょ。ペニスが誰かを傷つけることなんてある？」

ヘリウェルは、自分が西洋文化のコンテクストをこの地のできごとにあてはめていたことに気づいた。フェミニストならみなそうするように、彼女はこの状況を、レイプが「死に匹敵する、あるいはそれよりも悲惨な厄災」であり、アイデンティティの破壊であるとみなされるような文化的背景のなかで、顚末を解釈した。西洋文化において、レイプ犯は自身の行為が身体的苦痛を与えるだけでなく、相手の尊厳を貶め冒瀆するものであることを自覚し、その上でそれを悪用するのだと、ヘリウェルは論じた。被害者がこの文化的価値観を共有していれば、より苦しみを与えることができるからだ。[*7]

もうひとつ、西洋文化に染みついた価値観として（今は多少変わってきているかもしれないが）、男性と女性の身体は異なり、侵入、すなわち加害できるのは片方だけだ、という考えがある。このコンテクストにおいて、ペニスは道具、武器、犯罪の凶器であり、ふつうペニスをもつ人がレイプの加害者、もたない人が被害者となる。[*8] ヘリウェルが的確に指摘したように（彼女がこれを書いたのは2000年のことだが、最近まで状況にほとんど変化はなかった）、西洋人は生殖器を二者択一的なものと考え、「オス／男性」版をもっている人々は社会において男性的に、「メス／女性」版をもっている人々は女性的に振る舞うと考える傾向にある。[*9]

ゲライの人々の生殖器についての考えをより深く理解しようと、ヘリウェルはかれらに男性と女性の生殖器の絵を描いてほしいと頼んだ。驚いたことに、かれらの描く絵は同じだった。ゲライの人々は、男性と女性の生殖器は同一であり、単に身体の外側にあるか内側にあるかだけの違いだとみなしていたと、彼女は述べる。

かれらは、生殖器は男女を問わず、すべての人に共通の特徴と考えていた。ただしヘリウェルに対して

＊7　彼女はまた、この力関係は西洋社会に特有のものではないと指摘する。単に万国共通ではないというだけだ。ヘリウェルはまた、この解釈は被害者を責めるものではなく、社会的に形成された感情や心理的反応は、身体的苦痛と同様、考慮に値するリアルなものであることを裏づけるものだと明言している。すべての生物種のなかで、ヒトはもっとも生物学的影響と社会文化的影響の区別を苦手としている。というより、両者は明らかに、一方が他方を形成しあう関係にある。本書の序章で触れたわたしの体験にしても、「エディ」がペニスを露出していなければ、彼の脅迫行為がすぐさま法執行機関の注意を惹くことはなかったかもしれないし、わたしと文化的環境を共有していたエディは、こうした効果を理解したうえで行為に及んだのだろうと、わたしは思う。

＊8　当然ながら、いつもそうではない。

＊9　もちろん、生殖器や生物学的性が二者択一的であり、完全に男性的あるいは完全に女性的な表現型と例外なく結びついているという考えもまた誤りだ（生殖器をまったくもたずに生まれる人もいるし、外見的な構造は連続体を形成しているし、ヒトの生殖器官は股間にだけあるわけではない）。

は、かれらが考えるパターンに合致しなかったため、彼女がどちらの性別なのか決めかねていたという。彼女は長身で髪が短いなど、男性の典型的特徴とされる性質をもっていた。一方、彼女には明らかに乳房があり、また住民たちと同じように水路で排泄しているのを見た（チェックした）おかげで、外陰があることもわかっていた。なぜ性別に確証をもてなかったのか、ヘリウェルが尋ねると、かれらは「あなたは米のことをあまり知らないから」[*10]と答えたという。かれらにとって、女性らしさを定義するのは米の扱いに関する知識であり、生殖器は無関係だった。もしかしたら西洋の男性には乳房があるのかもしれないと、かれらは思っていたのだ。

この逸話の構成要素のいくつかは、ほかの文化とも重なる。人々は攻撃や暴力を野蛮だと考えていたが、このあと見るように、古代ギリシャ人は大きなペニスと野蛮な行動を結びつけ、小さい方が好ましいとした。また、ギリシャ人も男女の生殖器は同一で、互いを反転したものだという、よく似た認識をもっていた。

次に紹介するのは、こうした考えとは対照的な、ペニスを男性的な力の根源ととらえ、あるいは力と同一視し、ペニスを失えば力も奪われるという価値観だ。この信念は、誰か（たいていは女性）がペニスを盗むこと、ペニスに成り代わること、あるいは誰かをペニスに仕立て上げることへの恐怖を生み出し、何世紀にもわたって損害をもたらしてきた。

ローマの落日

古代ギリシャは、西洋文化圏において社会的地位の階層化にペニスを利用した初期の例だ。[*11]かれらの社会では、ペニスは小さくきゃしゃであるのがよいとされた。劇作家アリストファネスは『雲』[*12]のなかで、古典的なギリシャの男性のスタイルについて、「常に引き締まった胸、輝く肌、広い肩幅、小さな舌、小さな性器をもつ」と論じた。彼によれば、野蛮な一時の流行に入れ込む人々は、これとは対照的だ。「だが、近頃の流行りに乗る者たちは、貧弱な肩、青白い肌、薄い胸、大きな舌、小さな尻、それに長ったらしい法令条文を誇ろうとする[*13]」

アリストファネスの引用からわかるように、大きく太いペニスは野蛮で、奴隷や未開人の特徴であり、クラシックなギリシャ人のスタイルには望ましくないと考えられていた。かれらにとって、大きなペニスは「グロテスクで滑稽」だった。ただし、こうした考えが少年愛の風習のせいなのか、それとも分別の象徴とみなされていたためかは明らかではない。このような理想のギリシャ人の対極として描かれたのがサテュロスで、ロバの耳と尾、グロテスクな顔、それに巨大な男根を備え[*14]、いつも興奮し酩酊している、自

＊10　彼女はのちに、米についての知識を身につけたことで、女性とみなされるようになった。
＊11　読者のみなさんはお気づきかと思うが、人種差別的言説にペニスが使われることもある。1845年に書かれた近代の解剖学書（Wagner and Tulk）は、陰茎骨に関する解説に、直球の人種差別を盛り込んだ。「ニグロ種族では、ペニスが非常に大きく発達しており、しばしば長さ1〜2ライン〔約2〜4ミリメートル〕の小さな柱状軟骨が、この骨の痕跡として見られる」。このような主張は、黒人を白人よりもヒト以外の動物に近い存在と位置づけることを意図したものであり、まったくのでたらめだ。そして、こうした主張はいまだに見られる。1987年に書かれた別の文献（Jervey）は、ペニスの表象の文化史をたどるには便利な本なのだが、（驚くにはあたらないものの）不快なことに「巨根の黒人と、それを羨ましがる白人」という人種差別的「ジョーク」で締めくくられている。わたしたちはどんなことでも偏見やバイアスを強化するために利用する生き物なのだ。
＊12　紀元前423年。
＊13　蛮族のような長いペニスを意味する〔最後の部分だけ対比の関係が崩れているのは、「長い性器」を予想した読者を裏切るジョークと解釈されている〕。
＊14　ローマ人はのちにこの描写とパン神を融合させ、よく知られたヤギの脚をもつ姿を生み出した。

制心のなさを体現した存在だった。[*15]

このような態度は、ゲライの人々の文化を思い起こさせる。かれらもまた、暴力や攻撃を望ましくないものとみなし、ペニスがもたらしうる脅威に動じなかった。一方で、ギリシャ人はペニスに対する見方と、それが各個人の何を象徴するかについての考えを明確に区別したうえで、社会的地位や行動規範のなかに押し込めもした。

この分断を端的に表すのがローマのプリアポスであり、ここに至って、ペニスは守護と豊饒と強さのシンボルから神体へ、直接的な信仰の対象へと変化した。プリアポスの起源は、畑や果樹園や庭園を守る巨大な男根であり、侵入者にとっては挿入という罰の脅威を連想させるものだった。要するに、襲ってくるかもしれないいかかしだったのだ。[*16]当然の流れとして、プリアポスはのちに（低級の）神に昇格した。[*17]神としての彼の武器は、常に勃起した巨大な男根と大鎌だ（ただし自身は魅力に欠けるとされた）。

ペニスと脅しを結びつけたローマの遺物はこれだけではない。子どもたちは首にお守りを掛け、悪霊や襲撃者、その他のさまざまな脅威をはね返せるよう願った。ファスキヌム（fascinum）と呼ばれたこのアイテムは、翼の生えた勃起したペニスの形をしており、英語で「魅了する」（あるいは皮肉だが「魔法にかける」）という意味の「fascinate」の語源となった。

有翼の男根はシンボル兼お守りで、信仰対象ではなかったが、ローマには単なる男根の形で存在し、崇拝されていた神もいた。ローマ人はムトゥヌス・トゥトゥヌスというこの神の全身を、神体化したペニスに集約した。肉体をもち、豊穣の象徴だった、愉快なプリアポスなどの神々との親戚関係を示すのは、そのシンボルだけだった。のちのキリスト教徒の著述家たちは、ローマ人を貶める目的もあったのだろうが、ローマの女たちが結婚前にムトゥヌス・トゥトゥヌスに「乗る」が、これは本番前のある種の練習であると記した。神はディルドであり、ディルドは神であった、というわけだ。

農業の開始以来、[*18] ヒトのペニスの扱いの変遷は、それぞれの文化と時代ごとに、ノミの挿入器よりも紆余曲折を重ねてきた。[*19] エジプトのミン神は、「ペニスの神」「大いなる男根の雄牛」として、紀元前4000年の昔から崇拝されてきた。彼は片手で勃起したペニスを地面と平行に掲げ、もう片方の手に殻竿を持った姿で描かれ、これは豊饒と支配という2つの役割を表している。古代エジプトの時代から受け継がれたオベリスクは、各地で目立つ公共の場所に建てられてきた。ワシントンDCのナショナル・モールはその代表例だ。

もう少し東では、人々は別の動物神、シヴァ・パシュパティを崇めていた。大きな男根と水牛の角をもち、胡座をかいて座る神だ。この地域では男根が、生命誕生を司るシヴァ神の抽象表現として中心的な役割を果たした。西暦の開始前後の約2000年前の話だが、今でもチベットやブータンの一部地域では、家々の玄関に守護のシンボルが飾られている。フランスの民族歴史学者フランソワーズ・ポマレと共同研究者のタシ・トブガイによれば、「ブータンでは……男根の絵が玄関扉の両側の外壁に描かれ、木彫りの男根が家の隅に吊るされ、畑に立てられ、祭事の時に道化師（アツァラ）に掲げられる」。

とくに有名な男根像が置かれているのが、チベットの首府ラサにある主要巡礼地、ジョカン寺院だ。こ

＊15　羽目を外しすぎて大惨事になることの象徴ともみなされた。

＊16　ローマ人のプリアポス以前に、ギリシャ人も同じような警告の標を立てた。例えばアテネにあるヒトの頭のついた角柱は、勃起したペニスを表したとされる境界標で、おそらく同じように、侵入者にレイプの恐怖を植え付けた。

＊17　勃起と食料生産との関連を考えれば、ミン神のいとこに位置づけられる。

＊18　農耕文化圏で必ずペニスが特別な注目を浴びたわけではない。

＊19　ここに示すのは膨大な研究の概略だ。

の像の建立は、チベット王に嫁いだ2人の后が話し合いで決めたという。中国出身のひとりの后は、ネパールから来たもうひとりの后に、チベットは「仰向けに寝そべる女悪魔」のようだと言った。この警告はさらに、四方に寺院を建て、悪魔を封じなければならないと続く。とくに、ある洞窟については、常に厳重に監視しなければならないとされた。女悪魔の陰部に似ているからだという（洞窟にまつわる伝説としてはありがちだ）。その結果、おそらくは凶事を遠ざけるために、悪魔の陰部にまっすぐ向いた男根が建てられた。女性の力は荒々しい脅威であり、男根によって鎮めなければならなかったのだ。

現代のブータンの住宅でも、時に5つの男根が同じ役割を果たす。4つはそれぞれ家の四隅を守り、最後のひとつは室内に置かれ、これらが幸運と男児の誕生をもたらし、厄介ごとを追い払うとされる。ポマレとトブガイは、こうした信仰の起源の一部が、伝説的な僧侶ドゥクパ・クンレー（1455－1529）と結びついていることを示した。見るものを圧倒する「雷の男根」で、ブータンの女悪魔を調伏したとされる人物だ。

さらに東の日本でも、男根崇拝は（公然と）現代まで続いている。遺物から読み解くかぎり、その伝統は少なくとも紀元前3600～2500年にさかのぼる。アイルランド生まれの外交官で、日本と韓国の言語と文化を研究したウィリアム・アストン（1841－1911）は、1871年に宇都宮から日光までを旅し、「路傍には一定間隔で男根像が並んでいる」と記した。男体山への夏の巡礼の道標だ。世界の多くの文化圏においてそうであるように、日本でも男根崇拝が根づいたきっかけのひとつは、農業の普及であったようだ。男根をかたどった石墓は、日本各地の古代遺跡に見られる。

男根そのものが、滅びるさだめの肉体を離れ、西洋で崇拝の対象にまでのし上がる頃、キリスト教もまた勢力を強めていた。明確に神の唯一性を説き、キリスト教以前の神を認めない姿勢により、男根崇拝は変化を強いられた。繁栄を確かなものにするために、真の信仰を自負するキリスト教は、異教の儀式や男根カルトを根絶しなければならなかった。

けれども、権力を握る男性たちは、ペニスと結びついた優越性を手放すことに抵抗した。女性や奴隷といった、社会のなかで抑圧された人々によって、地位を追われることを恐れたのだ。かれらのこうした恐れは、新たな毒として文化に注ぎ込まれ、今日まで影響を及ぼしつづけている。

バイキングの登場

昔々、11世紀のバイキングの家庭で、ひとりの「スレール」すなわち奴隷が、死んだ馬を解体した。「異教徒」のかれらは「真の信仰」に目覚めていなかったため、馬肉を食べたのだ。解体の最中、スレールは「性交によって殖える動物すべてに自然が与えたその器官を切り落とした。古の詩人によれば、馬のそれは〝スウィンガー〟と呼ばれた[20]」。

「明るくユーモアにあふれ、いたずら好きで下品な[21]」その家の息子は、馬のペニスを回収し、母親、姉[22]、もうひとりの女スレールがいる家に持ち込んだ。「いたずら好きの」息子がペニスを女性たちの顔の前で揺らし、女スレールに下品なジョークを言うと、スレールは「やかましく大笑いした」。姉は気分を害したが、母はこの偶然の発見をただの冗談とは思わなかったようだ。彼女はペニスをつかむと、保存用にハ

＊20　この呼び方をしたのは古の詩人だけではなさそうだ。
＊21　現代西洋人の目で見ると（それに彼の姉にとってもおそらく）、この物語の彼はうっとうしいバカ野郎に思えるのと同時に、野蛮な行為が「男の子だから仕方ない」と黙認される、よくあるパターンのように読める。
＊22　「ほかの子と一緒に育ったわけではないが、年上で、頭の回転が速く、生まれつき賢かった」と描写されている。

ーブやネギやタマネギを添えて布でくるみ、特別な箱にしまった。それから毎晩、家族で夕食をとる前に、母親はテーブルを片付けてペニスを持ち出し、それに向かって祈るように詩を唱えた。食卓についた誰もが、順番にペニスを回し、同じことをしなくてはならなかった。この物語の家は、母親が「仕切って」いたのだ。[*23]

ここで登場するのが、クヌート大王（990-1035）から逃亡中の、ノルウェー王オーラヴ2世（995-1030）だ。盟友フィン・アルナソン（1004-1065）と、アイスランドの詩人トルモッド・コルブルナルスカルド（998-1030）[*24]も一緒だった。オーラヴはライバルに追われつつ、キリスト教の宣教に従事していて、出会った異教徒たちを「真の信仰」に改宗させることに熱心だった。

オーラヴと友人たちは、馬のペニスが崇拝される例の家を訪れた。かれらは変装して、全員が同じ名前（グリム）を名乗ったが、一家には疑われなかった。グリムという名前そのものが「変装」を意味するのだが。ただし、賢い娘だけは例外で、策を見破りオーラヴが王であることに気づいたので、オーラヴは彼女に他言しないよう言い聞かせた。

全員が食卓につき、母親が家宝を持ち出した。一家はそれを順番に回し、息子はひどく下卑たことを姉に向かって言った。オーラヴはこれに我慢ならず、一物を取り上げると、自分は王であるとか何とか口上を唱え、その「おぞましい物」を犬に投げ与えた。[*25]「仕切り屋の」母親はこれに立腹したが、オーラヴは自身の正体を明かし、最終的に一家全員をキリスト教に改宗させた。この逸話を含め、キリスト教の神が与えたさまざまな試練を乗り越えたオーラヴは、のちにノルウェーの守護聖人に選定された。[*26]

こうして、キリスト教が男根崇拝から1点を奪ったのだった。

トスカーナの樹

ローマとオーラヴ王の間には、キリスト教の誕生と伝播があり、それに伴って生じたペニスに関する混乱したメッセージは、現代まで受け継がれている。ルールを確立する努力がなされなかったわけではない。アイスランドの主教ポルラクル・ポルハルソン（1133 - 1193）が説くところによれば、男性にとってペニスが「愛情深い女性によって穢される」のは重大な恥辱ではないが、「自分自身の手で」穢すことはより罪深く、そしてもっとも忌むべきはほかの男性によって「穢される」ことだった。理由は不明ながら、「穴のあいた樹」によって穢されることは、自慰と同性愛の間に位置した。樹にペニスを挿入する男性がどれくらいいたのかは知らないが、このヒエラルキーにわざわざ位置づける程度にはありふれていたようだ。たぶん、こうして樹に「種付け」する行為から、西洋で不可解なほど広く見られる、ペニスの樹の伝承ができたのだろう。[*27]

オーラヴと馬のペニスの逸話から数百年後の13世紀、南トスカーナの町マッサ・マリッティマには、澄

＊23　したがって当然ながら、鼻っ柱を折ってやらなくてはならなかった。

＊24　彼の姓は最愛の人の名前である「コルブルン（Kolbrun）」にちなんでいて、この名前は文字通りには「炭の眉」を意味する。あまり褒め言葉には聞こえないが、実際には「炭のような漆黒の髪」をさしている。ロンドンのバーベック・カレッジで中世イングランド・アイスランド文学を研究するアリソン・フィンレイ教授によると、この2人は「とてもロマンティックな物語」の登場人物だそうだ。フィンレイは親切にも『聖オーラヴのサーガ』の一節であるこの物語の翻訳版を提供してくれた。

＊25　現代のイヌのおやつにも似たようなものがあり、「ピズル」と呼ばれている。

＊26　物語は、オーラヴの熱心な改宗運動への賛辞で締められている。「こうした逸話から、オーラヴ王が本土の中心地だけでなく、ノルウェーの僻地の森からも、邪な習慣、異教、魔術を排除し消し去ることに、多大な労力を費やしたことがわかる」

んだ水をたたえる大きな公共の泉があった。アーチ型のれんがの壁と天井が日陰をつくり、古風で堂々とした、だが開かれた雰囲気をもたらしていた。この中世の町の住民たちはきっと、子どもたちも含め、広場のそばにあったこの泉のそばを散歩したり、暑い日に日陰で涼んだりしていたことだろう。

　この泉のもうひとつの特徴は、三方を囲む壁と屋根の内側に描かれたフレスコ画だ。そこには樹があり、枝先には20以上の勃起したペニスが描かれている。どのペニスも2つの睾丸を備え、果物のように枝からぶら下がっている。奇妙な果実は、まばらに残る金色の葉の間から、てんでばらばらの向きに飛び出していて、意図した通りかどうかはわからないが、秋景色を思わせる。

　これでもまだ通行人の注意を惹くには足りないとばかりに、フレスコ画の中段には、優雅だが不気味な印象の真っ黒な鳥が5羽、さまざまな向きに飛び交っている。鳥たちのすぐ下、ペニスの樹の枝先と根元の間には、深紅、空色、マリーゴールド色の衣に身を包む、少なくとも8人（おそらく9人）の女性たちがいる。顔は細部まで描かれているわけではないが、金色の衣をまとったひとりの女性だけは、嬉しそうに樹を見上げながら細長い器具を持ち上げていて、どうやら「果実」を収穫中のようだ。

　この女性の隣には、深紅の服を着た別の女性が、祈るか懺悔をするように顔を伏せている。だが、その厳粛な雰囲気を茶化すように、真上を向いた1羽の鳥が、フルール・ド・リス〔アヤメの花を様式化した意匠〕の形の尾羽を女性の頭に載せている。さらに樹から落ちたタマ付きの「果実」が、彼女のお尻（あるいはもう少し下）に突っ込まれている。

　2人の右側には、それぞれ青い服と赤い服を着た別の2人の女性が立ち、一緒にひとつの巨大なペニスらしきものをかごの上で持ちながら、空いたもう片方の手でお互いの長い髪を引っ張りあって、どうやらけんかをしているらしい。[*28] その隣、樹の幹の前には、皿が置かれた赤いテーブルらしきものがあり、皿の上にはペニス・フルーツの一部が載っている。樹の反対側には、さらに4人の女性たち（全員金髪でかなり巨乳）が、思い思いに手と腕でポーズをとっている。

彼女たちのすぐ後ろには、何かが空中を浮遊している。痕跡しかわからないが、S字型でヘビに似た姿をした、正体不明の存在だ。

フレスコ画に描かれているのがりんごを収穫する女性たちなら、田舎のありふれた秋の行事のリアルな風景だっただろう。一番おいしい実を取り合ってちょっと揉めたり、つまみ食いをしたりしているそばを、大きな鳥たちが飛んでいるだけだ。ところが、ここではりんごはペニスだし、鳥たちは不穏だし、しかもチェシャ猫のような大蛇までいたかもしれない。そんな光景が、町の泉を囲む壁に高さ5メートル、幅6メートルのサイズで見事に描かれ、1265年のマッサ・マリッティマの住民の誰もが目にしていたのだ。ただし、どこかの時点で漆喰で覆われ、再び日の目を見たのは21世紀に入ってからのことだったが。

ある美術史家によれば「西洋美術史に類を見ない」、この傑作をどう解釈すればいいのだろう？　ペニスはローマの名残であり、これほど時代が下ってもなお、邪悪な力から人々を守る存在とされていた、と考える専門家もいる。また、背後に浮かぶヘビらしきものから、聖書のイヴと知恵の樹との関連も指摘されている。樹はイチジクの一種だとも言われているが、セックス、催淫剤、膣と結びついていたイチジクだとしたら、膣の樹にペニスの実がなっているわけで、さらに驚きだ。

不気味な鳥はあとから描き加えられたものかもしれず、鳥さえいなければ、全体の雰囲気は性的という

＊27　不必要な嘲笑（必要最小限の嘲笑ならかまわないけれど）を受けないように念のため言っておくと、わたしはペニスの樹がこうして生まれたと本当に思っているわけではない。
＊28　別の解釈として、女性たちが互いの髪を編んでいるというものもあるが、ちょっとありそうにない。一方、ペニスの樹はほかに解釈のしようがない。

より祝祭的だ。中世の絵画には、女性たちが男根を収穫する光景がたびたび登場する。男根崇拝が教会への反逆ではなく、笑える冗談だった時代の名残かもしれない。

実際、14世紀のある有名な装飾写本には、余白の挿画として、樹から収穫した男根をかごに入れる修道女[29]が描かれている。図の説明には、「自然の呼び声に抗うのは無意味である。聖人のように生きたところで救済は得られない。ならば人生を大いに楽しむべきだ」とあり、男根を収穫する女性の楽しい面に注目している。よからぬ意図や、このあと紹介する魔術との関係を匂わせるものは、ここにはない。

マッサ・マリッティマで子どもたちが、男根の樹の泉に集まって水遊びをしていた頃から数百年、時代は変わった。女性が男根を集め、ペニスに対して「女性による究極の選択」をおこなうイメージは、確立された家父長制社会、男性たちが牛耳るカトリック教会にとって、不安の種だったのだろう。かれらは聖オーラヴ並みの熱心さで、女性たちの振る舞いを正そうとした。自主性、あるいは乱交を思わせる中世のイメージは、どこかの時点で、女性は何らかの魔術をたくらんでいるという考えに収束した。きっと彼女たちは悪魔と取引したのだ。巨大で魅惑的な男根をもつ悪魔と。[30][31]

異端審問で魔女たちに判決を下す人々はそう考えた。ある時点まで、ヨーロッパでは誰もが魔女・魔術師として告発される可能性があった（魔術の実在と威力は今も世界のあちこちで信じられていて、そのような場所では状況は変わっていない）。だが、ある書物が状況を一変させ、それ以降、西洋の魔術はすべて女性に起因するものとされた。女性たちが魔女と疑われ、恐れられた主な理由のひとつが、男性のペニスを盗もうとした、というものだった。

下された鉄槌

異端審問[*32]を意図したその手引書（初版1487年）は、どんな間違いもないよう、すべてがきわめて明快に書かれていた。マッサ・マリッティマのペニスの樹が比類なき壮麗さであったとしたら、この本はさしずめ、「後世への悪意に満ちた遺産」であり、「文学史においてもっとも破壊的な本」だ。皮肉なことに、この本は（タイトルから明らかなように）女性たちを叩き潰し、ペニスを守る道具を意図したものだった。だが結局、同書はジークムント・フロイト以前のあらゆる文化的創造物のなかで、ペニスをもつ人々にもっとも精神的ダメージを与えた。

1487年に刊行された『*Malleus Maleficarum*』すなわち『魔女に与える鉄槌[*33]』は、その後2世紀にわたって売り上げで聖書を上回り、ヨーロッパ全土に3万部以上が流通した。著者はハインリッヒ・クラーマーとヤーコプ・シュプレンガーの2人だが、クラーマーが主著者であったようだ。彼はじつに奇妙な男だった。「肉欲」の過ちについて述べるなかで、彼は「女性の欲は底なしだ[*34]」と述べ、女性たちにはペ

＊29　修道女やほかの女性たちがペニスを集める図像はこれだけではない。例えば14世紀、リチャードとジャンヌのモンバストン夫妻が著した挿絵入りの物語詩『薔薇物語（*Roman de la Rose*）』のなかで、画家であるジャンヌは、修道女と男根を含む、さまざまな際どい絵を盛り込んだ（Wilson 2017）。

＊30　無知蒙昧な大昔の時代のできごとと片付けるわけにはいかない。2020年、キリスト教福音派のセレブであるポーラ・ホワイトが「すべての悪魔による妊娠はいますぐ流産に終われ」と唱える動画が出回った。ホワイトは、ドナルド・トランプ政権の「信仰と機会（Faith and Opportunity）」イニシアチブで特別顧問を務めた人物だ。

＊31　異端審問官たちは悪魔の男根の形状に大いに関心を寄せ、巨大で常に勃起していると考えた（Jerry 1987）。

＊32　ただし、異端審問を推進した権力者たちは、学術的でなく倫理に欠けるとして、この本を認めなかった。異端審問官でさえ証拠不十分かつ残酷すぎると思ったのだから、どうしようもなくひどい代物に違いない。

＊33　この通り、明らかに女性を叩きのめす意図がある。

ニスを奪い去る傾向があると非難した。女性がこれを実行する方法のひとつが「色気」、すなわち女性が生まれもった魅力を利用して、ペニスを消し去るというものだ。[*35]『魔女に与える鉄槌』のなかでも樹のイメージは健在で、魔女（女性）はペニスを盗んでは巣に貯め込み、ヒナ鳥に餌をやるようにオーツ麦を食べさせたとされた。[*36]女性たちは、ペニスを収穫する修道女というジョークの対象から、邪悪な臓器窃盗犯になったわけだ。これに関して、クラーマーは「女性は陰茎泥棒だ」と大真面目に警告することから脱線して、ユーモラス（と彼が思っていたかどうかは定かではないが）な逸話を紹介している。

司祭だったクラーマーは、次のように綴った。ペニスを盗まれたある被害者が、自分のものを魔女から取り戻そうと、盗品が集められた「巣」に入り、ひときわ大きなものを選んだ。彼の行動を見張っていた魔女は、指を（あるいは顎を）左右に振り、こう言った。「ハハハ、そいつはやれないね。それは村の司祭のだ」。このジョーク、あるいはこうした伝承の研究者が「ジョークロア」と呼ぶものの歴史は古い。司祭は巨根というオチは、男らしくすばらしいことであり、深い信仰心によって制御しているとポジティブに捉えることも、あるいはギリシャ人の考えにならって、ぶざまで偽善的だとネガティブに捉えることもできる。[*37]

彼の読者層を考えると、クラーマーがこの逸話を取り上げたのが、親しみやすさを狙った（今日の政治家が「一緒にビールを飲みたい」と思わせたがるような）ものなのか、それとも単に不注意なだけだったのか、判断しがたい。あるいは司祭のひとりとして、自慢したかったのだろうか？

同じく『魔女に与える鉄槌』で紹介されている、別の逸話に登場する「司祭」は、今日では彼自身のことだと解釈されている。ある若い男性が懺悔に訪れ、恋人が彼のペニスを消してしまったと告白した。司祭は彼の生殖器がなくなっていることを「自分の目で確かめ」たあと、彼に忠告を与えた。彼女を褒めそやして何か約束し（守るかどうかはさておき）、ペニスを返させなさい。クラーマーによれば、この作戦はうまくいったらしい。

こんなばかげた話をしつつも、クラーマーは真剣だった。女性たちは実際に、ペニスを盗んだかどで有罪判決を受けた。「魔術去勢」と呼ばれた犯罪だ。異端審問の指導者たちは、魔女を裁き罰する指針としてクラーマーの著書を採用したわけではないが、同書は数世紀にわたって広く読まれ、残虐な処刑を容認する下地をつくった。教皇お墨付き[*38]の女性蔑視書である『魔女に与える鉄槌』は、数万人を死に追いやったと考えられている。宗教革命のあと、プロテスタントも魔女狩りの旗印を受け継ぎ、伝統を生きながらえさせた。それとともに、ペニスが盗まれるという妄想も存続した。[*39]

＊34　女性は不感症か色情狂のどちらかで、中間はないらしい。
＊35　現代の「色気」や「色っぽい」といった言葉の用法に新たな視点をもたらしてくれる。
＊36　ペニスを鳥のヒナにたとえるのは、奇妙なことに世界共通のようだ。
＊37　フィリピンのアンティケ州の一部地域では、人々は毎年聖土曜日（イースターの前日）に巨大なユダの人形に火をつける。人形は全身に爆竹を詰められているが、唯一そうなっていないのがペニスで、大きく勃起した形のそれは、水に浸した生木を使ってつくられる（Cruz-Lucero 2006）。人々はユダが燃えるなか、陽気に「アロハ・オエ」を歌い、焼け残った男根には誰もが近づいて触れることが許されている。一部の宗教家は、聖書の不信心の物語と焼け残るペニスを題材としたカーニバルについて、暴力的で侵略的で植民地主義的なカトリック教会（なかでもひとりのとても評判の悪い司祭）に、先住者の人々が打ち勝った証であるとみなしている。
＊38　教皇インノケンティウス8世。
＊39　もうひとつ、この恐怖のもっと暴力的なバージョンとして、歯の生えた膣が挿入されたペニスを食いちぎるというモチーフも一般的だ。膣の方はふつう、持ち主の女性と一体のままだ。もう少しマイルドな物語として、おしゃべりな膣が権力者に真実をばらす、というものもある。

盗まれた男根

2019年9月、ナイジェリアのある街で、通りを歩いていたサンデーという名の男性[*40]が突然叫び声をあげた。「アナヨ」と報じられている別の男性が、サンデーと「握手した」とたん、彼は「瞬時に自身の男性性が弱まる」のを感じたという。アナヨに触れたとたん、ペニスが完全に消失したと、彼は主張した。恐れをなした見物人たちは、アナヨを襲撃し、警察発表によると彼は「命に関わる殴打」を受けた。報道によると、警察は小人症者のアナヨを「被疑者」と呼んでいる。アナヨは災難に遭ったが一命をとりとめ、サンデーも無事だった。サンデーの「弱まった男性性」が、のちに回復したのかどうかはわからない。

この一件はナイジェリアの人々の格好のTwitterネタになり、登場人物の主張も警察の反応も、あるいはこれを報じたニュースメディアの判断も、すべてが嘲笑の的になった。スリが気をそらすためにこうした騒ぎを起こし、誰かをボコボコにしている人々の隙をつくことがあると、注意喚起する人もいた。だが、この件はそうではなかったようだ。誰かにペニスを盗まれるかもしれないという恐怖は、この男性の心に深く根ざしていた。そのせいで、魔女かもしれないと彼が考える人と握手した、あるいは接触した時、彼は本当に、自分のペニスが身体に吸収されたと思い込んだのだ。

生殖器が身体に吸収されると思い込む心理状態は、「コロ」、あるいは生殖器退縮症候群と呼ばれ、全世界で報告があるが、西アフリカと東アジアの一部でもっとも頻繁に見られる。アナヨと接触したあとのサンデーの反応には、典型的なコロの発症例に見られる、すべての要素が揃っている。加害者とされる人物が、男女を問わない魔女や呪術師であるケースもある。一方で、出産時に亡くなった女性の霊が、妊娠をもたらした器官に復讐する、という伝承もある。さらに、キツネの姿をした女幽霊が、自分にないペニスを奪っていくという話もある。女性がコロを体験することもあり、その場合はふつう乳首が身体に取り込まれると信じ込むのだが、基本的にはペニスと結びついた心理状態だ。

　男根を失う恐怖なら、まだわからないでもない。だが、もしあなたが、自分が男根になり、人々に食べられることを恐れているなら、きっとフロイトの読みすぎだ。

フロイトのカオスな妄想

精神分析医のオフィスを訪ねたその若い男性は、数々の問題を抱えていた。「エディプス的な、および兄との競合」による心理的負担を抱え、さらに彼は奇妙な夢に苦しんでいた。夢のなかで、彼は船に乗っていた。船の中央、舵の隣には、大きな排気パイプが垂直に立っていた。周りにはより大きな船が航行していて、彼はそのサイズを羨ましく思っていた。

　言いたいことはわかった、と思ったかもしれない。周りの船は彼の父親と兄で、垂直の排気パイプのついた船は彼自身。そしてパイプはもちろんペニスだと。だが、これはただのペニスではない。放屁するペニスだ。

　これはわたしの創作ではない。1959年に『精神分析学季刊報』に掲載された論文のタイトルは「放屁する男根」なのだ。精神分析医は、気の毒なこの患者について、少年時代の彼は、自分のペニスが放屁だけでなく放屁もできるくらいパワフルだったらいいのにと願っていた、と述べた。彼によれば、これが「何年も前にほかの少年たちと比べあったような、ガスを放出する音と力として表現される、肛門の能力の証である」。少年たちがおならコンテストをして、そのずっとあとで、その記憶がペニス、船、排気パ

＊40　彼に関心が集まりすぎないよう、フルネームを書くことは控える。

イプと結びつき……まあ、詳細はどうでもいい。いかにもフロイト派、というだけなのだから。

フロイト派の精神分析医による、不幸な患者たちに関する報告と診断は、ペニスにまつわる恐怖が確固たるものとなり、現代人の（少なくとも西洋人の）精神を蝕んだ瞬間だと言える。フロイトの著作を開くと、そこはクラーマーの「魔女がペニスを集めた巣」に匹敵する魔術的思考のオンパレードだし、「去勢不安」は主要テーマのひとつだ。けれども、「科学」、「方法論」、そして何より「確証バイアス」という後ろ盾があったおかげで、彼のアイディアは支持を得て、一部の界隈ではいまだに葬り去られていない。

フロイトがヒトの精神状態を曲解した初期の例のひとつが、１９３３年に同じく『精神分析学季刊報』に掲載された、「男根としての身体」という症例報告に見て取れる。[*41] このなかで、彼は自身の理論に沿って、患者は自分自身をペニスだと思っていると判断した。口は尿道で、身体の残りの部分はペニス自体であると（尿道はふつうペニスの中を根元から先まで通っているのだから、このたとえも意味不明だ）。ペニスを噛むことや、[*42] 排便、放尿、乳房について長々と書き連ねたあと、彼はこう結論づけた。患者（特定のではなく、すべての患者）は、ペニスを食べ、ペニスとして食べられたいと思っている。フロイト版のウロボロスだ。

フロイトにかかれば、他愛もないありふれた考えや夢も、ひどく有害な治療の対象だった。フェラチオされる夢を見た男性は、自分のペニスを「母親の乳房」と同一視し、パートナーを子どもとみなしているとされた。子どもの頃の発熱は身体を「性器化」し、また少女から大人の女性への変化も完全な「性器化」とされた。早見表によると、帽子、衣類、髪、皮膚は包皮かコンドームを、[*43] 口は尿道を、そして口から出るものはすべて（音も含めすべて）射精を、首の凝りは勃起を、首をさすったり入浴したりして凝りをほぐす行為はマスターベーションを、リラクゼーションは萎縮を意味するそうだ。この解釈を採用するなら、１日ラップトップで仕事をしたあと、首が凝ったなあ、どうやってほぐそうかと思っているわたしは、ただの変態ということになる。

生殖器、人体、生物学に関するこんな支離滅裂な考えが、よく1世代も生き延びたものだ。先の1933年の論文はそう長くはないが（ページ数はさておき、精神的苦痛はあとを引く）、そのなかで「ペニス」という単語は100回以上、「男根」は60回も使われている。セラピーの一環として、これほどたくさんペニスに言及する必要があるようなヒトの精神状態など、あるはずもない。もちろん、あなたがフロイト派の精神分析医で、すべての人間、すべての物事はペニスであると考え、それを基準にあらゆる社会的相互作用を説明しようとしているなら別だ。

1963年にマイナーな学術誌『米国精神分析学会ジャーナル』に掲載された論文で、著者はある男性患者の母親をこき下ろした。男性の父親、彼女の夫が亡くなったあと、彼女が少年を「自分の男根に」仕立てた、というのがその理由だ。仕事での自信のなさから、妻とのいさかいまで、男性が人生の悩みとして話したことはすべて、著者自身が会ったこともない「誘惑的で独占欲の強い母親」が、彼を自分の男根にしてしまったせいだという。著者は、男性が「マスターベーションの際に完璧な乳房をもつ女性を妄想」することでさえ、母親の男根にされたことによる異常行動としてあげつらった。

父親の死後、少年は母親の寝室のベッドで一緒に寝ていた。母親は彼が赤ちゃんだった時、片手で抱っ

＊41　フロイトは単なるペニスではなく、男根について多くの持論があった。彼いわく、子どもは幼い頃に「男根期」を経験し、男の子であれば母親に、女の子であれば父親に猛烈に執着し、嫉妬からもう片方の親を拒絶する。そして、求める方の親を独占できない無力感が、神経症につながる。まったくのたわごとだが、このたわごとは西洋思想と精神分析に多大な影響を与えた。

＊42　ペニスを噛んではいけない。本書の執筆中、アラートを設定しておいたおかげで、パートナーにペニスを噛まれて、傷が感染し手の施しようがなくなった結果、ペニスを切除した男性のニュースを目にした。

＊43　もう二度と帽子をただの帽子として見ることはできなそうだ。

こした思い出を愛おしそうに語った。だが、精神分析医からすれば、この母性的な振る舞いは少年を「母親の男根」に仕立てる行為であり、[*44] こうした状態は「男根女性自認」と呼ばれる。ありふれた心優しい人間の振る舞いであろうが例外ではなく、この母親の行動は、愛する人を失った悲しみの共有などでは説明がつかないと、著者は考えた。彼は母親の外見について、またも会ったこともないのに、「美を失い、年をとって劣化した」と述べている。フロイト派の分析医は女性に厳しかった。それどころか、タッカー・マックスとジェフリー・ミラーと同じように、フロイトも女性は複雑すぎて理解不能だと考えていたらしく、「心理学も女性性の謎を解くことはできない」と述べている。フロイトは自説を生物学に基づくものと主張したが、実際には自身のおかれた社会文化的状況を、自分自身の経験というフィルター越しに説明していたにすぎない。

しかも、マックスとミラーが自分たちが助けると謳った男性たちを傷つけたように、フロイト派の精神分析は男性たちにも容赦なかった。この論文を書いた分析医は、患者はのちに分析医の男根になることを望むようになったと結論づけ、白々しくこう述べた。「分析医は、無意識に患者を自分の男根とみなすのかもしれない」。気の毒なこの患者は、お決まりの「食べたい、食べられたい」を含むこうしたたわごとに3年も付き合わされたあげく、最後まで、一度として、幼少期の父親の死に関連するセラピーも洞察も提示されなかった。

子どもの頃に父親を亡くしたうえに、フロイト派の精神分析医に人間扱いされず、頭から爪先までペニスとみなされた男性患者は彼だけではない。人と人との相互作用のすべてに、身体化したペニスを代入して説明するこの手法は、トランスジェンダーの子どもたちにとって、とりわけ有害だったに違いない。1970年代、カリフォルニア大学ロサンゼルス校の「ジェンダーアイデンティティの専門家」、ロバート・J・ストーラーは、『英国医療心理学ジャーナル』にある論文を発表した。タイトルは「トランスセクシャルの少年——母親の女性化した男根」だが、こんな論文は撤回されるべきだ。こうしたナラティブでは常にそうだが、父親についてはまったく言及されていない。唯一の例外は、そう、父親を亡くしたある子どものケースだけだ。

ストーラーは、このこじつけ論文で「トランスセクシャル」とされた子どもたちについて、原因は母親がかれらを赤ちゃんの時から男根に仕立てようとしてきたせいだと主張した。彼は3人の母親たちに狙いを定め、ありとあらゆる理由で責めを負わせた。「女性性のなかに力強い男性性が織り込まれて」おり、子どもたちにとって母親が「トランスセクシャル」に見えていた可能性があるらしい。

ある母親は、ストーラーに「ずっと男の子になりたかった」と打ち明け、思春期になって男子グループから完全に追い出されたのは悲しかったと述べた。入ろうと思っていた男性専用空間から締め出された経験がある人なら、誰だってそう思うものだが、話す相手が悪かった。別の母親は、彼女自身の母親から男の子とボール遊びをするのを禁止された経験について、「人生で一番楽しかったことだったのに」と語った。こんな経験が、彼女たちの子どもを「トランスセクシャル」にしたと、ストーラーは論じた。

フロイト派はどんなやりとりも性的に解釈する。赤ちゃんの身体にオイルを塗ってあげる母親は、子どもを男根として使っている。肌を密着させて子どもを抱くことも、同じく病的な行動だ。ストーラーはこのような行動を、「育児嚢に子を入れるカンガルーのよう」だと、今では奨励のために使われているのと同じ言葉で切り捨てた。ある母親は、常日頃から赤ちゃんをひざに寝かせたり、あるいは両脚の間の床に寝かせたりしていた。おっと、男根警報の発動だ。

＊44　フロイトは、すべての女性が所有を望むペニス（これを「ペニス羨望」と呼ぶ）の居場所に、乳児が収まると考えた。

「これらの母親たちは非常に強いペニス羨望をもっている」と、彼は結論づけた。「彼女たちは、男性への怒りの究極の発露として、トランスセクシャルをつくりだした。彼女たちが生涯ずっと、男性に対してやりたいと夢見ていたことを、幼い息子たちに実行しているのだ」

悩みや葛藤を抱える人々を助けるはずの専門家にこんな考えが蔓延し、専門家がそれを押し付けていたら、性別もジェンダーも社会集団も関係なく、誰だってそこから逃げられるはずがない。

罪人は誰？

10月のある夜、ウクライナのシェフチェンコヴォの町で、ひとりの女性がレストランで夫と友人たちと食事をしたあと、みんなに別れを告げ、近くの自宅へと帰途についた。アパートのすぐそばまで来た時、ディミトリー・イフチェンコという25歳の男が、後ろから彼女につかみかかり、手で彼女の口を押さえて、茂みに連れ込んだ。10分後、彼女の27歳の夫がパーティーをあとにして、自宅へと歩きはじめた。茂みから聞こえた物音を不審に思い、様子を見に行った彼は、妻がイフチェンコに首を絞められ、レイプされている現場に遭遇した。

激怒した夫はイフチェンコを殴り、持っていたスイスアーミーナイフでレイプ犯のペニスを切り落とした。

明らかに、この状況で夫は、ペニスを「誰も傷つけないもの」とはみなしていなかった。それどころか、彼は即座にそれを、妻を傷つけている凶器とみなした。報道によれば、レイプ犯は手で彼女の首を絞めてもいて、そのまま続けていれば彼女は亡くなっていたかもしれない。にもかかわらず、怒りに燃えた夫は、犯人の男とその男性性を象徴する器官に狙いを定め、それを奪い去った。その後、彼は呆然としたまま歩いて近くの村にたどり着き、そこで出会った友人に車で送ってもらって、警察署に自首した。

女性とイフチェンコの悲鳴を聞いた近隣住民が救急車を呼び、隊員たちは（レイプの被害者ではなく）イフチェンコを病院に搬送した。イフチェンコの犯行を警察に証言したのは、住民ではなく女性の母親だった。新聞報道も、病院での治療努力も、レイプ犯のペニスの再接合手術に集中したようだ。英語でのニュース記事では、襲われた女性については最後にたった1行、「精神的回復には長い時間が必要」だろうと書かれていただけだった。米国メディアのなかには、それさえ削るところもあった。

イフチェンコの犯行を疑う人はいない。失業中だった彼は、警察の取り調べに対し、前の週にガールフレンドに振られ、犯行当日の夜はウォッカを1リットル飲んでいたと述べた。村のある女性は、事件の前にイフチェンコにナンパされ、断ると脅されたと語った。この女性は、イフチェンコのペニスが切り落とされたおかげで、彼が犯行を重ねることがなくなったと思ったそうだ。一方、ニュース報道での事件の被害者の扱いは小さく、パーカーを着て身をかがめ、顔を隠している。ちなみにパーカーの色はピンクだ。

新聞報道によれば、検察当局はイフチェンコを起訴する見込みで、有罪が確定すれば長くて懲役5年の刑を受けるという。一方、夫も「重大な身体的危害」を加えた罪で起訴され、自宅軟禁措置がとられた。彼が有罪になった場合、イフチェンコより長い、最大で懲役8年の刑に服することになる。

女性をレイプし首を絞めた人物の刑期が、妻を守ろうと犯人のペニスを切り落とした人物の刑期よりも短くなるのだ。そして、レイプ犯は手や、行動を司る頭ではなく、ペニスを切り落とされた。ペニスが彼の象徴であり、犯行の凶器だったからだ。

この事件のすべてにおいて、被害女性は名もない（これは当然だが）脇役（こちらは不当だ）として扱われた。救急車は彼女ではなく、犯人のために呼ばれた。彼女が受けた身体的危害については何ひとつ言及されず、当たり前の1行（「精神的回復には長い時間が必要」）がついでのように書き足されるか、それすらも消し去られた。ペニスのことがなければ、この事件が世界的な注目を浴びることはなかった（し、わたしも知らなかった）だろう。

このぞっとするような事件には、ヒトのペニスにネガティブな現代的意味合いを与える、すべての要素が詰まっている。女性に怒りを抱いた男性が、赤の他人を傷つけ、あるいは殺そうとする。別の男性が彼のペニスを切り落とし、肉体的にも象徴的にも防衛と復讐を果たす。だが、他人の命を危険にさらす明かな罪を犯した唯一の人物は、救急車で運ばれ、服役期間も短い。彼がペニスを失ったことが、彼が女性にもたらした身体的危害よりも重視されたのだ。彼の喪失の物語は、暴行を受けたどんな女性よりも重要らしい。同じようなことは、スタンフォード大学の学生だったブロック・ターナーが、レイプ未遂で告発された時にも起こった。彼の両親は、息子のしたことや彼が被害者から奪ったものにショックを受けるよりも、彼の行為によって彼自身と彼の家族から失われたものに対して、悲しみと後悔を示したのだ。

それなのに、この事件報道全体を通して、あまりに力点がずれていることの異様さを、気にかける人はひとりもいないようだ。被害女性も、彼女の夫も、犯人もみな脇役にすぎず、一方で犯人のペニスは凶器として、凶悪な人物の象徴として描写され、ペニスのために病院搬送や再接合が必要だったと強調された。犯人もまた「長期治療が必要」だったが、それは精神的なものではなく、ペニスの治療だ。

ペニスの現状

グローバルな文化的環境を見ても、ペニスの有害性は今まさに最高潮に達している（と思いたい）。衝動抑制の未発達を言い訳にはできない年齢の著名な男性たちが、部下にペニスを見せつけたり、犯罪に走ったりと、ペニスが注目を一身に受け、男性たち（とその脳）の悪行のシンボルになっている。ウクライナの事件の報道と同じように、話題の中心は被害者でも、どうしようもない男性たちの行動でもなく、またもやペニスだ。わたしたちの文化は、ペニスを一部の男性たちと、かれらの悪辣な行動のシンボルとみなす一方で、標的にされた人々をないがしろにしつづけてきた。

それに、わたしたちは間違った形でペニスについて語り、的外れな期待を抱きつづけている。3人の息子の母親として、わたしはかれらに立派に育ってほしいと思っている。心身ともに可能なかぎり健康で、幸福で逆境に負けない大人になってほしいと。だから、2019年、大手男性誌に「米国のペニスの現状!」と題した連続記事が掲載されているのを見た時は、嬉しく思った（情報開示――わたしは以前、この雑誌に無関係の記事を寄稿したことがある）。だが、内容は残念だった。ペニスをもつ人はすべて男性で、染色体型はXYであると最初から決めつけ、サイズと機能、勃起能力の問題ばかりが取り上げられていたからだ。

社会における位置づけを考えれば、ペニスをもつ多くの人々に向けて、こうした要素が前面に押し出される理由はよくわかる。だが、記事にあった情報は目新しいものではなかったし、わたしが読みたかったような、わたしたちがペニスをどう捉え、どう扱い、どう話題にしているかを分析するような内容でもなかった。こうしたメッセージと、その裏にある暗黙の前提は、ペニスをもつ人々の自己像にネガティブな影響を及ぼし、自分の健康や人間関係を害してまで、ひとつの身体のパーツに執着させてしまう。

ペニスのサイズ増強の話題だけに特化したオンラインフォーラムに集う男性たちは、「ジェルキング[*45]」などの危険な方法を試し、ペニス強化キットに大枚をはたき、体液を注入し、ハンガーでペニスに重しを

*45　手を使ってさまざまな方法でペニスを操作し、より長くすることを意図した技法。そのひとつは、陰茎を取り囲むように指でOKサインをつくり、上下にスライドさせるというもので、マスターベーションとしか思えないが、目的がひどくまちがっている。

つけて引き伸ばす。本書のリサーチのために、わたしはGoogleアラートにシンプルに「ペニス」と単語登録して、ニュースを収集した。記事の圧倒的大多数は、ペニスの形を変えようとして（いつでも目的はより長くすることだった）、けがを負った人々を取り上げたものだった。重傷を負ったニュースが多かったが、なかには完全にペニスを失った人もいた。

強化したかったはずのパーツを傷つけるリスクを冒すほど、かれらが強い不安を抱えているのはなぜだろう？　それは、社会がかれらに有害なメッセージを浴びせつづけているからだ。ペニスが男のすべてであり、目をみはるようなサイズの閾値に達していないかぎり、意中の相手はペニスだけを理由にかれらを拒絶すると。もうそろそろ、こんなメッセージは書き換えて、ペニスを玉座から降ろすべきだ。

かつて守護や生命誕生の象徴だったペニスは、男性性の尺度、男性性を具現化したものへと変貌した。男性は自分のそれにけっして満足できずに不安を覚え、女性はただうらやむしかないものに。それが米国の、グローバル社会の、あるいはもっと広く言えば、ヒトのペニスの現状だ。ペニスの現状と題した記事を売るなら、もっと頭を使った内容にしてほしかった。

脳とペニスのつながり

イフチェンコによる凶悪な暴行は、報道によれば、ガールフレンドに加えてもうひとりの女性にも拒絶されたことが引き金だった。成人女性の自主的な判断に対し、彼の反応は、高次の思考を放棄し、アルコールで麻痺させて、もっとも原始的な、激しい怒りと復讐心に満ちた本能のおもむくまま、通りすがりの女性を襲って性的暴行を加えるというものだった。そうすることで、彼は自分自身の人間性をも麻痺させ、侵害した。

ヒトの脳の構造は、いわばたくさんの部屋からなる大豪邸が、ありふれた核家族の家の上に積まれ、さらにその下にかび臭い地下室があるようなものだ。頭に詰まった臓器は、このような重層構造を通じて、パンツの中の器官に、相矛盾するメッセージを送る。外の世界から絶え間なく飛び込んでくる緊急指令が、事態をさらにややこしくする。外界からの入力情報のなかには、脳の地下室から響く生々しい声を増幅させるものが少なくない。

赤ちゃんの頃のわたしたちは、検閲を通さない脳の言いなりだ。何に配慮することもなく、考え、行動する。何も分け合わず、気に入らない時には物を投げ、犬の頭にチーズを載せちゃだめと（犬以外の）誰かに言われたら、床を転げまわる。けれども時が経つにつれ、わたしたちの心は成熟し、おとなの脳が備えるさまざまなすぐれた能力を発揮するようになる。最上層の豪邸の部分が完全な発達をとげ、コミュニケーション回路を形成して、フィルターとなって地下室からのメッセージの一部を除去する。破棄された伝令には、「床を転がれ！　犬にチーズを載せたいんだから！」とか、そんなことが書かれている。わたしたちはそれを無視して、床を転がらず、犬にチーズも載せない。わたしたちのなかの成熟した部分は、「ペニスの写真を送れ！」というメッセージも検閲にかける。[*46] そして（たいていの人は）そんな考えをしまい込んで、代わりに顔の自撮り写真を送る。

衝動抑制の発達に加えて、成熟した脳ではふつう、実行機能も発達する。情報を整理し、計画を立てる、脳内の業務管理アシスタントだ。パンをいつオーブンから取り出せばいいかがわかるのも、シャンプーは髪を濡らしてからつけると判断できるのも、実行機能のおかげだ。子どもの頃はこのはたらきが不十分で、だから赤ちゃんには車の運転ができない。この能力はまた、ヒトが求愛と配偶者獲得の際におこなう、社

＊46　ディックピックを送る行為は、意外ではないが、ナルシシズム傾向と関連する（Oswald et al. 2019）。

会的儀式のチェックリストをひとつひとつ消していくのにも使われる。わたしたちはフィルターを駆使して、自分の欲求ではなくルールに従う。相手が「ノー」と言えば、それを聞き入れる。

衝動抑制と実行機能が未成熟な人たちは、ふたつの欠点を抱えている。脳内の不適切なメッセージを除去できないことと、恋愛関係の構築のロードマップを描けないことだ。さらにかれらが、自分たちは世界から不当に扱われていると、イフチェンコのように信じ込めば、社会に害悪がまき散らされる結果になる。性器写真を送り、フィルター機能を完全に停止させるような物質を摂取し、衝動抑制能力を完全に失う。親密なつながりを築くためのステップを飛ばし、幼児のように欲しいものをわしづかみにする。ただし、今度の対象は別の人間だ。こうしたやり方がことごとく失敗に終わると、かれらは怒り、混乱する。それでうまくいくはずだと、社会が有害なメッセージを与えているからだ。そして時に、かれらは文字通りペニスを失う。

「自然に学べ」という誤謬も、こうした有害な考えに拍車をかける。こうしたストーリーを押し売りする人々は、（ペニスを利用した）オスの支配と優越こそ自然な姿だと主張する。かれらはヒト以外の動物から、自分たちの願望でしかない男根神話に都合のいい例を取捨選択（チェリーピック）する。かれらは「女が求めるもの」や「女が求めるものを男は察知できる、鈍い女たち自身はわかっていなくても」といった研究を発表する。男性をペニスに（ものすごくフロイト的だ！）、女性をその容器に還元しつつ、女性は抜け目ない策略家だと非難する。そして一部の男性は、自分は世界に不当に扱われている、怒りは男らしいと固く信じて、かれらに何も与えなかった人々を標的に、お前らのことなんてどうでもいいと言わんばかりに、その怒りを発散する。

科学的証拠を積み上げるのは、どんなに綿密な研究をしたとしても、とっ散らかった人間の営みで、何ひとつ「純粋」なものなどない。プロセスのありとあらゆる段階が、わたしたちの先入観に汚染されうる。

問いの立て方（ストリッパーはラップダンス中に発情のシグナルを男性に伝えるか？　女性は男根を求めているのか？）にもバイアスが現れるし、それにどうやって答えるか、結果をどう解釈するかにも偏りが生じる。文化や権力構造がペニスの位置づけの変遷を方向づけてきた（信仰の対象として祀り上げる一方、持ち主である人々を非人間化した）ように、まったく同じ要因が、科学研究においてわたしたちが立てる問いや、答えとして生み出す証拠にも影響を与える。けれども、わたしたちにはこうした様相を変え、かたちを捉えなおす力がある。

本書で見てきた通り、強い淘汰圧は生殖器を急速に変化させ、一方には複雑でごてごてした構造を、他方には本物の城壁や迷宮をつくりあげる。だが、わたしたちヒトの生殖器に、こうした淘汰圧を示唆する特徴はない。動物の生殖器全体の膨大な多様性を見渡せば、ヒトのそれは連続体のなかで「特殊化しておらず、柔軟で、一般的」な側に位置するものだとわかる。そこに「性的対立」の証拠は乏しい。対立は確かに存在するが、それは生殖器ではなく、わたしたちの脳が生み出したものだ。

ペニスを主題に出発した本書だが、わたしは意図して、生殖器を性行動に関わるほかの器官とともに文脈に位置づけるように書き進めてきた。そのなかで、動物たちが親密な関係と性交渉を確立するために用いる、数かぎりない美しいかたちに出会った。人間中心主義かもしれないが、わたしがそのなかでもっとも魅力的だと思うもののひとつは、ヒトの心だ。心はセクシャリティの宿る場所であり、しかもペニスと違って単なる代役ではなく、わたしたちそのものだ。ヒトの性行動のもっとも基本的な要素として、わたしたちの心を、再び中心に位置づけよう。わたしたちは、親密なつながりを築くという目的のために、もっと賢く、もっと健全に、心を用いる努力をするべきだ。

謝辞

本書の執筆は、幸運な偶然と喜びに満ち、たくさんの人々と場所と物事から恩を受けながらの旅だった。おいしいところは最後に回すとして、まずは場所から始めよう。生殖器の情報を求め、いくつもの国々と米国各地を旅するのは、とても楽しい経験だった。これ以上にわくわくする時間の使い方があったら教えてほしいくらいだ。あちこちで目の当たりにした生殖器に加えて、電車で、飛行機で、自動車で、船で移動して、取材したりメモを取ったりした時に、いつも忘れてしまうペンをゲストのために用意しておいてくれたホテルには、とくに感謝している。さまざまな色のペンでメモを取った、10冊の丈夫なノートのメーカーである、ミードにもお世話になった。自宅にあるものからは、2つに触れておきたい。まずは、賢いフクロウたちの刺繍が入った枕。母方の祖母がずっと前につくってくれたもので、片隅にわたしの名前の刺繍がある。祖母は本書の執筆中、わたしが取材で海外に出ている間に亡くなった。それ以来、わたしは枕を見えるところに飾り、フクロウたちは執筆するわたしを穏やかに見守ってくれた。もうひとつのアイテムも手作りだ。末っ子のジョージが小学校でつくった、小さな木製の投石機。何らかの事故でアームとバケツがなくなっていて、まともに投石はできないが、メモから原稿に書き起こす時、ノートを立てかける美しいスタンドとして活躍してくれた。

子どもの話が出たところで、3人の息子たちと夫はわたしのヒーローだ。生殖器づくしのこの本を、わたしが芝居がかった調子で読みあげ、衝動の赴くままに駄洒落を連発するのを（たいていは）品よく我慢してくれたこと、そしてこのプロジェクトをありとあらゆる形で応援してくれたことに、心から感謝している。同じように、わたしのきょうだいとそのパートナー、そして中世の文献に精通した研究者であるわたしの母も、いつも揺るぎなくわたしを支えてくれた。寛大な研究者たちについては、わたしを助けてくれた人々のリストは長くなる。パトリシア・ブレナン、マーティー・コーン、ダイアン・ケリー、マット・ディーン、ジェイソン・ダンロップと、かれらの研究室メンバーは、親切にもわたしに会って話し、（ヒト以外の生物の）驚くべき生殖器を見せてくれた。以下に順不同で紹介する、研究者とセンシティビティ・リーダーのみなさんは、貴重な時間を割いて、本書へのフィードバックや有益な情報を提供してくれた。エインズリー・シーゴ、エリン・バーボー、ケルシー・ルイス、スティーブ・フェルプス、ハンス・リンダール、アリソン・フィンレイ、クリスティーン・ヘリウェル、ロス・ブレンドル、ヨルグ・ヴンダーリッヒ、ゼン・フォークス、マティルダ・ブリンドル、キャサリン・スコット。本書にどんな問題があったとしても、かれらとは一切関係なく、わたしひとりの責任だ。また、わたしと一緒に長い道のりを歩き、原稿に目を通してアドバイスをくれた、そしてバーチャルのワインパーティーにも参加してくれた、執筆サポートグループのメンバーたちにも、深く感謝している。執筆中に数々の質問に快く答えてくれた、ウィリアム・エバーハードとマリア・フェルナンダ・カルドソにもお礼を申し上げたい。それから、わたしが見た動物の交尾動画を撮影した人々、わたしが読み、一部はどんな形であれ本書で取り上げた、数百の学術文献を執筆した研究者たちのことも、ここに記しておかないのは怠慢だろう。最後に、卓越したエージェントであり、実力も品格も忍耐強さも天井知らずのエマ・ペリーと、わたしがとっておきの原稿を送るまで根気よく待ってくれた、Averyの編集者キャロライン・サットンに、心の底から感謝を捧げる。

訳者あとがき

本書は Emily Willingham, *Phallacy: Life Lessons from the Animal Penis*（Avery, 2020）の全訳です。

著者のエミリー・ウィリンガムは、米国テキサス州に生まれ、テキサス大学オースティン校で英文学を学んだのち、同大学で生物学の博士号を（アカミミガメのペニスの発達に関する研究で）取得。カリフォルニア大学サンフランシスコ校での泌尿器科のポスドクフェローシップを経て、現在はサイエンスライターとして、『ワシントン・ポスト』『ウォール・ストリート・ジャーナル』『サイエンティフィック・アメリカン』などで記事を執筆しています。本書以外の著書に、出産・育児に関して巷に流布する玉石混交のアドバイスを科学的に検証した『*The Informed Parent*』（タラ・ヘイルとの共著）、認知能力の向上をうたうサプリなどで昨今注目を集める「脳のカスタマイズ」の理想と現実を探求した『*The Tailored Brain*』などがあります。

動物の性行動や生殖器に関するポピュラーサイエンス書は、オリヴィア・ジャドソン『ドクター・タチアナの男と女の生物学講座』（光文社）やメノ・スヒルトハウゼン『ダーウィンの覗き穴』（早川書房）など、これまでにも数多くの作品が書かれてきました。そうした系譜を受け継ぎつつ、しかし本書は、これまでの性淘汰の進化生物学研究そのものが、男性優位社会の文化的背景の影響を受けてきたことに力を入れて論じている点で、ほかと一線を画しています。原題の"Phallacy"が「男根（Phallus）」と「誤謬（Fallacy）」を組み合わせた造語であるのも、こうした意図の表れでしょう。オンラインマガジン『スレート』に掲載されたインタビューで、著者ウィリンガムは本書のジャンルについて、「生殖器の進化生物学と社会文化的要素の混交を解きほぐす」本であり、「フェミニズムの本でもある」と答えています。

「ペニスの話題ほどクリックを集めるものはない」と言う著者は、動物たちの生殖器や性行動に並々ならぬ関心を抱いて本書を手に取った読者の知的好奇心を、脊椎動物から節足動物、軟体動物まで、古今東西の生殖器研究からの選りすぐりの事例で満たしてくれます。相手の性別すら構わずペニスを腹腔に突き刺して精子を注入するトコジラミ。24時間にわたって複雑なシークエンスの前戯に興じるツェツェバエ。精包を仕込んだ交接腕がオスの体からちぎれ、単体で這い進んで受精に挑むアオイガイ。読み終えたみなさんも、驚嘆したり、くすっと笑えたり、ちょっと不気味だったりする、誰かに話さずにはいられない新情報が見つかったのではないでしょうか。個人的にいちばんのお気に入りを選ぶなら、枝分かれしたペニスの付属突起を直腸に挿入するという哺乳類としては異色のフクロネコも捨てがたいのですが、第7章に登場するヒメグモの1種を推したいと思います。触肢をみずから糸でぐるぐる巻きにして折り取ったうえ、（傍註によれば）無傷のオスよりも50パーセント速く走って、自分よりはるかに大きな捕食者であるメスのもとに向かう、過酷すぎる聖火ランナーのようなアプローチには（過度の擬人化は禁物とはいえ）同情を覚えずにはいられません。それはともかく、こうして膨大な多様性の一端に触れるだけでも、何か1種の動物の生態からヒトにそのままあてはめられる教訓などあるはずもなく、そのような言説は事実よりも、発言者の意図や願望を反映したものでしかないことがよくわかります。

こうした途方もない生殖器の多様性は、かつては「鍵と錠前」、すなわち物理的に同種他個体を認識し異種間交雑を妨げるメカニズムとして進化したと説明されてきました。しかし、この仮説はそもそも「種にとっての利益」を中心とした群淘汰的な考えに基づいていることに加え、種内の多様性がすべて新種の証拠とされかねない、実際に野生下で起こっている種間交雑を説明できないといった、多くの欠点がありました。なかでも最大の問題は、同種のオスとメスの生殖器の完全なフィットという前提が、どちらかを調べれば事足りるという思い込みにつながり、オスの生殖器への極端な研究の偏りが生じたことでした。幸い、進化生物学の研究の進展に伴い、ここ数十年で性淘汰理論が精緻化され、交尾前性淘汰（例えば、生殖器の内外からさまざまにメスを刺激して受精確率を高める付属器官）、交尾後性淘汰（例えば、以前に交尾したほかのオスの精子を除去する構造）、オスとメスの利害対立（例えば、体サイズに対して極端に大きなペニスで強制交尾をはかるカモのオスと、それに対抗して逆巻きのらせんや袋小路といった「鍵を食い止める錠前」の構造を進化させたメス）といった形で、生殖器の進化のパターンとプロセスが動的に理解されるようになりました。こうした背景を踏まえると、「武器も、硬いパーツも、バールのような機能もない」ヒトのペニスを形成した淘汰圧は、極端な性的対立ではなく、親密で非暴力的な接触を通じた絆の形成であったという、重要な示唆が浮かびあがります。これは、ヒトの心の適応を生み出した社会的環境は、両方の性で構成された重層的な大集団と、そのなかでペアの絆を基盤として維持される連続的一夫一妻制（ある時点で見ると一夫一妻だが、個体の生涯のなかでは複数のパートナーを経験する）であったという、多くの進化心理学者が同意する解釈とも符合しています。

著者の進化心理学に対する姿勢は、明言されてはいないものの、一部のずさんな研究に対して苦言を呈しているというよりも、分野全体に対して否定的、懐疑的であるように思えます。私見を述べるなら、学生時代に日本国内の進化心理学の研究拠点のひとつである研究室に籍をおき、進化心理学分野の書籍の監訳にも関わった身としては、ヒトの心のはたらきを理解するうえで自然淘汰理論がきわめて有用な指針であることに疑問の余地はありません。一方で、そもそも質の疑わしい研究結果が、さらに単純化され曲解されて、露悪的な発言が注目や称賛を集めがちなSNSで拡散されるといった、分野への信頼が損なわれかねない事態が、昨今とくに目につく印象も抱いています。心理学研究はしばしば、「WEIRD」な、つまり西洋の（Western）、教育水準が高く（Educated）、工業化され（Industrial）、裕福な（Rich）、民主的（Democratic）社会に偏って抽出されたサンプルから得られた知見をすべての人に一般化しがちな点を批判されますが、進化心理学においては、知見の適用範囲をいま生きている人どころか、過去の数万世代にまで広げることになりがち、誤差の大きさは致命的なものになりかねません。20世紀後半における進化理論の現代的統合の立役者のひとりであるジョージ・ウィリアムズは、適応は「特別で煩雑な概念であり、本当に必要な場合にのみ用いられるべき」、すなわち、ある形質が自然淘汰の過程で選び出されてきた結果として出現したことを裏づける確たる証拠がある時にだけ、それを適応と呼ぶことができると忠告しました。本書を読み終えたみなさんはきっと、次にものごとを（とくに暴力や抑圧や不平等といった理不尽を）「進化的」あるいは「生物学的」にキャッチーに説明するようなコンテンツに触れた時、こうした慎重さと健全な懐疑主義をもって、そこに本当に科学的事実があるのかどうかを判断できることでしょう。

日本語版では、原書にある傍註と巻末註に加え、国内の読者向けに補足説明が必要と思われる箇所に〔　〕で訳註を入れました。また、本文中の引用箇所については、本文中に断りがないかぎり、既訳のある文献からの部分も含めて私訳とさせていただきました。

本書の翻訳においては、企画段階から細部の表現の修正まで、作品社編集部の倉畑雄太さんに大変お世話になりました。この場を借りて深くお礼申し上げます。

2022年4月

的場知之

索引

ア行

カ行

サ行

ナ行

ハ行

マ行

ヤ行

ラ行

ワ行

英数字

原註

第1章　ペニス中心主義――悪い男たちと進化心理学のダメ研究

22.『ニューヨーカー』誌に寄稿する：Menand 2002.
23. 性器の膨張や変色に代表されるこうした手がかり：Tinklepaugh 1933.
23.「メスの性的モチベーションの高まり」：Nadler 2008.
24.「つがい外」パートナー：Lamuseau et al. 2019.
25.「ストリッパー研究」：G. Miller et al. 2007.
28. こうした研究を批判しているのは：Reviewed in Gonzales and Ferrer 2016.
28. アラン・ディクソン：Dixson 2013.
29. この見出しは：Wiber 1997.
30. ステレオタイプな「男らしい」体格：Gifford-Gonzalez 1993.
32. よりオーガズムを感じやすい：Frederick et al. 2018.
32. ルイ・ミゲル・コスタらの研究チーム：Costa et al. 2012.
37. ジェフリー・ミラーはまた別の研究でも：Prause et al. 2015.
38. 1661 人の男性：Herbenick et al. 2014.
40. うまくやるにはどうすればいいかを示した：Shaeer et al. 2012.
42. この論文の著者たちは：Armstrong et al. 2012.
44. 胎児の外性器から性別を確実に判定できない：Pedreira et al. 2001.
44. すぐれた教科書を著しているアラン・ディクソン：Dixson 2013.
45. もっとも妥当な説明だ：Varki and Gagneux 2017.

第2章　ペニスはなぜあるのか？

50. ミャンマーのフーカウン渓谷：Ross 2018.
51. 問題のペニス：Dunlop et al. 2016.
54. コリンボサトン・エクプレクティコス：Siveter et al. 2003.
54.「大きくずんぐりした」部分まで化石として：Matzke-Karasz et al. 2014.
56. 未受精の状態がいちばんやわらかい：Suga 1963.
58.「生殖器の進化はカオス的なものではない」：Song 2006.
63. 胎児にペニスが形成され：Sanger et al. 2015.
65. 2015 年、ある研究グループが：Ramm et al. 2015.
66.「コイル状のペニスが頭の中心に位置している」：Hodgson 2010.

66. 自分の精子と他人の精子が：Valdés et al. 2010.
66. デイジーチェーンは：Chase 2007b.
66. お互いに同意しているようだ：Valdés et al. 2010.
67. 完全にペニスを失っている：Brennan et al. 2008.
68. 挿入器が長い傾向にある：Herrera et al. 2015.
68. BMP4 の発現量が増加することで：Herrera et al. 2013.
68. BMP4 を発現させたり追加した場合：Herrera et al. 2015.
70. ある研究グループは：Klaczko et al. 2015.
70.「生殖器は進化の威力を……言えよう」：Schilthuizen 2014.
70. こうした研究結果から：Hosken et al. 2018.
71. オスどうしの競争：Rowe and Arnqvist 2012.
72. 魚としては珍しくペニスをもつグッピー：Hosken et al. 2018.
73. ある研究チームは：Simmons and Firman 2014.
74. 有羊膜類では、機能に特化した：Larkins and Cohn 2015.
74. これといった特徴のないヒトのペニス：Gredler 2016.

第３章　ペニスの定義と材料

78.「恥知らずのごますり野郎」：Bondeson 1999.
78. 蠟を注入する手法のパイオニア：Todd n.d.
78. サンタンドレにとって、ル・ブロンの価値は：Krivatsky 1968.
78. ウサギの件で：Cunningham 2010.
79.「世界初の……最初期の作品」：Norman n.d.
82.「交尾と精子注入に……途方もなく多様だ」：Kelly and Moore 2016.
83. *Parafontaria* 属のヤスデの場合：Tanabe and Sota 2008.
84.「受容するメスに開口部」：Austin 1984.
84. 内部が空洞な精子を輸送できる管：Hosken et al. 2018.
86. 陰茎の補佐役であり：Lehmann et al. 2017.
87. この小さなムシたちは：Macias-Ordóñez 2010.
87. クモの場合は：Huber and Nuñeza 2015.
88. 2 段階の挿入：Eberhard and Huber 2010.
89. はっきりした前後運動も：Houck and Verrell 2010.
90. この器官は反転式で：Gower and Wilkinson 2002.
91. この 2 種の「ムシクイ」：Rowe et al. 2008.
92.「硬い棒」：Winterbottom et al. 1999.
94.「主として固着性の動物なので」：Austin 1984.
95. この言葉は、ダーウィンの：Hoch et al. 2016.

97. 波が強い場所では：Hoch et al. 2016.
98. 哺乳類の場合：Gredler 2016.
99. 骨がなく、その他の硬い結合組織でできているペニス：Brennan 2016a.
99. 同じように体のパターンを制御する：Lonfat et al. 2014.
100. その重要性を実証した：Infante et al. 2015.
102. 頭文字を並べると「PRICC」：Cormier and Jones 2015.
104. 挿入時間の長さ：Dixson 2013; Larivière and Ferguson 2002.
104. 性的二型：Fitzpatrick et al. 2012; Larivière and Ferguson 2002.
104. 配偶システム：Ramm 2007; Hosken 2001.
104. オスの体の大きさとの関係：Miller et al. 1999; Miller and Burton 2001; Tasikas et al. 2009; Lüpold et al. 2004; Ramm et al. 2010; Schulte-Hostedde et al. 2011.
104. ドラゴンがそれにあたる：Gredler 2016.
105. 大きなものは一種の錨：Dixson 2013.
105. 真珠様陰茎小丘疹：Badri and Ramsey 2019.
105. DNA 配列を比較し：McLean et al. 2011.
106.「ペニスの棘の単純化した形態」：Dixson 2013.
106. 一度にひとりのパートナーしかもたない：McLean et al. 2011.
106. 有力な証拠がある：Gibbons 2019.

第4章　ペニスのさまざまな機能

108. 唇舌：Cordero-Rivera 2016a.
109. いちばん独創的なのはおそらくウミウシ：Lange et al. 2014.
109. 雌雄同体の扁形動物：Ramm et al. 2015.
110. シャンハイハナスッポンは、自身がどれだけ：Crane 2018.
111. 精子爆弾が「爆発」すると：Eberhard 1985.
111. ハネカクシの一種：Gack and Peschke 1994.
112. メスも生殖器に：Burns et al. 2015.
112.「比較的軽度」：Van Haren et al. 2017.
113. ある比較解剖学の教科書：T. Jones 1871.
114. ポンプには3つの筋肉があり：B. Sinclair et al. 2013.
114. 事例は「数千、数万」におよび：Bailey and Zuk 2009.
114. 主張する研究者さえいる：Monk et al. 2019.
115. 実際、オスはきわめて頻繁に：Bailey and Zuk 2009.
116. 遺伝子にキャッチーな名前をつける：Bailey and Zuk 2009.
117. この軽食は、疲れたメスが：Lehmann and Lehmann 2016.
117. ザトウムシのある系統：Kahn et al. 2018.

117. ギフトを贈るオスは：Kahn et al. 2018.
119. オスの資質を評価する：Eisner et al. 1996b.
119. メスは「冷たく」オスを拒絶する：Eisner et al. 1996b.
119. 拒まれたオスがしつこく食い下がる時は：Eisner et al. 1996b.
120. 前戯が必要なのはオス：Uhl and Maelfait 2008.
122. ザトウムシも同じような行動をとる：Eberhard et al. 2018.
125. 一部のカエルの「親指」：Eberhard 1985.
125. 精子輸送のためだけではない：Eberhard et al. 2018.
126. アリをよく食べているなら：Amcoff 2013.
126. 一種の感覚便乗だ：Kolm et al. 2012.
126. 説の方が有力だ：Haase and Karlsson 2004.
127.「しばしば過剰なまでに複雑」：Eberhard 2010.
128. エバーハードは 1985 年：Eberhard 1985.
128. 蝶の生殖器にある光受容細胞：Arikawa et al. 1980.
128. 2001 年のある論文：Arikawa and Takagi 2001.

第５章　メスによるコントロール

134. ブレナンと共同研究者たちが指摘する：Brennan et al. 2008.
136. 明確に否定した：Eberhard 2010.
138.「メスではなく、オスの器官と行動が」：Austin 1984.
139.「体内求愛装置」：Briceño and Eberhard 2015.
140. メスはたった１匹の：Briceño and Eberhard 2015.
140. このハエによる恐ろしい家畜伝染病の拡大：Pearce 2000.
141. メスを刺激する：Briceño et al. 2007.
142. 腹板がメスに「精力的に」こすりつけられる：Briceño and Eberhard 2009b.
142. 接触する部分をマニキュアで覆うと：Briceño and Eberhard 2009b.
142. この奇妙な実験：Briceño and Eberhard 2015.
143. これがないと何も始まらない：Frazee and Masly 2015.
144. 研究者たちは、この小さな甲虫：Cocks and Eady 2018.
146. 難しいと断りつつ：Retief et al. 2013.
147. マダラナガカメムシ：Dougherty and Shuker 2016.
148. 苦難の物語：Eady et al. 2006.
149. のちの研究で：Hotzy et al. 2012.
150. メスも負傷に対していくらかの適応的反応：Dougherty et al. 2017.
150.「失敗が蔓延して」：Eberhard and Huber 2010.
152. 棘はとても立派だ：Friesen et al. 2014.

153. プレーンズガーターヘビのメスは：King et al. 2009.
153. しかも、種によって：Orbach et al. 2017.
154. うまくはまらないものもいて：Orbach et al. 2017.
154. のちの研究で、ハンドウイルカの膣のひだは：Orbach et al. 2019.
154. 研究チームは、さらに対象を広げて：Orbach et al. 2018.
155. メスに突き刺す：Brennan 2016b.
155. やがて、メスのなかに：Hosken et al. 2018.
155. なかには注入部分から：Eberhard 1985.
156. マリアナシロカネグモ：Hernández et al. 2018.
156.「ヘアリーキス」：Aisenberg et al. 2015.
156. マメゾウムシの場合：Fritzsche and Arnqvist 2013.
157. 2011 年のある論文：Green and Madjidian 2011.
157. 2014 年の調査：Ah-King et al. 2014.
157. 2016 年になっても：Langerhans et al. 2016.
158. それに対し、彼女は共同研究者とともに：Brennan et al. 2014.
159. アプローチのひとつが：Evans et al. 2019.
160. 基礎研究のおかげで：Aldersley and Cator 2019.

第 6 章　サイズの問題

163. 1914 年の記述：Pycraft 1914.
163. クジラは時に 3P に興じ：Gibbens 2017.
164. 長吻状のペニスは：Quoted in Hoch et al. 2016.
165. 時は 1835 年 1 月中旬：Castilla 2009. フアン・カルロス・カスティーリャはチリ・カトリック教皇庁立大学の著名な海洋生物学者で、自然環境からヒトを排除したあとに生じる影響を調べた研究でもっともよく知られる。彼は *Concholepas concholepas* の大ファンにして専門家であり、現地で「ロコ」〔日本語でもこれにならいロコガイと呼ばれる〕と呼ばれるこの貝は、食材として広く利用されている。
167. そして、この小さいやつ：Hoch et al. 2016.
168. かれらのペニスは全長の 7 倍：Hoch et al. 2016.
169.「せっせと食べている」：Adams 1898.
173. 求愛と呼べるものは存在せず：Leboeuf 1972.
173. 声と行動で反応して：Cox and Le Boeuf 1977.
174. ゾウアザラシのオスには：Dines et al. 2015.
174. 鰭脚類で最大級であり：Dixson 1995.
175. 94 種のうち 92 種に見られる：Dines et al. 2014.
176. これまで研究された種については：Dines et al. 2014.

176. 体サイズと比べた相対長では：Brownell and Ralls 1986.
179. 長さは平均：Herbenick et al. 2014.
179. ある研究者は：Shah and Christopher 2002.
180.「浴場で拍手が聞こえたら」：Quoted in Moreno Soldevila et al. 2019.

第7章　小さなペニスの大いなる力

181.「2019年もっとも革新的なセックストイ17選」：Chatel 2019.
184.「ノミは昆虫界でもっとも複雑な交尾器をもつ」：Humphries 1967.
185. ありふれた巻き貝：Golding et al. 2008.
185.「世界は *Phallomedusa solida* のペニスの見た目を」：Cardoso 2012.
186. そのため、マメゾウムシの挿入器にある：Van Haren 2016.
188. クモではこうしたことはまれだ：Huber and Nuñeza 2015.
188. *Ciulfina* 属のカマキリは：Holwell and Herberstein 2010.
188. その後の研究で：Holwell et al. 2015.
189. 困惑するほかない適応進化の謎：Naylor et al. 2007.
191. アンテキヌスモドキ *Parantechinus apicalis*：Woolley and Webb 1977.
192. 研究者たちは考えている：Woolley et al. 2015.
192. 一部のクモには：Eberhard and Huber 2010.
192. 挿入そのものの最中：Fowler-Finn et al. 2014.
192. さらにユウレイグモの1種は：Huber and Nuñeza 2015.
193.「These Worms Suck」：Schärer et al. 2004.
194. キューピッドのように放つ「恋矢」：Lange et al. 2013.
194. ところで、お互いの頭に：Lange et al. 2014.
196. 肢を使って精子を輸送する：Austin 1984.
196. 代わりにかれらは精管：Bauer 1986.
197. オスは少なくともあと半日：Waiho et al. 2015.
197. この「帆」は：Finn 2013.
198. まだ動いている残った腕に：Austin 1984.
198–99. バナナナメクジの場合：Reise and Hutchinson 2002.
200. 最大のバイオマスをもつ：Kawaguchi et al. 2011.
203. この生き物は世界に名を知られる：Sekizawa et al. 2013.
203. 海生巻貝やフジツボのなかには：Dytham et al. 1996.
204. メスの内部生殖器を「洗浄」：Eberhard and Huber 2010.
204. ヒメグモ科の：Knoflach and van Harten 2000.

第８章　ペニスフリーからあいまいな境界へ

208. 以前にヒトがミルドレッドという名のメスを：Marks 2009.
208. ところが 2009 年に：Marks 2009.
212. ムカシトカゲは島に棲む：M. Jones and Cree 2012.
214. 生殖隆起があった：Sanger et al. 2015.
215.「おいしい一口」：Cheng and Burns 1988.
215. ムカシトカゲに話を戻そう：Gans et al. 1984.
217. トビムシを見たことがない人も：Hopkin 1997.
218. 求愛動画のトビムシは：Kozlowski and Aoxiang 2006.
219. 食べてしまうのはメスだけではない：Stam et al. 2002.
220. 精包をディルドのように使うダニ：Eberhard 1985.
220. 研究者たちは、一部のカギムシが：Tait and Norman 2001.
220. このような観察事例からは：Walker et al. 2006
222. 彼女が初めてではない：LeMoult 2019.
223. これらの種における単為生殖の引き金は：Czarnetzki and Tebbe 2004.
223. 卵に好んで定着する：Faddeeva-Vakhrusheva et al. 2017.
223. ボルバキアは卵にトリックを仕掛け：Ma et al. 2017.
224.「陰唇の端に位置する」：Zacks 1994.
224.「ペニス型クリトリス」：Rubenstein et al. 2003.
225.「配偶のブラックボックス」：Brennan 2016a.
225.「オスの器官と行動により注目したのは」：Austin 1984.
225. オースティンのレビューが刊行されたのは：Eberhard 1985.
225.「グループもいくつかあるが」：Eberhard 1985.
226–27.「体外受精」：Van Look et al. 2007.
227.「例外的にすぐれた保存状態の交尾中のペア」：Klimov and Sidorchuk 2011.
228.「メスがオスに挿入するシステム」：Jolivet 2005.
228.「この概念自体にさらなる検討が」：Jolivet 2005.
229. 研究者たちは、フトアゴヒゲトカゲの：Whiteley et al. 2017.
229.「一時的雌雄同体」：Whiteley et al. 2018.
229. ほかのトカゲ：Martínez-Torres et al. 2015.
230.「今後の研究ではメスの発達を考慮すべき」：Whiteley et al. 2018.
232. 1996 年におこなわれた研究：McIntyre 1996.
232. 一部の種のモグラは半陰陽：Rubenstein et al. 2003; A. Sinclair 2014.
232. 1998 年、カナダの野生生物学者：Cattet 1988.
233. トリカヘチャタテ属 *Neotrogla* および *Afrotrogla* 属：Hosken et al. 2018; Yoshizawa et al. 2018.

234. この発見について解説するにあたり：Newitz 2014.
235. 1940 年代：Stern 2014.
235. 1951 年、かれらは初の症例報告論文を：Gautier and Cabral, 1992.
236. 子どもたちは幼少時の名前をそのまま：Knapton 2015.
236. いくつかの研究論文で：Imperato-McGinley et al. 1974.
237. 同調圧としてはたらき：Bosson et al. 2018.
238. シンバリ・アンガ語族：Imperato-McGinley et al. 1991.
238. トルコの別集団：al-Attia 1997

第 9 章　男根の盛衰
243. コロラド州のトム・ミッチェル：Hafsteinsson 2014.
246. 最初のうち、ペニスが象徴するもの：Cormier and Jones 2015.
247. 1985 年 9 月：Helliwell 2000 および著者との個人的なやりとりから。
251.「常に引き締まった胸」：Aristophanes, The Clouds.
251. 大きなペニスは「グロテスクで滑稽」だった：Hay 2019.
252. のちのキリスト教徒の著述家：Plutarch 1924.
255. 昔々、11 世紀のバイキングの家庭で：Phelpstead 2007.
257. 南トスカーナの町マッサ・マリッティマ：Mattelaer 2010.
259.「西洋美術史に類を見ない」：M. Smith 2009.
259. 樹はイチジクの一種だとも：M. Smith 2009.
260.「自然の呼び声に抗うのは無意味」：Mattelaer 2010.
265.「放屁する男根」：Saul 1959.
267. 1963 年に：Shevin 1963.
268–69.「トランスセクシャルの少年——母親の女性化した男根」：Stoller 1970.
270. 10 月のある夜：J. Miller 2019.
272.「長期治療が必要」：Panashchuk 2019.
272.「米国のペニスの現状！」：Dukoff 2019.
273. オンラインフォーラムに集う男性たち：Rogers 2019

参考文献

Abella, Juan Manuel, Alberto Valenciano, Alejandro Pérez-Ramos, Plinio Montoya, and Jorge Morales. 2013. "On the Socio-Sexual Behaviour of the Extinct Ursid *Indarctos arctoides*: An Approach Based on Its Baculum Size and Morphology." *PLoS ONE* 8 (9): e73711. https://doi.org/10.1371/journal.pone.0073711.

Adams, Lionel E. 1898. "Observations on the Pairing of *Limax maximus*." *Journal of Conchology* 9: 92–95.

Adebayo, A. O., A. K. Akinloye, S. A. Olurode, E. O. Anise, and B. O. Oke. 2011. "The Structure of the Penis with the Associated Baculum in the Male Greater Cane Rat (*Thryonomys swinderianus*)." *Folia Morphologica* 70 (3): 197–203. https://pdfs.semanticscholar.org/bc50/62c392cbb01008fc8fdb1ac5c7159d966293.pdf.

Ah-King, Malin, Andrew B. Barron, and Marie E. Herberstein. 2014. "Genital Evolution—Why Are Females Still Understudied?" *PLoS Biology* 12 (5): e1001851. https://doi.org/10.1371/journal.pbio.1001851.

Aisenberg, Anita, Gilbert Barrantes, and William G. Eberhard. 2015. "Hairy Kisses: Tactile Cheliceral Courtship Affects Female Mating Decisions in *Leucauge mariana* (Araneae, Tetragnathidae)." *Behavioral Ecology and Sociobiology* 69: 313–23. https://doi.org/10.1007/s00265-014-1844-2.

al-Attia, H. M. 1997. "Male Pseudohermaphroditism Due to 5 Alpha-reductase-2 Deficiency in an Arab Kindred." *Postgraduate Medical Journal* 73 (866): 802–07. https://doi.org/10.1136/pgmj.73.866.802.

Aldersley, Andrew, and Lauren J. Cator. 2019. "Female Resistance and Harmonic Convergence Influence Male Mating Success in *Aedes aegypti*." *Scientific Reports* 9: 2145. https://doi.org/10.1038/s41598-019-38599-3.

Aldhous, Peter. 2019. "How Jeffrey Epstein Bought His Way into an Extensive Intellectual Boys Club." *BuzzFeed News*. September 26, 2019. https://www.buzzfeednews.com/article/peteraldhous/jeffrey-epstein-john-brockman-edge-foundation/.

Amcoff, Mirjam. 2013. "Fishing for Females: Sensory Exploitation in the Swordtail Characin." PhD diss., Uppsala University.

Anderson, Matthew J. 2000. "Penile Morphology and Classification of Bush Babies (Subfamily Galagoninae)." *International Journal of Primatology* 21: 815–36. https://doi.org/10.1023/A:

1005542609002.

Anderson, Sarah L., Barbara J. Parker, and Cheryl M. Bourguignon. 2008. "Changes in Genital Injury Patterns over Time in Women After Consensual Intercourse." *Journal of Forensic and Legal Medicine* 15 (5): 306–11. https://doi.org/10.1016/j.jflm.2007.12.007.

Andonov, Kostadin, Nikolay Natchev, Yurii V. Kornilev, and Nikolay Tzankov. 2017. "Does Sexual Selection Influence Ornamentation of Hemipenes in Old World Snakes?" *Anatomical Record* 300 (9): 1680–94. https://doi.org/10.1002/ar.23622.

André, Gonçalo I., Renée C. Firman, and Leigh W. Simmons. 2018. "Phenotypic Plasticity in Genitalia: Baculum Shape Responds to Sperm Competition Risk in House Mice." *Proceedings of the Royal Society B: Biological Sciences* 285 (1882): 20181086. https://doi.org/10.1098/rspb.2018.1086.

Andrew, R. J., and D. B. Tembhare. 1993. "Functional Anatomy of the Secondary Copulatory Apparatus of the Male Dragonfly *Tramea virginia* (Odonata: Anisoptera)." *Journal of Morphology* 218 (1): 99–106. https://doi.org/10.1002/jmor.1052180108.

Arikawa, Kentaro, E. Eguchi, A. Yoshida, and K. Aoki. 1980. "Multiple Extraocular Photoreceptive Areas on Genitalia of Butterfly, *Papilio xuthus*." *Nature* 288: 700–02. https://doi.org/10.1038/288700a0.

———, and Nobuhiro Takagi. 2001. "Genital Photoreceptors Have Crucial Role in Oviposition in Japanese Yellow Swallowtail Butterfly, *Papilio xuthus*." *Zoological Science* 18 (2): 175–79. https://doi.org/10.2108/zsj.18.175.

Armstrong, Elizabeth A., Paula England, and Alison C. K. Fogarty. 2012. "Accounting for Women's Orgasm and Sexual Enjoyment in College Hookups and Relationships." *American Sociological Review* 77 (3): 435–62. https://doi.org/10.1177/0003122412445802.

Aschwanden, Christie. 2019. "200 Researchers, 5 Hypotheses, No Consistent Answers." *Wired*, December 6, 2019. https://www.wired.com/story/200-researchers-5-hypotheses-no-consistent-answers.

Ashton, Sarah, Karalyn McDonald, and Maggie Kirkman. 2017. "Women's Experiences of Pornography: A Systematic Review of Research Using Qualitative Methods." *The Journal of Sex Research* 55 (3): 334–47. https://doi.org/10.1080/00224499.2017.1364337.

Austin, Colin R. 1984. "Evolution of the Copulatory Apparatus." *Italian Journal of Zoology* 51 (1–2): 249–69. https://doi.org/10.1080/11250008409439463.

Badri, Talel, and Michael L. Ramsey. 2019. *Papule, Pearly Penile*. Treasure Island, FL: StatPearls Publishing. https://www.ncbi.nlm.nih.gov/books/NBK442028.

Bailey, Nathan W., and Marlene Zuk. 2009. "Same-Sex Sexual Behavior and Evolution." *Trends in Ecology & Evolution* 24 (8): 439–46. https://doi.org/10.1016/j.tree.2009.03.014.

Baird, Julia. 2019. "Opinion: What I Know About Famous Men's Penises." *New York Times*,

August 31, 2019. https://www.nytimes.com/2019/08/31/opinion/sunday/world-leaders-penises.html.

Baker, John R. 1925. "On Sex-Intergrade Pigs: Their Anatomy, Genetics, and Developmental Physiology." *British Journal of Experimental Biology* 2: 247–63. https://jeb.biologists.org/content/jexbio/2/2/247.full.pdf.

Bauer, Raymond T. 1986. "Phylogenetic Trends in Sperm Transfer and Storage Complexity in Decapod Crustaceans." *Journal of Crustacean Biology* 6 (3): 313–25. https://doi.org/10.1163/193724086X00181.

———. 2013. "Adaptive Modification of Appendages for Grooming (Cleaning, Antifouling) and Reproduction in the Crustacea." In *The Natural History of the Crustacea*, edited by Les Watling and Martin Thiel. 337–75. Oxford: Oxford University Press. https://doi.org/10.1093/acprof:osobl/9780195398038.003.0013.

Baumeister, Roy F. 2010. *Is There Anything Good About Men? How Cultures Flourish by Exploiting Men*. New York: Oxford University Press.

Beechey, Des. 2018. "Family Amphibolidae: Mangrove Mud Snails." The Seashells of New South Wales. https://seashellsofnsw.org.au/Amphibolidae/Pages/Amphibolidae_intro.htm.

Benedict, Mark Q., and Alan S. Robinson. 2003. "The First Releases of Transgenic Mosquitoes: An Argument for the Sterile Insect Technique." *Trends in Parasitology* 19 (8): 349–55. https://doi.org/10.1016/S1471-4922(03)00144-2.

Berger, David, Tao You, Maravillas R. Minano, Karl Grieshop, Martin I. Lind, Göran Arnqvist, and Alexei A. Maklakov. 2016. "Sexually Antagonistic Selection on Genetic Variation Underlying Both Male and Female Same-Sex Sexual Behavior." *BMC Evolutionary Biology* 16: 1–11. https://doi.org/10.1186/s12862-016-0658-4.

Bertone, Matthew A., Misha Leong, Keith M. Bayless, Tara L. F. Malow, Robert R. Dunn, and Michelle D. Trautwein. 2016. "Arthropods of the Great Indoors: Characterizing Diversity Inside Urban and Suburban Homes." *PeerJ* 4: e1582. https://doi.org/10.7717/peerj.1582.

Bittel, Jason. 2018. "It's Praying Mantis Mating Season: Here's What You Need to Know." *National Geographic*, September 7, 2018. https://www.nationalgeographic.com/animals/2018/09/praying-mantis-mating-cannibalism-birds-bite-facts-news.html.

Bondeson, Jan. 1999. *A Cabinet of Medical Curiosities: A Compendium of the Odd, the Bizarre, and the Unexpected*. New York: W. W. Norton.〔『陳列棚のフリークス』松田和也訳、1998、青土社〕

Bosson, Jennifer K., Joseph A. Vandello, and Camille E. Buckner. 2018. *The Psychology of Sex and Gender*. Thousand Oaks, CA: SAGE Publications.

Boyce, Greg R., Emile Gluck-Thaler, Jason C. Slot, Jason E. Stajich, William J. Davis, Tim Y. James, John R. Cooley, Daniel G. Panaccione, Jørgen Eilenberg, Henrik H. de Fine Licht, et

al. 2019. "Psychoactive Plant- and Mushroom-Associated Alkaloids from Two Behavior Modifying Cicada Pathogens." *Fungal Ecology* 41: 147–64 https://doi.org/10.1016/j.funeco.2019.06.002.

Brassey, Charlotte A., James D. Gardiner, and Andrew C. Kitchener. 2018. "Testing Hypotheses for the Function of the Carnivoran Baculum Using Finite-Element Analysis." *Proceedings of the Royal Society B: Biological Sciences* 285 (1887): pii: 20181473. https://doi.org/10.1098/rspb.2018.1473.

Brennan, Patricia L. R. 2016a. "Evolution: One Penis After All." *Current Biology* 26 (1): R29–R31. https://doi.org/10.1016/j.cub.2015.11.024.

———. 2016b. "Studying Genital Coevolution to Understand Intromittent Organ Morphology." *Integrative and Comparative Biology* 56 (4): 669–81. https://doi.org/10.1093/icb/icw018.

———, Tim R. Birkhead, Kristof Zyskowski, Jessica van der Waag, and Richard O. Prum. 2008. "Independent Evolutionary Reductions of the Phallus in Basal Birds." *Journal of Avian Biology* 39 (5): 487–92. https://doi.org/10.1111/j.0908-8857.2008.04610.x.

———, Ryan Clark, and Douglas W. Mock. 2014. "Time to Step Up: Defending Basic Science and Animal Behaviour." *Animal Behaviour* 94: 101–05. https://doi.org/10.1016/j.anbehav.2014.05.013.

———, Richard O. Prum, Kevin G. McCracken, Michael D. Sorenson, Robert E. Wilson, and Tim R. Birkhead. 2007. "Coevolution of Male and Female Genital Morphology in Waterfowl." *PLoS ONE* 2 (5): e418. https://doi.org/10.1371/journal.pone.0000418.

Bribiescas, Richard G. 2006. *Men: Evolutionary and Life History*. Cambridge, MA: Harvard University Press.

Briceño, R. Daniel, and William G. Eberhard. 2009a. "Experimental Demonstration of Possible Cryptic Female Choice on Male Tsetse Fly Genitalia." *Journal of Insect Physiology* 55 (11): 989–96. https://doi.org/10.1016/j.jinsphys.2009.07.001.

———, and William G. Eberhard. 2009b. "Experimental Modifications Imply a Stimulatory Function for Male Tsetse Fly Genitalia, Supporting Cryptic Female Choice Theory." *Journal of Evolutionary Biology* 22 (7): 1516–25. https://doi.org/10.1111/j.1420-9101.2009.01761.x.

———, and William G. Eberhard. 2015. "Species-Specific Behavioral Differences in Tsetse Fly Genital Morphology and Probable Cryptic Female Choice." In *Cryptic Female Choice in Arthropods*, edited by Alfredo V. Peretti and Anita Eisenberg. Cham, Switzerland: Springer.

———, William G. Eberhard, and Alan S. Robinson. 2007. "Copulation Behaviour of Glossina pallidipes (Diptera: Muscidae) Outside and Inside the Female, with a Discussion of Genitalic Evolution." *Bulletin of Entomological Research* 97 (5): 471–88. https://doi.org/10.1017/

S0007485307005214.
———, D. Węgrzynek, E. Chinea-Cano, William G. Eberhard, and Tomy dos Santos Rolo. 2010. "Movements and Morphology Under Sexual Selection: Tsetse Fly Genitalia." *Ethology, Ecology, & Evolution* 22 (4): 385–91. https://doi.org/10.1080/03949370.2010.505581.

Brindle, Matilda, and Christopher Opie. 2016. "Postcopulatory Sexual Selection Influences Baculum Evolution in Primates and Carnivores." *Proceedings of the Royal Society: Biological Sciences* 283 (1844): 20161736. https://doi.org/10.1098/rspb.2016.1736.

Brownell, Robert L., Jr., and Katherine Ralls. 1986. "Potential for Sperm Competition in Baleen Whales." *Reports of the International Whaling Commission* Special Issue 8: 97–112.

Brownlee, Christen. 2004. "Biography of Juan Carlos Castilla." *Proceedings of the National Academy of Sciences of the United States of America* 101 (23): 8514–16. https://doi.org/10.1073/pnas.0403287101.

Burns, Mercedes, and Nobuo Tsurusaki. 2016. "Male Reproductive Morphology Across Latitudinal Clines and Under Long-Term Female Sex-Ratio Bias." *Integrative & Comparative Biology* 56 (4): 715–27. https://doi.org/10.1093/icb/icw017.

———, Marshal Hedin, and Jeffrey W. Shultz. 2013. "Comparative Analyses of Reproductive Structures in Harvestmen (Opiliones) Reveal Multiple Transitions from Courtship to Precopulatory Antagonism." *PLoS ONE* 8 (6): e66767. https://doi.org/10.1371/journal.pone.0066767.

———, and Jeffrey W. Shultz. 2015. "Biomechanical Diversity of Mating Structures Among Harvestmen Species Is Consistent with a Spectrum of Precopulatory Strategies." *PLoS ONE* 10 (9): e0137181. https://doi.org/10.1371/journal.pone.0137181.

Cardoso, Maria Fernanda. 2012. "The Aesthetics of Reproductive Morphologies." PhD diss., University of Sydney.

Castilla, Juan Carlos. 2009. "Darwin Taxonomist: Barnacles and Shell Burrowing Barnacles [Darwin taxónomo: cirrípedos y cirrípedos perforadores de conchas]." *Revista Chilena de Historia Natural* 82 (4): 477–83.

Cattet, Marc. 1988. "Abnormal Sexual Differentiation in Black Bears (*Ursus americanus*) and Brown Bears (*Ursus arctos*)." *Journal of Mammalogy* 69 (4): 849–52. https://doi.org/10.2307/1381646.

Chase, Ronald. 2007a. "The Function of Dart Shooting in Helicid Snails." *American Malacological Bulletin* 23 (1): 183–89. https://doi.org/10.4003/0740-2783-23.1.183.

———. 2007b. "Gastropod Reproductive Behavior." *Scholarpedia* 2 (9): 4125. https://doi.org/10.4249/scholarpedia.4125.

Chatel, Amanda. 2019. "The 17 Most Innovative Sex Toys of 2019." *Bustle*, December 11, 2019. https://www.bustle.com/p/the-17-most-innovative-sex-toys-of-2019-19438655.

Cheetham, Thomas Bigelow. 1987. "A Comparative Study of the Male Gentalia in the Pulicoidea (Siphonaptera)." *Retrospective Theses and Dissertations* 8518. https://lib.dr.iastate.edu/rtd/8518.

Cheng, Kimberly M., and Jeffrey T. Burns. 1988. "Dominance Relationship and Mating Behavior of Domestic Cocks: A Model to Study Mate-Guarding and Sperm Competition in Birds." *The Condor* 90 (3): 697–704. https://doi.org/10.2307/1368360.

Choulant, Ludwig. 1920. *History and Bibliography of Anatomic Illustration in Its Relation to Anatomic Science and the Graphic Arts* [Geschichte und Bibliographie der matomischen Abbildung nach ihrer Beziehung auf anatomische Wissenschaft und bildende Kunst]. Translated and edited with notes and a biography by Mortimer Frank. Chicago: University of Chicago Press.

Cockburn, W. 1728. *The Symptoms, Nature, Cause, and Cure of a Gonorrhoea*. 3rd ed. Internet Archive. https://archive.org/details/symptomsnatureca00cock/page/n4/mode/2up.

Cocks, Oliver T. M., and Paul E. Eady. 2018. "*Microsurgical Manipulation Reveals Pre-copulatory Function of Key Genital Sclerites*." *Journal of Experimental Biology* 221 (8): jeb. 173427. https://doi.org/10.1242/jeb.173427.

Cordero, Carlos, and James S. Miller. 2012. "On the Evolution and Function of Caltrop Cornuti in Lepidoptera—Potentially Damaging Male Genital Structures Transferred to Females During Copulation." *Journal of Natural History* 46 (11–12): 701–15. https://doi.org/10.1080/00222933.2011.651638.

Cordero, Margarita. 2016. "A Serious Human Drama That Health Authorities Ignore [Un grave drama humano al que las autoridades de salud dan la espalda]. *Diario Libre*, March 20, 2016. https://www.diariolibre.com/actualidad/salud/un-grave-drama-humano-al-que-las-autoridades-de-salud-dan-la-espalda-EX3055457.

Cordero-Rivera, Adolfo. 2016a. "Demographics and Adult Activity of *Hemiphlebia mirabilis*: A Short-Lived Species with a Huge Population Size (Odonata: Hemiphlebiidae)." *Insect Conservation and Diversity* 9 (2): 108–17. https://doi.org/10.1111/icad.12147.

———. 2016b. "Sperm Removal During Copulation Confirmed in the Oldest Extant Damselfly, *Hemiphlebia mirabilis*." *PeerJ*: 4: e2077. https://doi.org/10.7717/peerj.2077.

———. 2017. "Sexual Conflict and the Evolution of Genitalia: Male Damselflies Remove More Sperm When Mating with a Heterospecific Female." *Scientific Reports* 7: 7844. https://doi.org/10.1038/s41598-017-08390-3.

———, and Alex Córdoba-Aguilar. 2010. "Selective Forces Propelling Genitalic Evolution in Odonata." In *The Evolution of Primary Sexual Characters in Animals*, edited by Janet L. Leonard and Alex Córdoba-Aguilar, 332–52. New York: Oxford University Press.

Cormier, Loretta A., and Sharyn R. Jones. 2015. *The Domesticated Penis: How Womanhood*

Has Shaped Manhood. Tuscaloosa: University of Alabama Press.
Costa, Rui Miguel, Geoffrey F. Miller, and Stuart Brody. 2012. "Women Who Prefer Longer Penises Are More Likely to Have Vaginal Orgasms (but Not Clitoral Orgasms): Implications for an Evolutionary Theory of Vaginal Orgasm." *The Journal of Sexual Medicine* 9 (12): 3079–88. https://doi.org/10.1111/j.1743-6109.2012.02917.x.
Cox, Cathleen R., and Burney J. Le Boeuf. 1977. "Female Incitation of Male Competition: A Mechanism in Sexual Selection." *The American Naturalist* 111 (978): 317–35. https://doi.org/10.1086/283163.
Crane, Brent. 2018. "Chasing the World's Most Endangered Turtle." *The New Yorker,* December 24, 2018. https://www.newyorker.com/science/elements/chasing-the-worlds-rarest-turtle.
Cree, Alison. 2014. *Tuatara: Biology and Conservation of a Venerable Survivor.* Christchurch, New Zealand: Canterbury University Press.
Cruz-Lucero, Rosario. 2006. "Judas and His Phallus: The Carnivalesque Narratives of Holy Week in Catholic Philippines." *History and Anthropology* 17 (1): 39–56. https://doi.org/10.1080/02757200500395568.
Cunningham, Andrew. 2010. *The Anatomist Anatomis'd: An Experimental Discipline in Enlightenment Europe.* Farnham, UK: Ashgate Publishing.
Czarnetzki, Alice B., and Christoph C. Tebbe. 2004. "Detection and Phylogenetic Analysis of *Wolbachia* in Collembola." *Environmental Microbiology* 6 (1): 35–44. https://doi.org/10.1046/j.1462-2920.2003.00537.x.
Darwin, Charles. 1851. *A Monograph on the Sub-class Cirripedia. Vol. 1: The Lepadidae; or, Pedunculated Cirripedes.*
———. 1854. *A Monograph on the Fossil Balanidæ and Verrucidæ of Great Britain.* London: Palæontographical Society.
De Waal, Frans. 2007. *Chimpanzee Politics: Power and Sex Among Apes.* Baltimore: Johns Hopkins University Press.〔『政治をするサル』西田利貞訳、1984、どうぶつ社〕
Dendy, Arthur. 1899. "Memoirs: Outlines of the Development of the Tuatara, *Sphenodon (Hatteria) punctatus.*" *Journal of Cell Science* s2-42: 1–87.
Dines, James P., Sarah L. Mesnick, Katherine Ralls, Laura May-Collado, Ingi Agnarsson, and Matthew D. Dean. 2015. "A Trade-off Between Precopulatory and Postcopulatory Trait Investment in Male Cetaceans." *Evolution* 69 (6): 1560–72. https://doi.org/10.1111/evo.12676.
———, Erik Otárola-Castillo, Peter Ralph, Jesse Alas, Timothy Daley, Andrew D. Smith, and Matthew D. Dean. 2014. "Sexual Selection Targets Cetacean Pelvic Bones." *Evolution* 68 (11): 3296–306. https://doi.org/10.1111/evo.12516.

Diogo, Rui, Julia L. Molnar, and Bernard Wood. 2017. "Bonobo Anatomy Reveals Stasis and Mosaicism in Chimpanzee Evolution, and Supports Bonobos as the Most Appropriate Extant Model for the Common Ancestor of Chimpanzees and Humans." *Scientific Reports* 7: 608. https://doi.org/10.1038/s41598-017-00548-3.

Dixson, A. F. 1983. "Observations on the Evolution and Behavioral Significance of 'Sexual Skin' in Female Primates." *Advances in the Study of Behavior* 13: 63–106. https://doi.org/10.1016/S0065-3454(08)60286-7.

———. 1995. "Baculum Length and Copulatory Behaviour in Carnivores and Pinnipeds (Grand Order Ferae)." *Journal of Zoology* 235 (1): 67–76. https://doi.org/10.1111/j.1469-7998.1995.tb05128.x.

———. 2012. *Primate Sexuality: Comparative Studies of the Prosimians, Monkeys, Apes, and Humans*. 2nd ed. New York: Oxford University Press.

———. 2013. *Sexual Selection and the Origin of Human Mating Systems*. New York: Oxford University Press.

Dougherty, Liam R., and David M. Shuker. 2016. "Variation in Pre-and Post-copulatory Sexual Selection on Male Genital Size in Two Species of Lygaeid Bug." *Behavioral Ecology and Sociobiology* 70: 625–37. https://doi.org/10.1007/s00265-016-2082-6.

———, Emile van Lieshout, Kathryn B. McNamara, Joe A. Moschilla, Göran Arnqvist, and Leigh W. Simmons. 2017. "Sexual Conflict and Correlated Evolution Between Male Persistence and Female Resistance Traits in the Seed Beetle *Callosobruchus maculatus*." *Proceedings of the Royal Society B: Biological Sciences* 284 (1855): 20170132. https://doi.org/10.1098/rspb.2017.0132.

Dreisbach, Robert Rickert. 1957. "A New Species in the Genus *Arachnoproctonus* (Hymenoptera: Psammocharidae) with Photomicrographs of the Genitalia and Subgenital Plate." *Entomological News* 68 (3): 72–75.

Dukoff, Spencer. 2019. "The State of the American Penis." *Men's Health*, June 7, 2019. https://www.menshealth.com/health/a27703087/the-state-of-the-american-penis.

Dunlop, Jason A., Lyall I. Anderson, Hans Kerp, and Hagen Hass. 2003. "Palaeontology: Preserved Organs of Devonian Harvestmen." *Nature* 425: 916. https://doi.org/10.1038/425916a.

———, Paul A. Selden, and Gonzalo Giribet. 2016. "Penis Morphology in a Burmese Amber Harvestman." *The Science of Nature* 103: 1–5. https://doi.org/10.1007/s00114-016-1337-4.

Dytham, Calvin, John Grahame, and Peter J. Mill. 1996. "Synchronous Penis Shedding in the Rough Periwinkle, *Littorina arcana*." *Journal of the Marine Biological Association of the United Kingdom* 76 (2): 539–42. https://doi.org/10.1017/S0025315400030733.

Eady, Paul. 2010. "Postcopulatory Sexual Selection in the Coleoptera: Mechanisms and Conse-

quences." In *The Evolution of Primary Sexual Characters in Animals*, edited by Janet L. Leonard and Alex Córdoba-Aguilar, 353–78. New York: Oxford University Press.

———, Leticia Hamilton, and Ruth E. Lyons. 2006. "Copulation, Genital Damage and Early Death in *Callosobruchus maculatus*." *Proceedings of the Royal Society B: Biological Sciences* 274 (1607): 247–52. https://doi.org/10.1098/rspb.2006.3710.

Eberhard, William G. 1985. *Sexual Selection and Animal Genitalia*. Cambridge, MA: Harvard University Press.

———. 2009. "Evolution of Genitalia: Theories, Evidence, and New Directions." *Genetica* 138: 5–18. https://doi.org/10.1007/s10709-009-9358-y.

———. 2010. "Rapid Divergent Evolution of Genitalia: Theory and Data Updated." In *The Evolution of Primary Sexual Characters in Animals*, edited by Janet L. Leonard and Alex Córdoba-Aguilar, 40–78. New York: Oxford University Press.

———. 2011. "Experiments with Genitalia: A Commentary." *Trends in Ecology & Evolution* 26 (1): 17–21. https://doi.org/10.1016/j.tree.2010.10.009.

———, and Bernhard A. Huber. 2010. "Spider Genitalia: Precise Maneuvers with a Numb Structure in a Complex Lock." In *The Evolution of Primary Sexual Characters in Animals*, edited by Janet L. Leonard and Alex Córdoba-Aguilar, 249–84. New York: Oxford University Press.

———, and Natalia Ramírez. 2004. "Functional Morphology of the Male Genitalia of Four Species of Drosophila: Failure to Confirm Both Lock and Key and Male-Female Conflict Predictions." *Annals of the Entomological Society of America* 97 (5): 1007–17. https://doi.org/10.1603/0013-8746(2004)097[1007:FMOTMG]2.0.CO;2.

———, Rafael Lucas Rodríguez, Bernhard A. Huber, Bretta Speck, Henry Miller, Bruno A. Buzatto, and Glauco Machado. 2018. "Sexual Selection and Static Allometry: The Importance of Function." *The Quarterly Review of Biology* 93 (3): 207–50. https://doi.org/10.1086/699410.

Eisner, T., S. R. Smedley, D. K. Young, M. Eisner, B. Roach, and J. Meinwald. 1996a. "Chemical Basis of Courtship in a Beetle (*Neopyrochroa flabellata*): Cantharidin as 'Nuptial Gift.'" *Proceedings of the National Academy of Sciences of the United States of America* 93 (13): 6499–503. https://doi.org/10.1073/pnas.93.13.6499.

———. 1996b. "Chemical Basis of Courtship in a Beetle (*Neopyrochroa flabellata*): Cantharidin as Precopulatory 'Enticing' Agent." *Proceedings of the National Academy of Sciences of the United States of America* 93 (13): 6494–98. https://doi.org/10.1073/pnas.93.13.6494.

El Hasbani, Georges, Richard Assaker, Sutasinee Nithisoontorn, WilliamPlath, Rehan Munit, and Talya Toledano. 2019. "Penile Ossification of the Entire Penile Shaft Found Incidentally on Pelvic X-Ray." *Urology Case Reports* 26: 100938. https://doi.org/10.1016/j.eucr.2019.

100938.

Ellison, Peter T., ed. 2001. *Reproductive Ecology and Human Evolution*. New York: Aldine de Gruyter.

Emerling, Christopher A., and Stephanie Keep. 2015. "What Can We Learn About Our Limbs from the Limbless?" *Understanding Evolution*, November 2015. https://evolution.berkeley.edu/evolibrary/news/151105_limbless.

Engel, Katharina C., Lisa Männer, Manfred Ayasse, and Sandra Steiger. 2015. "Acceptance Threshold Theory Can Explain Occurrence of Homosexual Behaviour." *Biology Letters* 11 (1): 20140603. https://doi.org/10.1098/rsbl.2014.0603.

Eres, Ittai E., Kaixuan Luo, Chiaowen Joyce Hsiao, Lauren E. Blake, and Yoav Gilad. 2019. "Reorganization of 3D Genome Structure May Contribute to Gene Regulatory Evolution in Primates." *PLoS Genetics* 15 (7): e1008278. https://doi.org/10.1371/journal.pgen.1008278.

Evans, Benjamin R., Panayiota Kotsakiozi, André Luis Costa-da-Silva, Rafaella Sayuri Ioshino, Luiza Garziera, Michele C. Pedrosa, Aldo Malavasi, Jair F. Virginio, Margareth Lara Capurro, and Jeffrey R. Powell. 2019. "Transgenic Aedes aegypti Mosquitoes Transfer Genes into a Natural Population." *Scientific Reports* 9: 13047. https://doi.org/10.1038/s41598-019-49660-6.

Faddeeva-Vakhrusheva, Anna, Ken Kraaijeveld, Martijn F. L. Derks, Seyed Yahya Anvar, Valeria Agamennone, Wouter Suring, Andries A. Kampfraath, Jacintha Ellers, et al. 2017. "Coping with Living in the Soil: The Genome of the Parthenogenetic Springtail *Folsomia candida*." *BMC Genomics* 18: 493. https://doi.org/10.1186/s12864-017-3852-x.

Finlay, Alison. 2020. "Volsa Pattur" translation. London: Birkbeck College.

Finn, Julian. 2013. "Taxonomy and Biology of the Argonauts (Cephalopoda: Argonautidae) with Particular Reference to Australian Material." *Molluscan Research* 33 (3): 143–222. https://doi.org/10.1080/13235818.2013.824854.

———, and Mark D. Norman. 2010. "The Argonaut Shell: Gas-Mediated Buoyancy Control in a Pelagic Octopus." *Proceedings of the Royal Society B: Biological Sciences* 277 (1696): 2967–71. https://doi.org/10.1098/rspb.2010.0155.

Fitzpatrick, John L., Maria Almbro, Alejandro Gonzalez-Voyer, Niclas Kolm, and Leigh W. Simmons. 2012. "Male Contest Competition and the Coevolution of Weaponry and Testes In Pinnipeds." *Evolution* 66 (11): 3595–604.

Floyd, Kathy. 2019. "New Family of Spiders Found in Chihuahuan Desert." *Texomas*, July 18, 2019. https://www.texomashomepage.com/news/new-family-of-spiders-found-in-chihuahuan-desert.

Fooden, Jack. 1967. "Complementary Specialization of Male and Female Reproductive Structures in the Bear Macaque, *Macaca arctoides*." *Nature* 214: 939–41. https://doi.org/10.

1038/214939b0.

Fowler-Finn, Kasey D., Emilia Triana, and Owen G. Miller. 2014. "Mating in the Harvestman *Leiobunum vittatum* (Arachnida: Opiliones): From Premating Struggles to Solicitous Tactile Engagement." *Behaviour* 151 (12–13): 1663–86. https://doi.org/10.1163/1568539X-00003209.

Frazee, Stephen R., and John P. Masly. 2015. "Multiple Sexual Selection Pressures Drive the Rapid Evolution of Complex Morphology in a Male Secondary Genital Structure." *Ecology and Evolution* 5 (19): 4437–50. https://doi.org/10.1002/ece3.1721.

Frederick, David A., H. Kate St. John, Justin R. Garcia, and Elisabeth A. Lloyd. 2018. "Differences in Orgasm Frequency Among Gay, Lesbian, Bisexual, and Heterosexual Men and Women in a U.S. National Sample." *Archives of Sexual Behavior* 47: 273–88. https://doi.org/10.1007/s10508-017-0939-z.

Friedman, David M. 2001. *A Mind of Its Own*. New York: Free Press. 〔『ペニスの歴史』井上廣美訳、2004、原書房〕

Friesen, C. R., E. J. Uhrig, R. T. Mason, and P. L. R. Brennan. 2016. "Female Behaviour and the Interaction of Male and Female Genital Traits Mediate Sperm Transfer During Mating." *Journal of Evolutionary Biology* 29 (5): 952–64. https://doi.org/10.1111/jeb.12836.

———, Emily J. Uhrig, Mattie K. Squire, Robert T. Mason, and Patricia L. R. Brennan. 2014. "Sexual Conflict over Mating in Red-Sided Garter Snakes (*Thamnophis sirtalis*) as Indicated by Experimental Manipulation of Genitalia." *Proceedings of the Royal Society B: Biological Sciences* 281 (1774): 20132694. https://doi.org/10.1098/rspb.2013.2694.

Fritzsche, Karoline, and Göran Arnqvist. 2013. "Homage to Bateman: Sex Roles Predict Sex Differences in Sexual Selection." *Evolution* 67 (7): 1926–36. https://doi.org/10.1111/evo.12086.

Gack, C., and K. Peschke. 1994. "Spernathecal Morphology, Sperm Transfer and a Novel Mechanism of Sperm Displacement in the Rove Beetle, *Aleochara curtula* (Coleoptera, Staphylinidae)." *Zoomorphology* 114: 227–37. https://doi.org/10.1007/BF00416861.

Gammon, Katharine. 2019. "The Human Cost of Amber." *The Atlantic*, August 2, 2019. https://www.theatlantic.com/science/archive/2019/08/amber-fossil-supply-chain-has-dark-human-cost/594601.

Gans, Carl, James C. Gillingham, and David L. Clark. 1984. "Courtship, Mating and Male Combat in Tuatara, *Sphenodon punctatus*." *Journal of Herpetology* 18 (2): 194–97. https://doi.org/10.2307/1563749.

Gautier Abreu, Teofilo. 1992. "Obstacles to Medical Research in the Country. Application to Teaching and Practice of the Findings of an Investigation of Cases of Pseudohermaphroditism in Salina, Barahon Province, Dominican Republic [in Spanish]. *Acta Médica Domini-*

cana January/February: 38–9.

Ghiselin, Michael T. 1969. "The Evolution of Hermaphroditism Among Animals." *The Quarterly Review of Biology* 44 (2): 189–208. https://doi.org/10.1086/406066.

Gibbens, Sarah. 2017. "Watch the Elaborate Courtship of Three Gray Whales." *National Geographic,* February 10, 2017. Video, 1: 05. https://www.nationalgeographic.com/news/2017/02/video-footage-gray-whale-mating.

Gibbons, Ann. 2019. "Our Mysterious Cousins—the Denisovans—May Have Mated with Modern Humans as Recently as 15,000 Years Ago." *Science*, March 29, 2019. https://doi.org/10.1126/science.aax5054.

Gifford-Gonzalez, Diane. 1993. "You Can Hide, But You Can't Run: Representations of Women's Work in Illustrations of Palaeolithic Life." *Visual Anthropology Review* 9 (1): 22–41. https://doi.org/10.1525/var.1993.9.1.22.

Godwin, John, and Marshall Phillips. 2016. "Modes of Reproduction in Fishes." *Encyclopedia of Reproduction* 6: 23–31. https://doi.org/10.1016/B978-0-12-809633-8.20532-3.

Goldhill, Olivia. 2019. "Ancient Romans Etched Penis Graffiti as a Symbol of Luck and Domination." *Quartz*, March 2, 2019. https://qz.com/1564029/penis-graffiti-symbolized-luck-and-domination-to-ancient-romans.

Golding, Rosemary E., Maria Byrne, and Winston F. Ponder. 2008. "Novel Copulatory Structures and Reproductive Functions in Amphiboloidea (Gastropoda, Heterobranchia, Pulmonata)." *Invertebrate Biology* 127 (2): 168–80. https://doi.org/10.1111/j.1744-7410.2007.00120.x.

Gonzales, Joseph E., and Emilio Ferrer. 2016. "Efficacy of Methods for Ovulation Estimation and Their Effect on the Statistical Detection of Ovulation-Linked Behavioral Fluctuations." *Behavior Research Methods* 48: 1125–44. https://doi.org/10.3758/s13428-015-0638-4.

Gower, David J., and Mark Wilkinson. 2002. "Phallus Morphology in Caecilians (Amphibia, Gymnophiona) and Its Systematic Utility." *Bulletin of the Natural History Museum (Zoology)* 68 (2): 143–54. https://doi.org/10.1017/S096804700200016X.

Gredler, Marissa L. 2016. "Developmental and Evolutionary Origins of the Amniote Phallus." *Integrative & Comparative Biology* 56 (4): 694–704. https://doi.org/10.1093/icb/icw102.

———, C. E. Larkins, F. Leal, A. K. Lewis, A. M. Herrera, C. L. Perriton, T. J. Sanger, and M. J. Cohn. 2014. "Evolution of External Genitalia: Insights from Reptilian Development." *Sexual Development* 8 (5): 311–26. https://doi.org/10.1159/000365771.

Green, Kristina Karlsson, and Josefin A. Madjidian. 2011. "Active Males, Reactive Females: Stereotypic Sex Roles in Sexual Conflict Research?" *Animal Behaviour* 81 (5): 901–07. https://doi.org/10.1016/j.anbehav.2011.01.033.

Haase, Martin, and Anna Karlsson. 2004. "Mate Choice in a Hermaphrodite:You Won't Score

with a Spermatophore." *Animal Behaviour* 67 (2): 287–91. https://doi.org/10.1016/j.anbehav.2003.06.009.

Hafsteinsson, Sigurjón Baldur. 2014. *Phallological Museum.* Münster: LIT Verlag.

Hatheway, Emily. 2018. "How Androcentric Science Affects Content and Conclusions." *The Journal of the Core Curriculum* 27 (Spring): 25–31. http://www.bu.edu/core/files/2019/01/journal18.pdf.

Hay, Mark. 2019. "Why Tiny Dicks Might Come Back into Fashion." *Vice,* August 14, 2019. https://www.vice.com/en_us/article/mbmav3/why-tiny-dicks-might-come-back-into-fashion/.

Hazley, Lindsay. 2020. "Tuatara." Southland Museum and Art Gallery. https://www.southlandmuseum.co.nz/tuatara.html.

Helliwell, Christine. 2000. "'It's Only a Penis': Rape, Feminism, and Difference." *Signs* 25 (3): 789–816. https://doi.org/10.1086/495482.

Herbenick, Debby, Michael Reece, Vanessa Schick, and Stephanie A. Sanders. 2014. "Erect Penile Length and Circumference Dimensions of 1,661 Sexually Active Men in the United States." *The Journal of Sexual Medicine* 11 (1): 93–101. https://doi.org/10.1111/jsm.12244.

Hernández, Linda, Anita Aisenberg, and Jorge Molina. 2018. "Mating Plugs and Sexual Cannibalism in the Colombian Orb-Web Spider *Leucauge mariana.*" *Ethnology* 124 (1): 1–13. https://doi.org/10.1111/eth.12697.

Hernandez, L. O., Inchaustegui, S., and Arguello, C. N. 1954. *Journal of Dominican Medicine* 6 (2): 114.

Herrera, Ana M., P. L. R. Brennan, and M. J. Cohn. 2015. "Development of Avian External Genitalia: Interspecific Differences and Sexual Differentiation of the Male and Female Phallus." *Sexual Development* 9 (1): 43–52. https://doi.org/10.1159/000364927.

———, Simone G. Shuster, Claire L. Perriton, and Martin J. Cohn. 2013. "Developmental Basis of Phallus Reduction During Bird Evolution." *Current Biology* 23 (12): 1065–74. https://doi.org/10.1016/j.cub.2013.04.062.

Hoch, J. Matthew, Daniel T. Schneck, and Christopher J. Neufeld. 2016. "Ecology and Evolution of Phenotypic Plasticity in the Penis and Cirri of Barnacles." *Integrative and Comparative Biology* 56 (4): 728–40. https://doi.org/10.1093/icb/icw006.

Hochberg, Z., R. Chayen, N. Reiss, Z. Falik, A. Makler, M. Munichor, A. Farkas, H. Goldfarb, N. Ohana, and O. Hiort. 1996. "Clinical, Biochemical, and Genetic Findings in a Large Pedigree of Male and Female Patients with 5 Alpha-reductase 2 Deficiency." *The Journal of Clinical Endocrinology & Metabolism* 81 (8): 2821–27. https://doi.org/10.1210/jcem.81.8.8768837.

Hodgson, Alan N. 2010. "Prosobranchs with Internal Fertilization." In *The Evolution of Prima-*

ry Sexual Characters in Animals, edited by Janet L. Leonard and Alex Córdoba-Aguilar, 121–47. New York: Oxford University Press.

Holwell, Gregory I., and Marie E. Herberstein. 2010. "Chirally Dimorphic Male Genitalia in Praying Mantids (Ciulfina: Liturgusidae)." *Journal of Morphology* 271 (10): 1176–84. https://doi.org/10.1002/jmor.10861.

———, Olga Kazakova, Felicity Evans, James C. O'Hanlon, and Katherine L. Barry. 2015. "The Functional Significance of Chiral Genitalia: Patterns of Asymmetry, Functional Morphology and Mating Success in the Praying Mantis *Ciulfina baldersoni*." *PLoS ONE* 10 (6): e0128755. https://doi.org/10.1371/journal.pone.0128755.

Hopkin, Stephen. 1997. "The Biology of the Collembola (Springtails): The Most Abundant Insects in the World." https://www.nhm.ac.uk/resources-rx/files/35feat_springtails_most_abundent-3056.pdf.

Hosken, David J., C. Ruth Archer, Clarissa M. House, and Nina Wedell. 2018. "Penis Evolution Across Species: Divergence and Diversity." *Nature Reviews Urology* 16: 98–106. https://doi.org/10.1038/s41585-018-0112-z.

———, Kate E. Jones, K. Chipperfield, Alan Dixson. 2001. "Is the Bat Os Penis Sexually Selected?" *Behavioral Ecology and Sociobiology* 50: 450–60. https://doi.org/10.1007/s00265 0100389.

Hotzy, Cosima, Michal Polak, Johanna Liljestrand Rönn, and Göran Arnqvist. 2012. "Phenotypic Engineering Unveils the Function of Genital Morphology." *Current Biology* 22 (23): 2258–61. https://doi.org/10.1016/j.cub.2012.10.009.

Houck, Lynne D., and Paul A. Verrell. 2010. "Evolution of Primary Sexual Characters in Amphibians." In *The Evolution of Primary Sexual Characters in Animals*, edited by Janet L. Leonard and Alex Córdoba-Aguilar, 409–21. New York: Oxford University Press.

House, Clarissa M., Zenobia Lewis, David J. Hodgson, Nina Wedell, Manmohan D. Sharma, John Hunt, and David J. Hosken. 2013. "Sexual and Natural Selection Both Influence Male Genital Evolution." *PLoS ONE* 8 (5): e63807. https://doi.org/10.1371/journal.pone.0063 807.

———, M. D. Sharma, Kensuke Okada, and David J. Hos ken. 2016. "Pre and Post-copulatory Selection Favor Similar Genital Phenotypes in the Male Broad Horned Beetle." *Integrative & Comparative Biology* 56 (4): 682–93. https://doi.org/10.1093/icb/icw079.

Huber, Bernhard A. 2003. "Rapid Evolution and Species-Specificity of Arthropod Genitalia: Fact or Artifact?" *Organisms Diversity & Evolution* 3 (1): 63–71. https://doi.org/10.1078/1439-6092-00059.

———. 2004. "Evolutionary Transformation from Muscular to Hydraulic Movements in Spider (Arachnida, Araneae) Genitalia: A Study Based on Histological Serial Sections." *Journal of*

Morphology 261 (3): 364–76. https://doi.org/10.1002/jmor.10255.
———, and Olga M. Nuñeza. 2015. "Evolution of Genital Asymmetry, Exaggerated Eye Stalks, and Extreme Palpal Elongation in Panjange Spiders (Araneae: Pholcidae)." *European Journal of Taxonomy* 169: 1–46. https://doi.org/10.5852/ejt.2015.169.
———, and Abel Pérez González. 2001. "Female Genital Dimorphism in a Spider (Araneae: Pholcidae)." *Journal of Zoology* 255 (3): 301–04. https://doi.org/10.1017/S095283690100139X.
———, Bradley J. Sinclair, and Michael Schmitt. 2007. "The Evolution of Asymmetric Genitalia in Spiders and Insects." *Biological Reviews of the Cambridge Philosophical Society* 82 (4): 647–98. https://doi.org/10.1111/j.1469-185X.2007.00029.x.
———, and Charles M. Warui. 2012. "East African Pholcid Spiders: An Overview, with Descriptions of Eight New Species (Araneae, Pholcidae)." *European Journal of Taxonomy* 19: 1–44. https://doi.org/10.5852/ejt.2012.29.
Humphries, D. A. 1967. "The Action of the Male Genitalia During the Copulation of the Hen Flea, *Ceratophyllus gallinae* (Schrank)." *Proceedings of the Royal Entomological Society of London. Series A, General Entomology* 42 (7–9): 101–06. https://doi.org/10.1111/j.1365-3032.1967.tb01009.x.
Imperato-McGinley, Julianne, Luiz Guerrero, Teófilo Gautier, and Ralph E. Peterson. 1974. "Steroid 5_-reductase Deficiency in Man: An Inherited Form of Male Pseudohermaphroditism." *Science* 186 (4170): 1213–15. https://doi.org/10.1097/00006254-197505000-00017.
———, M. Miller, J. D. Wilson, R. E. Peterson, C. Shackleton, and D. C. Gajdusek. 1991. "A Cluster of Male Pseudohermaphrodites with 5_-reductase Deficiency in Papua New Guinea." *Clinical Endocrinology* 34 (4): 293–98. https://doi.org/10.1111/j.1365-2265.1991.tb03769.x.
Infante, Carlos R., Alexandra G. Mihala, Sungdae Park, Jialiang S. Wang, Kenji K. Johnson, James D. Lauderdale, and Douglas B. Menke. 2015. "Shared Enhancer Activity in the Limbs and Phallus and Functional Divergence of a Limb-Genital cis-Regulatory Element in Snakes." *Developmental Cell* 35 (1): 107–19. https://doi.org/10.1016/j.devcel.2015.09.003.
Inger, Robert F., and Hymen Marx. 1962. "Variation of Hemipenis and Cloaca in the Colubrid Snake *Calamaria lumbricoidea*." *Systemic Biology* 11 (1): 32–38. https://doi.org/10.2307/2411447.
Jarne, Philippe, Patrice David, Jean-Pierre Pointier, and Joris M. Koene. 2010. "Basommatophoran Gastropods." In *The Evolution of Primary Sexual Characters in Animals*, edited by Janet L. Leonard and Alex Córdoba-Aguilar, 173–96. New York: Oxford University Press.
Jervey, Edward D. 1987. "The Phallus and Phallus Worship in History." *The Journal of Popular Culture* 21 (2): 103–15. https://doi.org/10.1111/j.0022-3840.1987.2102_103.x.

Jolivet, Pierre. 2005. "Inverted Copulation." In *Encyclopedia of Entomology*, edited by John L. Capinera, 2041–44. Dordrecht, The Netherlands: Springer. https://doi.org/10.1007/0-306-48380-7_2220.

Jones, Marc E. H., and Alison Cree. 2012. "Tuatara." *Current Biology* 22 (23): R986–.

Jones, Thomas Rymer. 1871. *General Outline of the Organization of the Animal Kingdom and Manual of Comparative Anatomy*. London: John Van Voorst.

Joyce, Walter G., Norbert Micklich, Stephan F. K. Schaal, and Torsten M. Scheyer. 2012. "Caught in the Act: The First Record of Copulating Fossil Vertebrates." *Biology Letters* 8 (5): 846–48.

Juzwiak, Rich. 2014. "This Man Wants His Penis to Be the Most Famous Penis on Earth (NSFW)." *Gawker*, April 16, 2014. https://gawker.com/this-man-wants-his-penis-to-be-the-most-famous-penis-on-1563806397.

Kahn, Andrew T., Brian Mautz, and Michael D. Jennions. 2009. "Females Prefer to Associate with Males with Longer Intromittent Organs in Mosquitofish." *Biology Letters* 6 (1): 55–58. https://doi.org/10.1098/rsbl.2009.0637.

Kahn, Penelope C., Dennis D. Cao, Mercedes Burns, and Sarah L. Boyer. 2018. "Nuptial Gift Chemistry Reveals Convergent Evolution Correlated with Antagonism in Mating Systems of Harvestmen (Arachnida, Opiliones)." *Ecology and Evolution* 8 (14): 7103–10. https://doi.org/10.1002/ece3.4232.

Kamimura, Yoshitaka, and Yoh Matsuo. 2001. "A 'Spare' Compensates for the Risk of Destruction of the Elongated Penis of Earwigs (Insecta: Dermaptera)." *Naturwissenschaften* 88 (11): 468–71.

Kawaguchi, So, Robbie Kilpatrick, Lisa L. Roberts, Robert A. King, and Stephen Nicol. 2011. "Ocean-Bottom Krill Sex." *Journal of Plankton Research* 33(7): 1134–38. https://doi.org/10.1093/plankt/fbr006.

Kelly, Diane A. 2016. "Intromittent Organ Morphology and Biomechanics: Defining the Physical Challenges of Copulation." *Integrative & Comparative Biology* 56 (4): 705–14. https://doi.org/10.1093/icb/icw058.

———, and Brandon C. Moore. 2016. "The Morphological Diversity of Intromittent Organs: An Introduction to the Symposium." *Integrative & Comparative Biology* 56 (4): 630–34. https://doi.org/10.1093/icb/icw103.

Keuls, Eva C. 1985. *The Reign of the Phallus: Sexual Politics in Ancient Athens*. Berkeley: University of California Press.〔『ファロスの王国』中務哲郎・久保田忠利・下田立行訳、1989、岩波書店〕

King, Richard B., Robert C. Jadin, Michael Grue, and Harlan D. Walley. 2009. "Behavioural Correlates with Hemipenis Morphology in New World Natricine Snakes." *Biological Journal*

of the Linnean Society 98 (1): 110–20. https://doi.org/10.1111/j.1095-8312.2009.01270.x.
Klaczko, J., T. Ingram, and J. Losos. 2015. "Genitals Evolve Faster than Other Traits in Anolis Lizards." *Journal of Zoology* 295 (1): 44–48. https://doi.org/10.1111/jzo.12178.
Klimov, Pavel B., and Ekaterina A. Sidorchuk. 2011. "An Enigmatic Lineage ofMites from Baltic Amber Shows a Unique, Possibly Female-Controlled, Mating." *Biological Journal of the Linnean Society* 102 (3): 661–68. https://doi.org/10.1111/j.1095-8312.2010.01595.x.
Knapton, Sarah. 2015. "The Astonishing Village Where Little Girls Turn into Boys Aged 12." *The Telegraph*, September 20, 2015. https://www.telegraph.co.uk/science/2016/03/12/the-astonishing-village-where-little-girls-turn-into-boys-aged-1.
Knoflach, Barbara, and Antonius van Harten. 2000. "Palpal Loss, Single Palp Copulation and Obligatory Mate Consumption in *Tidarren cuneolatum* (Tullgren, 1910) (Araneae, Theridiidae)." *Journal of Natural History* 34 (8): 1639–59. https://doi.org/10.1080/00222930050117530.
Kolm, Niclas, Mirjam Amcoff, Richard P. Mann, and Göran Arnqvist. 2012. "Diversification of a Food-Mimicking Male Ornament via Sensory Drive." *Current Biology* 22 (15): 1440–43. https://doi.org/10.1016/j.cub.2012.05.050.
Kozlowski, Marek Wojciech, and Shi Aoxiang. 2006. "Ritual Behaviors Associated with Spermatophore Transfer in *Deuterosminthurus bicinctus* (Collembola: Bourletiellidae)." *Journal of Ethology* 24: 103–09. https://doi.org/10.1007/s10164-005-0162-6.
Krivatsky, Peter. 1968. "Le Blon's Anatomical Color Engravings." *Journal of the History of Medicine and Allied Sciences* 23 (2): 153–58. https://doi.org/10.1093/jhmas/XXIII.2.153.
Kunze, Ludwig. 1959. "Die funktionsanatomischen Grundlagen der Kopulation der Zwergzikaden, untersucht an Euscelis plebejus (Fall.) und einigen Typhlocybinen." *Deutsche Entomologische Zeitschrift* 6 (4): 322–87. https://doi.org/10.1002/mmnd.19590060402.
Lamuseau, Maarten H. D., Pieter van den Berg, Sofie Claerhout, Francesc Calafell, et al. 2019. "A Historical-Genetic Reconstruction of Human Extra-Pair Paternity." *Current Biology* 29 (23): 4102–07.e7. https://doi.org/10.1016/j.cub.2019.09.075.
Lange, Rolanda, Klaus Reinhardt, Nico K. Michiels, and Nils Anthes. 2013. "Functions, Diversity, and Evolution of Traumatic Mating." *Biological Reviews of the Cambridge Philosophical Society* 88 (3): 585–601. https://doi.org/10.1111/brv.12018.
———, Johanna Werminghausen, and Nils Anthes. 2014. "Cephalo-traumatic Secretion Transfer in a Hermaphrodite Sea Slug." *Proceedings of the Royal Society B: Biological Sciences* 281 (1774): 20132424. https://doi.org/10.1098/rspb.2013.2424.
Langerhans, R. Brian, Christopher M. Anderson, and Justa L. Heinen-Kay. 2016. "Causes and Consequences of Genital Evolution." *Integrative & Comparative Biology* 56 (4): 741–51. https://doi.org/10.1093/icb/icw101.

———, Craig A. Layman, and Thomas J. DeWitt. 2005. "Male Genital Size Reflects a Tradeoff Between Attracting Mates and Avoiding Predators in Two Live-Bearing Fish Species." *Proceedings of the National Academy of Sciences of the United States of America* 102 (21): 7618–23. https://doi.org/10.1073/pnas.0500935102.

Lankester, E. Ray. 1915. *Diversions of a Naturalist*. London: Methuen. https://doi.org/10.5962/bhl.title.17665.

Larivière, S., and S. H. Ferguson. 2002. "On the Evolution of the Mammalian Baculum: Vaginal Friction, Prolonged Intromission or Induced Ovulation?" *Mammal Review* 32 (4): 283–94. https://doi.org/10.1046/j.1365-2907.2002.00112.x.

Larkins, C. E., and M. J. Cohn. 2015. "Phallus Development in the Turtle *Trachemys scripta*." *Sexual Development* 9: 34–42. https://doi.org/10.1159/000363631.

Leboeuf, Burney J. 1972. "Sexual Behavior in the Northern Elephant Seal *Mirounga angustirostris*." *Behaviour* 41 (1–2): 1–26. https://doi.org/10.1163/156853972X00167.

Lee, T. H., and F. Yamazaki. 1990. "Structure and Function of a Special Tissue in the Female Genital Ducts of the Chinese Freshwater Crab *Eriocheir sinensis*." *The Biological Bulletin* 178 (2): 94–100. https://doi.org/10.2307/1541967.

Lehman, Peter. 1998. "In an Imperfect World, Men with Small Penises Are Unforgiven: The Representation of the Penis/Phallus in American Films of the 1990s." *Men and Masculinities* 1 (2): 123–37. https://doi.org/10.1177/1097184X98001002001.

Lehmann, Gerlind U. C., and Arne W. Lehmann. 2016. "Material Benefit of Mating: The Bushcricket Spermatophylax as a Fast Uptake Nuptial Gift." *Animal Behaviour* 112: 267–71. https://doi.org/10.1016/j.anbehav.2015.12.022.

———, James D. J. Gilbert, Karim Vahed, and Arne W. Lehmann. 2017. "Male Genital Titillators and the Intensity of Post-copulatory Sexual Selection Across Bushcrickets." *Behavioral Ecology* 28 (5): 1198–205. https://doi.org/10.1093/beheco/arx094.

LeMoult, Craig. 2019. "Baby Anacondas Born at New England Aquarium—Without Any Male Snakes Involved." *WGBH News*, May 23, 2019. https://www.wgbh.org/news/local-news/2019/05/23/baby-anacondas-born-at-new-england-aquarium-without-any-male-snakes-involved.

Lever, Janet, David A. Frederick, and Letitia Anne Peplau. 2006. "Does Size Matter? Men's and Women's Views on Penis Size Across the Lifespan." *Psychology of Men & Masculinity* 7 (3): 129–43. https://doi.org/10.1037/1524-9220.7.3.129.

Lewin, Bertram D. 1933. "The Body as Phallus." *The Psychoanalytic Quarterly* 2 (2): 24–47. https://doi.org/10.1080/21674086.1933.11925164.

Lonfat, Nicolas, Thomas Montavon, Fabrice Darbellay, Sandra Gitto, and Denis Duboule. 2014. "Convergent Evolution of Complex Regulatory Landscapes and Pleiotropy at Hox

Loci." *Science* 346 (6212): 1004–06. https://doi.org/10.1126/science.1257493.

Long, John A. 2012. *The Dawn of the Deed: The Prehistoric Origins of Sex.* Chicago: University of Chicago Press.

———, Elga Mark-Kurik, Zerina Johanson, Michael S. Y. Lee, Gavin C. Young, Zhu Min, Per E. Ahlberg, et al. 2015. "Copulation in Antiarch Placoderms and the Origin of Gnathostome Internal Fertilization." *Nature* 517: 196–99. https://doi.org/10.1038/nature13825.

Lough-Stevens, Michael, Nicholas G. Schultz, and Matthew D. Dean. 2018. "The Baubellum Is More Developmentally and Evolutionarily Labile than the Baculum." *Ecology and Evolution* 8 (2): 1073–83. https://doi.org/10.1002/ece3.3634.

Love, Alan C. 2002. "Darwin and Cirripedia Prior to 1846: Exploring the Origins of the Barnacle Research." *Journal of the History of Biology* 35: 251–89. https://doi.org/10.1023/A:1016020816265.

Lowengard, Sarah. 2006. "Industry and Ideas: Jacob Christoph Le Blon's Systems of Three-Color Printing and Weaving." In *The Creation of Color in Eighteenth-Century Europe,* 613–40. New York: Columbia University Press.

Lüpold, S., A. G. McElligott, and D. J. Hosken. 2004. "Bat Genitalia: Allometry, Variation and Good Genes." *Biological Journal of the Linnean Society* 83 (4): 497–507. https://doi.org/10.1111/j.1095-8312.2004.00407.x.

Ma, Yao, Wan-jun Chen, Zhao-Hui Li, Feng Zhang, Yan Gao, and Yun-Xia Luan. 2017. "Revisiting the Phylogeny of *Wolbachia* in Collembola." *Ecology and Evolution* 7 (7): 2009–17. https://doi.org/10.1002/ece3.2738.

Macías-Ordóñez, Rogelio, Glauco Machado, Abel Pérez-González, and Jeffrey W. Shultz. 2010. "Genitalic Evolution in Opiliones." In *The Evolution of Primary Sexual Characters in Animals,* edited by Janet L. Leonard and Alex Córdoba-Aguilar, 285–306. New York: Oxford University Press.

Marks, Kathy. 2009. "Henry the Tuatara Is a Dad at 111." *The Independent,* January 26, 2009. https://www.independent.co.uk/news/world/australasia/henry-the-tuatara-is-a-dad-at-111-1516628.html.

Marshall, Donald S., and Robert C. Suggs, eds. 1971. *Human Sexual Behavior: Variations in the Ethnographic Spectrum.* New York: Basic Books.

Marshall, Francis Hugh Adam. 1960. *Physiology of Reproduction,* vol. 1, part 2. London: Longmans Green.

Martínez-Torres, Martín, Beatriz Rubio-Morales, José Juan Piña-Amado, and Juana Luis. 2015. "Hemipenes in Females of the Mexican Viviparous Lizard *Barisia imbricata* (Squamata: Anguidae): An Example of Heterochrony in Sexual Development." *Evolution & Development* 17 (5): 270–77. https://doi.org/10.1111/ede.12134.

Mattelaer, Johan J. 2010. "The Phallus Tree: A Medieval and Renaissance Phenomenon." *The Journal of Sexual Medicine* 7 (2, part 1): 846–51. https://doi.org/10.1111/j.1743-6109.2009.01668.x.

Mattinson, Chris, ed. 2008. *Firefly Encyclopedia of Reptiles and Amphibians*. 2nd ed. Buffalo: Brown Reference Group.

Matzke-Karasz, Renate, John V. Neil, Robin J. Smith, Radka Symonová, Libor Mořkovský, Michael Archer, Suzanne J. Hand, Peter Cloetens, and Paul Tafforeau. 2014. "Subcellular Preservation in Giant Ostracod Sperm from an Early Miocene Cave Deposit in Australia." *Proceedings of the Royal Society B: Biological Sciences* 281 (1786): 20140394. https://doi.org/10.1098/rspb.2014.0394.

Mautz, Brian, Bob B. M. Wong, Richard A. Peters, and Michael D. Jennions. 2013. "Penis Size Interacts with Body Shape and Height to Influence Male Attractiveness." *Proceedings of the National Academy of Sciences of the United States of America* 110 (17): 6925–30. https://doi.org/10.1073/pnas.1219361110.

McIntyre, J. K. 1996. "Investigations into the Relative Abundance and Anatomy of Intersexual Pigs (*Sus* sp.) in the Republic of Vanuatu." *Science in New Guinea* 22 (3): 137–51.

McLean, Cory Y., Philip L. Reno, Alex A. Pollen, Abraham I. Bassan, Terence D. Capellini, Catherine Guenther, Vahan B. Indjeian, et al. 2011. "Human-Specific Loss of Regulatory DNA and the Evolution of Human-Specific Traits." *Nature* 471: 216–19. https://doi.org/10.1038/nature09774.

Menand, Louis. 2002. "What Comes Naturally." *The New Yorker*, November 18, 2002. https://www.newyorker.com/magazine/2002/11/25/what-comes-naturally-2.

Miller, Edward H., and Lauren E. Burton. 2001. "It's All Relative: Allometry and Variation in the Baculum (Os Penis) of the Harp Seal, *Pagophilus groenlandicus* (Carnivora: Phocidae)." *Biological Journal of the Linnean Society* 72 (3): 345–55. https://doi.org/10.1006/bijl.2000.0509.

———, Ian L. Jones, and Garry B. Stenson. 1999. "Baculum and Testes of the Hooded Seal (*Cystophora cristata*): Growth and Size-scaling and Their Relationships to Sexual Selection." *Canadian Journal of Zoology* 77 (3): 470–79. https://doi.org/10.1139/z98-233.

———, Kenneth W. Pitcher, and Thomas R. Loughlin. 2000. "Bacular Size, Growth, and Allometry in the Largest Extant Otariid, the Steller Sea Lion (*Eumetopias jubatus*)." Journal of Mammalogy 81 (1): 134–44. https://doi.org/10.1644/1545-1542(2000)081<0134:BSGAAI>2.0.CO;2.

Miller, Geoffrey P., Joshua M. Tybur, and Brent D. Jordan. 2007. "Ovulatory Cycle Effects on Tip Earnings by Lap Dancers: Economic Evidence for Human Estrus?" *Evolution and Human Behavior* 28 (6): 375–81. https://doi.org/10.1016/j.evolhumbehav.2007.06.002.

Miller, Joshua Rhett. 2019. "Husband Hacks Off Alleged Rapist's Penis After Seeing Him Assault Wife." *New York Post*, October 17, 2019. https://nypost.com/2019/10/17/husband-hacks-off-alleged-rapists-penis-after-seeing-him-assault-wife.

Monk, Julia D., Erin Giglio, Ambika Kamath, Max R. Lambert, and Caitlin E. McDonough. 2019. "An Alternative Hypothesis for the Evolution of Same-Sex Sexual Behaviour in Animals." *Nature Ecology & Evolution* 3: 1622–31. https://doi.org/10.1038/s41559-019-1019-7.

Moreno Soldevila, Rosario, Alberto Marina Castillo, and Juan Fernández Valverde. 2019. *A Prosopography to Martial's Epigrams*. Boston: De Gruyter.

Museum für Naturkunde, Berlin. "A Penis in Amber." 2019. https://www.museumfuernaturkunde.berlin/en/pressemitteilungen/penis-amber.

Myers, Charles W. 1974. "The Systematics of *Rhadinaea* (Colubridae), a Genus of New World Snakes." *Bulletin of the American Museum of Natural History* 153 (1). http://digitallibrary.amnh.org/handle/2246/605.

Nadler, Ronald D. 2008. "Primate Menstrual Cycle." *Primate Info Net*, National Primate Center, University of Wisconsin, September 11, 2008. http://pin.primate.wisc.edu/aboutp/anat/menstrual.html.

Naylor, R., S. J. Richardson, and B. M. McAllan. 2007. "Boom and Bust: A Review of the Physiology of the Marsupial Genus *Antechinus*." *Journal of Comparative Physiology* B 178: 545–62. https://doi.org/10.1007/s00360-007-0250-8.

Newitz, Annalee. 2014. "Your Penis Is Getting in the Way of My Science." *Gizmodo*, April 17, 2014. https://io9.gizmodo.com/your-penis-is-getting-in-the-way-of-my-science-1564473352.

Norman, Jeremy. n.d. "Jacob Christoph Le Blon Invents the Three-Color Process of Color Printing." HistoryofInformation.com. Accessed January 31, 2020. http://www.historyofinformation.com/detail.php?id=405/.

Oswald, Flora, Alex Lopes, Kaylee Skoda, Cassandra L. Hesse, and Cory L. Pedersen. 2019. "I'll Show You Mine So You'll Show Me Yours: Motivations and Personality Variables in Photographic Exhibitionism." *The Journal of Sex Research*, July 18, 2019. https://doi.org/10.1080/00224499.2019.1639036.

Orbach, Dara N., Brandon Hedrick, Bernd Würsig, Sarah L. Mesnick, and Patricia L. R. Brennan. 2018. "The Evolution of Genital Shape Variation in Female Cetaceans." *Evolution* 72 (2): 261–73. https://doi.org/10.1111/evo.13395.

———, Diane A. Kelly, Mauricio Solano, and Patricia L. R. Brennan. 2017. "Genital Interactions During Simulated Copulation Among Marine Mammals." *Proceedings of the Royal Society B: Biological Sciences* 284 (1864): 20171265. https://doi.org/10.1098/rspb.2017.1265

———, Shilpa Rattan, Mél Hogan, Alfred J. Crosby, and Patricia L. R. Brennan. 2019. "Biomechanical Properties of Female Dolphin Reproductive Tissue." *Acta Biomaterialia* 86: 117–24. https://doi.org/10.1016/j.actbio.2019.01.012.

Panashchuk, Roksana. 2019. "Husband Cuts Off Rapist's Penis After Seeing His Own Wife Being Sexually Assaulted Near Their Home in Ukraine—and Now Faces a Longer Sentence than Her Attacker." *Daily Mail Online*. October 17, 2019. https://www.dailymail.co.uk/news/article-7583121/Husband-cuts-rapists-penis-seeing-wife-assaulted-near-home-Ukraine.html.

Patlar, Bahar, Michael Weber, Tim Temizyürek, and Steven A. Ramm. 2019. "Seminal Fluid–Mediated Manipulation of Post-mating Behavior in a Simultaneous Hermaphrodite." *Current Biology* 30 (1): 143–49.e4. https://doi.org/10.1016/j.cub.2019.11.018.

Pearce, Fred. 2000. "Inventing Africa." *New Scientist*, August 12, 2000. https://www.newscientist.com/article/mg16722514-300-inventing-africa.

Pedreira, D. A. L., A. Yamasaki, and C. E. Czeresnia. 2001. "Fetal Phallus 'Erection' Interfering with the Sonographic Determination of Fetal Gender in the First Trimester." *Ultrasound in Obstetrics & Gynecology* 18 (4): 402–04. https://doi.org/10.1046/j.0960-7692.2001.00532.x.

Peterson, Jordan B. 2018. *12 Rules for Life: An Antidote to Chaos*. Toronto: Random House Canada. 〔『生き抜くための 12 のルール』中山宥訳、2020、朝日新聞出版〕

Phelpstead, Carl. 2007. "Size Matters: Penile Problems in Sagas of Icelanders." *Exemplaria* 19 (3): 420–37. https://doi.org/10.1179/175330707x237230.

Plutarch. 1924. "The Roman Questions of Plutarch: A New Translation with Introductory Essays and a Running Commentary." Translated by H. J. Rose. Oxford: Clarendon Press.

Pommaret, Françoise, and Tashi Tobgay. 2011. "Bhutan's Pervasive Phallus: Is Drukpa Kunley Really Responsible?" In *Buddhist Himalaya: Studies in Religion, History and Culture: Proceedings of the Golden Jubilee Conference of the Namgyal Institute of Tibetology Gangtok, 2008*, edited by Alex McKay and Anna Balikci-Denjongpa. Vol. 1: Tibet and the Himalaya. Gangtok: Namgyal Institute of Tibetology.

Pornhub. n.d. "2018 Year in Review." Accessed January 31, 2019. https://www.pornhub.com/insights/2018-year-in-review.

Prause, Nicole, Jaymie Park, Shannon Leung, and Geoffrey Miller. 2015. "Women's Preferences for Penis Size: A New Research Method Using Selection Among 3D Models." *PLoS ONE* 10 (9): e0133079. https://doi.org/10.1371/journal.pone.0133079.

Pycraft, William Plane. 1914. *The Courtship of Animals*. London: Hutchinson.

Ramm, S. A. 2007. "Sexual Selection and Genital Evolution: A Phylogenetic Analysis of Baculum Length in Mammals." *American Naturalist* 169: 360–9. https://doi.org/10.1086/

510688.

———, Lin Khoo, and Paula Stockley. 2010. "Sexual Selection and the Rodent Baculum: An Intraspecific Study in the House Mouse (*Mus musculus domesticus*)." *Genetica* 138: 129–37. https://doi.org/10.1007/s10709-009-9385-8.

———, Aline Schlatter, Maude Poirier, and Lukas Schärer. 2015. "Hypodermic Self-insemination as a Reproductive Assurance Strategy." *Proceedings of the Royal Society B: Biological Sciences* 282 (1811).

Reise, Heike, and John M. C. Hutchinson. 2002. "Penis-Biting Slugs: Wild Claims and Confusions." *Trends in Ecology & Evolution* 17 (4): 163. https://doi.org/10.1016/S0169-5347(02) 02453-9.

Reno, Philip L., Cory Y. McLean, Jasmine E. Hines, Terence D. Capellini, Gill Bejerano, and David M. Kingsley. 2013. "A Penile Spine/Vibrissa Enhancer Sequence Is Missing in Modern and Extinct Humans but Is Retained in Multiple Primates with Penile Spines and Sensory Vibrissae." *PLoS ONE* 8(12): e84258. https://doi.org/10.1371/journal.pone.0084258.

Retief, Tarryn A., Nigel C. Bennett, Anouska A. Kinahan, and Philip W. Bateman. 2013. "Sexual Selection and Genital Allometry in the Hottentot Golden Mole (*Amblysomus hottentotus*)." *Mammalian Biology* 78 (5): 356–60. https://doi.org/10.1016/j.mambio.2012.12.002.

Rogers, Jason. 2019. "Inside the Online Communities for Guys Who Want Bigger Penises." *Men's Health*, November 15, 2019. https://www.menshealth.com/sex-women/a29810671/penis-enlargement-online-communities.

Ross, Andrew J. 2018. "Burmese Amber." National Museums Scotland. http://www.nms.ac.uk/explore/stories/natural-world/burmese-amber.

Roughgarden, Joan. 2013. *Evolution's Rainbow. Berkeley*: University of California Press.

Rowe, Locke, and Göran Arnqvist. 2012. "Sexual Selection and the Evolution of Genital Shape and Complexity in Water Striders." *Evolution; International Journal of Organic Evolution* 66 (1): 40-54. https://doi.org/10.1111/j.1558-5646.2011.01411.x.

Rowe, Melissah, Murray R. Bakst, and Stephen Pruett-Jones. 2008. "Good Vibrations? Structure and Function of the Cloacal Tip of Male Australian Maluridae." *Journal of Avian Biology* 39 (3): 348–54. https://doi.org/10.1111/j.0908-8857.2008.04305.x.

Rubenstein, N. M., G. R. Cunha, Y. Z. Wang, K. L. Campbell, A. J. Conley, K. C. Catania, S. E. Glickman, and N. J. Place. 2003. "Variation in Ovarian Morphology in Four Species of New World Moles with a Peniform Clitoris." *Reproduction* 126 (6): 713–19. https://doi.org/10.1530/rep.0.1260713.

Saint-Andrè, Nathaniel, and John Howard. 1727. *A Short Narrative of an Extraordinary Delivery of Rabbets*. Internet Archive. https://archive.org/details/shortnarrativeof00sain/page/n2/mode/2up.

Sanger, Thomas J., Marissa L. Gredler, and Martin J. Cohn. 2015. "ResurrectingEmbryos of the Tuatara, *Sphenodon punctatus*, to Resolve Vertebrate Phallus Evolution." *Biology Letters* 11 (10): 20150694. https://doi.org/10.1098/rsbl.2015.0694.

Saul, Leon J. 1959. "Flatulent Phallus." *The Psychoanalytic Quarterly* 28 (3): 382. https://doi.org/10.1080/21674086.1959.11926144.

Schärer, L., G. Joss, and P. Sandner. 2004. "Mating Behaviour of the Marine Turbellarian *Macrostomum* sp.: These Worms Suck." *Marine Biology* 145: 373–80. https://doi.org/10.1007/s00227-004-1314-x.

Schilthuizen, Menno. 2014. *Nature's Nether Regions: What the Sex Lives of Bugs, Birds, and Beasts Tell Us About Evolution, Biodiversity, and Ourselves*. New York: Penguin. 〔『ダーウィンの覗き穴』田沢恭子訳、2016、早川書房〕

———. 2015. "Burying Beetles Play for Both Teams." Studio Schilthuizen, January 1, 2015. https://schilthuizen.com/2015/01/28/burying-beetles-play-for-both-teams.

Schulte-Hostedde, Albrecht I., Jeff Bowman, and Kevin R. Middel. 2011. "Allometry of the Baculum and Sexual Size Dimorphism in American Martens and Fishers (Mammalia: Mustelidae)." *Biological Journal of the Linnean Society* 104 (4): 955–63. https://doi.org/10.1111/j.1095-8312.2011.01775.x.

Schultz, Nicholas G., Jesse Ingels, Andrew Hillhouse, Keegan Wardwell, Peter L. Chang, James M. Cheverud, Cathleen Lutz, Lu Lu, Robert W. Williams, and Matthew D. Dean. 2016. "The Genetic Basis of Baculum Size and Shape Variation in Mice." *G3* 6 (5): 1141–51. https://doi.org/10.1534/g3.116.027888.

———, Michael Lough-Stevens, Eric Abreu, Teri Orr, and Matthew D. Dean. 2016. "The Baculum Was Gained and Lost Multiple Times During Mammalian Evolution." *Integrative & Comparative Biology* 56 (4): 644–56. https://doi.org/10.1093/icb/icw034.

Schwartz, Steven K., William E. Wagner, and Eileen A. Hebets. 2013. "Spontaneous Male Death and Monogyny in the Dark Fishing Spider." *Biology Letters* 9 (4). https://doi.org/10.1098/rsbl.2013.0113.

Sekizawa, Ayami, Satoko Seki, Masakazu Tokuzato, Sakiko Shiga, and Yasuhiro Nakashima. 2013. "Disposable Penis and Its Replenishment in a Simultaneous Hermaphrodite." *Biology Letters* 9 (2). https://doi.org/10.1098/rsbl.2012.1150.

Shaeer, Osama, Kamal Shaeer, and Eman Shaeer. 2012. "The Global Online Sexuality Survey (GOSS): Female Sexual Dysfunction Among Internet Users in the Reproductive Age Group in the Middle East." *The Journal of Sexual Medicine* 9 (2): 411–24. https://doi.org/10.1111/j.1743-6109.2011.02552.x.

Shah, J., and N. Christopher. 2002. "Can Shoe Size Predict Penile Length?" *BJU International* 90 (6): 586–87. https://doi.org/10.1046/j.1464-410X.2002.02974.x.

Shevin, Frederick F. 1963. "Countertransference and Identity Phenomena Manifested in the Analysis of a Case of 'Phallus Girl' Identity." *Journal of the American Psychoanalytic Association* 11: 331–44. https://doi.org/10.1177/000306516301100206.

Simmons, Leigh W., and Renée C. Firman. 2014. "Experimental Evidence for the Evolution of the Mammalian Baculum by Sexual Selection." *Evolution* 68 (1): 276–83. https://doi.org/10.1111/evo.12229.

Sinclair, Adriane Watkins. 2014. "Variation in Penile and Clitoral Morphology in Four Species of Moles." PhD diss., University of California, San Francisco.

———, Stephen E. Glickman, Laurence Baskin, and Gerald R. Cunha. 2016. "Anatomy of Mole External Genitalia: Setting the Record Straight." *The Anatomical Record* 299 (3): 385–99. https://doi.org/10.1002/ar.23309.

Sinclair, Bradley J., Jeffrey M. Cumming, and Scott E. Brooks. 2013. "Male Terminalia of Diptera (Insecta): A Review of Evolutionary Trends, Homology and Phylogenetic Implications." *Insect Systematics & Evolution* 44 (3–4): 373–415. https://doi.org/10.1163/1876312X-04401001.

Siveter, David J., Mark D. Sutton, Derek E. G. Briggs, and Derek J. Siveter. 2003. "An Ostracode Crustacean with Soft Parts from the Lower Silurian." *Science* 302 (5651): 1749–51. https://doi.org/10.1126/science.1091376.

Smith, Brian J. 1981. "Dendy, Arthur (1865–1925)." *Australian Dictionary of Biography* 8, National Centre of Biography, Australian National University. http://adb.anu.edu.au/biography/dendy-arthur-5951/text10151.

Smith, Matthew Ryan. 2009. "Reconsidering the 'Obscene': The Massa Marittima Mural." Shift 2. https://ir.lib.uwo.ca/visartspub/7.

Smith, Moira. 2002. "The Flying Phallus and the Laughing Inquisitor: Penis Theft in the Malleus Maleficarum." *Journal of Folklore Research* 39 (1): 85–117.

Smuts, Barbara B. 2009. *Sex and Friendship in Baboons*. New York: Aldine.

Song, H. 2006. "Systematics of Cyrtacanthacridinae (Orthoptera—Acrididae) with a Focus on the Genus *Schistocerca* Stål 1873—Evolution of Locust Phase Polyphenism and Study of Insect Genitalia." PhD diss., Texas A&M University.

Stam, Ed M., Anneke Isaaks, and Ger Ernsting. 2002. "Distant Lovers: Spermatophore Deposition and Destruction Behavior by Male Springtails." *Journal of Insect Behavior* 15: 253–68. https://doi.org/10.1023/A:1015441101998.

Stern, Herbert. 2014. "Doctor Sixto Incháustegui Cabral [Spanish]." *El Caribe*, October 18, 2014. https://www.elcaribe.com.do/2014/10/18/doctor-sixto-inchaustegui-cabral.

Stockley, Paula. 2012. "The Baculum." *Current Biology* 22 (24): R1032–R1033. https://doi.org/10.1016/j.cub.2012.11.001.

Stoller, Robert J. 1970. "The Transsexual Boy: Mother's Feminized Phallus." *The British Journal of Medical Psychology* 43 (2): 117–28. https://doi.org/10.1111/j.2044-8341.1970.tb02110.x.

Suga, Nobuo. 1963. "Change of the Toughness of the Chorion of Fish Eggs." *Embryologia* 8 (1): 63–74. https://doi.org/10.1111/j.1440-169X.1963.tb00186.x.

Tait, Noel N., and Jennifer M. Norman. 2001. "Novel Mating Behaviour in *Florelliceps stutchburyae* gen. nov., sp. nov. (Onychophora: Peripatopsidae) from Australia." *Journal of Zoology* 253 (3): 301–08. https://doi.org/10.1017/S0952836901000280.

Tanabe, Tsutomu, and Teiji Sota. 2008. "Complex Copulatory Behavior and the Proximate Effect of Genital and Body Size Differences on Mechanical Reproductive Isolation in the Millipede Genus *Parafontaria*." *The American Naturalist* 171 (5): 692–99. https://doi.org/10.1086/587075.

Tasikas, Diane E., Evan R. Fairn, Sophie Laurence, and Albrechte I. Schulte-Hostedde. 2009. "Baculum Variation and Allometry in the Muskrat (*Ondatra zibethicus*): A Case for Sexual Selection." *Evolutionary Ecology* 23: 223–32. https://doi.org/10.1007/s10682-007-9216-2.

Tinklepaugh, O. L. 1933. "Sex Cycles and Other Cyclic Phenomena in a Chimpanzee During Adolescence, Maturity, and Pregnancy." *Journal of Morphology* 54 (3): 521–47. https://doi.org/10.1002/jmor.1050540307.

Todd, Dennis. n.d. "St André, Nathanael." *Oxford Dictionary of National Biography*. https://doi.org/10.1093/ref:odnb/24478.

Topol, Sarah A. 2017. "Sons and Daughters: The Village Where Girls Turn into Boys." *Harper's Magazine*, August 2017. https://harpers.org/archive/2017/08/sons-and-daughters.

Tsurusaki, Nobuo. 1986. "Parthenogenesis and Geographic Variation of Sex Ratio in Two Species of *Leiobunum* (Arachnida, Opiliones)." *Zoological Science* 3: 517–32.

Uhl, Gabriele, and Jean-Pierre Maelfait. 2008. "Male Head Secretion Triggers Copulation in the Dwarf Spider *Diplocephalus permixtus*." *Ethology* 114 (8): 760–67. https://doi.org/10.1111/j.1439-0310.2008.01523.x.

Valdés, Ángel, Terrence M. Gosliner, and Michael T. Ghiselin. 2010. "Opisthobranchs." In *The Evolution of Primary Sexual Characters in Animals*, edited by Janet L. Leonard and Alex Córdoba-Aguilar. 148–72. New York: Oxford University Press.

Van Haren, Merel. 2016. "A Micro Surgery on a Beetle Penis." https://science.naturalis.nl/en/about-us/news/onderzoek/micro-surgery-beetle-penis/. Accessed June 21, 2019.

———, Johanna Liljestrand Rönn, Menno Schilthuizen, and Göran Arnqvist. 2017. "Postmating Sexual Selection and the Enigmatic Jawed Genitalia of *Callosobruchus subinnotatus*." *Biology Open* 6 (7): 1008–112. https://doi.org/10.1101/116731.

Van Look, Katrien J. W., Borys Dzyuba, Alex Cliffe, Heather J. Koldewey, and William V. Holt.

2007. "Dimorphic Sperm and the Unlikely Route to Fertilisation in the Yellow Seahorse." *The Journal of Experimental Biology* 210(3): 432–37. https://doi.org/10.1242/jeb.02673.

Varki, A., and P. Gagneux. 2017. "How Different Are Humans and 'Great Apes'?: A Matrix of Comparative Anthropogeny." In *On Human Nature*, edited by Michel Tibayrenc and Francisco J. Ayala 151–60. London: Academic Press. https://doi.org/10.1016/B978-0-12-420190-3.00009-0.

Waage, Jonathan K. 1979. "Dual Function of the Damselfly Penis: Sperm Removal and Transfer." *Science* 203 (4383): 916–18. https://doi.org/10.1126/science.203.4383.916.

Wagner, Rudolf, and Alfred Tulk. 1845. *Elements of the Comparative Anatomy of the Vertebrate Animals*. London: Longman.

Waiho, Khor, Muhamad Mustaqim, Hanafiah Fazhan, Wan Ibrahim Wan Norfaizza, Fadhlul Hazmi Megat, and Mhd Ikhwanuddin. 2015. "Mating Behaviour of the Orange Mud Crab, *Scylla olivacea*: The Effect of Sex Ratio and Stocking Density on Mating Success." *Aquaculture Reports* 2: 50–57. https://doi.org/10.1016/j.aqrep.2015.08.004.

Walker, M. H., E. M. Roberts, T. Roberts, G. Spitteri, M. J. Streubig, J. L. Hartland, and N. N. Tait. 2006. "Observations on the Structure and Function of the Seminal Receptacles and Associated Accessory Pouches in Ovoviviparous Onychophorans from Australia (Peripatopsidae; Onychophora)." *Journal of Zoology* 270 (3): 531–42. https://doi.org/10.1111/j.1469-7998.2006.00121.x.

Whiteley, Sarah L., Clare E. Holleley, Wendy A. Ruscoe, Meghan Castelli, Darryl L. Whitehead, Juan Lei, Arthur Georges, and Vera Weisbecker. 2017. "Sex Determination Mode Does Not Affect Body or Genital Development of the Central Bearded Dragon (*Pogona vitticeps*)." *EvoDevo* 8: 25. https://doi.org/10.1186/s13227-017-0087-5.

———, Vera Weisbecker, Arthur Georges, Arnault Roger Gaston Gauthier, Darryl L. Whitehead, and Clare E. Holleley. 2018. "Developmental Asynchrony and Antagonism of Sex Determination Pathways in a Lizard with Temperature-Induced Sex Reversal." *Scientific Reports* 8: 14892. https://doi.org/10.1038/s41598-018-33170-y.

Wiber, Melanie G. 1997. *Erect Men, Undulating Women: The Visual Imagery of Gender, "Race," and Progress in Reconstructive Illustrations of Human Evolution*. Waterloo, ON: Wilfrid Laurier University Press.

Wilson, Elizabeth. 2017. "Can't See the Wood for the Trees: The Mysterious Meaning of Medieval Penis Trees." *Culturised*, April 9, 2017. https://culturised.co.uk/2017/04/cant-see-the-wood-for-the-trees-the-mysterious-meaning-of-medieval-penis-trees.

Winterbottom, M., T. Burke, and T. R. Birkhead. 1999. "A Stimulatory Phalloid Organ in a Weaver Bird." *Nature* 399: 28. https://doi.org/10.1038/19884.

Woolley, P., and S. J. Webb. 1977. "The Penis of Dasyurid Marsupials." *The Biology of Marsu-*

pials, 307–23. https://doi.org/10.1007/978-1-349-02721-7_18.

———, Carey Krajewski, and Michael Westerman. 2015. "Phylogenetic Relationships within *Dasyurus* (Dasyuromorphia: Dasyuridae): Quoll Systematics Based on Molecular Evidence and Male Characteristics." *Journal of Mammalogy* 96 (1): 37–46. https://doi.org/10.1093/jmammal/gyu028.

Wunderlich, Jörg. n.d. Personal website. Accessed January 31, 2020. http://www.joergwunderlich.de.

Xu, Jin, and Qiao Wang. 2010. "Form and Nature of Precopulatory Sexual Selection in Both Sexes of a Moth." *Naturwissenschaften* 97: 617–25. https://doi.org/10.1007/s00114-010-0676-9.

Yoshizawa, Kazunori, Rodrigo L. Ferreira, Izumi Yao, Charles Lienhard, and Yoshitaka Kamimura. 2018. "Independent Origins of Female Penis and Its Coevolution with Male Vagina in Cave Insects (Psocodea: Prionoglarididae)." *Biology Letters* 14 (11): 20180533. https://doi.org/10.1098/rsbl.2018.0533.

Zacks, Richard. 1994. *History Laid Bare: Love, Sex, and Perversity from the Ancient Etruscans to Warren G. Harding*. New York: HarperCollins.

エミリー・ウィリンガム（Emily Willingham）
米国のジャーナリスト、科学ライター。テキサス大学オースティン校で英文学の学士号、生物学の博士号を取得後、カリフォルニア大学サンフランシスコ校で泌尿器科のポスドクフェローを務めた。著書に、*The Tailored Brain: From Ketamine, to Keto, to Companionship, A User's Guide to Feeling Better and Thinking Smarter* (Basic Books, 2021)、共著に、*The Informed Parent: A Science-Based Resource for Your Child's First Four Years* (TarcherPerigee, 2016) などがある。『ワシントン・ポスト』『ウォール・ストリート・ジャーナル』『イーオン』『アンダーク』『サンフランシスコ・クロニクル』ほか多数のメディアで記事を執筆。『サイエンティフィック・アメリカン』の寄稿記者も務めている。

的場知之（まとば・ともゆき）
翻訳家。東京大学教養学部卒業、同大学院総合文化研究科修士課程修了、同博士課程中退。訳書に、C・スタンフォード『新しいチンパンジー学――わたしたちはいま「隣人」をどこまで知っているのか？』（青土社）、J・B・ロソス『生命の歴史は繰り返すのか？――進化の偶然と必然のナゾに実験で挑む』（化学同人）、D・クォメン『生命の〈系統樹〉はからみあう――ゲノムに刻まれたまったく新しい進化史』（作品社）、W・ウィリアムズ『蝶はささやく――鱗翅目とその虜になった人びとの知られざる物語』（青土社）、H・ピルチャー『LIFE CHANGING――ヒトが生命進化を加速する』（化学同人）など。

Phallacy: Life Lessons from the Animal Penis
by Emily Willingham

Japanese translation rights arranged with
Janklow & Nesbit (UK) Ltd
through Japan UNI Agency, Inc., Tokyo

動物のペニスから学ぶ人生の教訓

2022 年 8 月 5 日　初版第 1 刷印刷
2022 年 8 月 10 日　初版第 1 刷発行

著者 エミリー・ウィリンガム
訳者 的場知之

発行者 福田隆雄
発行所 株式会社作品社
〒102-0072 東京都千代田区飯田橋 2-7-4
電話 03-3262-9753
ファクス 03-3262-9757
振替口座 00160-3-27183
ウェブサイト https://www.sakuhinsha.com

装幀 小川惟久
本文組版 大友哲郎
編集担当 倉畑雄太
印刷・製本 シナノ印刷株式会社

Printed in Japan
ISBN978-4-86182-925-3　C0045